国家卫生健康委员会"十四五"规划教材

全国高等职业教育药品类专业第四轮规划教材

供药学类、药品制造类、食品药品管理类、食品工业类专业用

无机化学

第 4 版

主　编　王红波

副主编　王英玲　李伟娜

编　者（以姓氏笔画为序）

王红波（山东医学高等专科学校）　　　　张　琳（黑龙江护理高等专科学校）

王丽娟（重庆医药高等专科学校）　　　　张刘生（四川护理职业学院）

王英玲（菏泽医学专科学校）　　　　　　张迎秋（山东医学高等专科学校）

李伟娜（长春医学高等专科学校）　　　　贺东霞（南阳医学高等专科学校）

张　杰（无锡卫生高等职业技术学校）

人民卫生出版社
·北　京·

图书在版编目（CIP）数据

无机化学 / 王红波主编 . -- 4 版 . -- 北京 ：人民卫生出版社，2025. 8. --（全国高等职业教育药品类专业第四轮规划教材）. -- ISBN 978-7-117-38023-2

Ⅰ. O61

中国国家版本馆 CIP 数据核字第 2025GU8763 号

| 人卫智网 | www.ipmph.com | 医学教育、学术、考试、健康，购书智慧智能综合服务平台 |
| 人卫官网 | www.pmph.com | 人卫官方资讯发布平台 |

无 机 化 学
Wuji Huaxue
第 4 版

主　　编：王红波
出版发行：人民卫生出版社（中继线 010-59780011）
地　　址：北京市朝阳区潘家园南里 19 号
邮　　编：100021
E - mail：pmph @ pmph.com
购书热线：010-59787592　010-59787584　010-65264830
印　　刷：人卫印务（北京）有限公司
经　　销：新华书店
开　　本：850×1168　1/16　印张：14　插页：1
字　　数：329 千字
版　　次：2009 年 1 月第 1 版　　2025 年 8 月第 4 版
印　　次：2025 年 8 月第 1 次印刷
标准书号：ISBN 978-7-117-38023-2
定　　价：56.00 元

打击盗版举报电话：010-59787491　E-mail：WQ @ pmph.com
质量问题联系电话：010-59787234　E-mail：zhiliang @ pmph.com
数字融合服务电话：4001118166　E-mail：zengzhi @ pmph.com

出版说明

近年来,我国职业教育在国家的高度重视和大力推动下已经进入高质量发展新阶段。从党的十八大报告强调"加快发展现代职业教育",到党的十九大报告强调"完善职业教育和培训体系,深化产教融合、校企合作",再到党的二十大报告强调"统筹职业教育、高等教育、继续教育协同创新,推进职普融通、产教融合、科教融汇,优化职业教育类型定位",这一系列重要论述不仅是对职业教育发展路径的精准把握,更是对构建中国特色现代职业教育体系、服务国家发展战略、促进经济社会高质量发展的全面部署,也为我们指明了新时代职业教育改革发展的方向和路径。

为全面贯彻国家教育方针,将现代职业教育发展理念融入教材建设全过程,人民卫生出版社经过广泛调研论证,启动了全国高等职业教育药品类专业第四轮规划教材的修订出版工作。

本套规划教材首版于 2009 年,分别于 2013 年、2017 年修订出版了第二轮、第三轮规划教材。本套教材在建设之初,根据行业标准和教育目标,制定了统一的指导性教学计划和教学大纲,规范了药品类专业的教学内容。这套规划教材不仅为高等职业教育药品类专业的学生提供了系统的理论知识,还帮助他们建立了扎实的专业技能基础。这套教材的不断修订完善,是我国职业教育体系不断完善和进步的一个缩影,对于我国高素质药品类专业技术技能型人才的培养起到了重要的推动作用。同时,本套教材也取得了诸多成绩,其中《基础化学》(第 3 版)、《天然药物学》(第 3 版)、《中药制剂技术》(第 3 版)等多本教材入选了"十四五"职业教育国家规划教材,《药物制剂技术》(第 3 版)荣获了首届全国教材建设奖一等奖,《药物分析》(第 3 版)荣获了首届全国教材建设奖二等奖。

第四轮规划教材主要依据教育部相关文件精神和职业教育教学实际需求,调整充实了教材品种,涵盖了药品类相关专业群的主要课程。全套教材为国家卫生健康委员会"十四五"规划教材,是"十四五"时期人民卫生出版社重点教材建设项目。本轮教材继续秉承"大力培养大国工匠、能工巧匠、高技能人才"的职教理念,结合国内药学类专业领域教育教学发展趋势,科学合理推进规划教材体系改革,重点突出如下特点:

1. 坚持立德树人,融入课程思政 高职院校人才培养事关大国工匠养成,事关实体经济发展,事关制造强国建设,要确保党的事业后继有人,必须把立德树人作为中心环节。本轮教材修订注重深入挖掘各门课程中蕴含的课程思政元素,通过实践案例、知识链接等内容,润物细无声地将思想政治工作贯穿教育教学全过程,使学生在掌握专业知识与技能的同时,树立起正确的世界观、人生观、价值观,增强社会责任感,坚定服务人民健康事业的理想信念。

2. 对接岗位需求,优化教材内容 根据各专业对应从业岗位的任职标准,优化教材内容,避免重要知识点的遗漏和不必要的交叉重复,保证教学内容的设计与职业标准精准对接,学校的人才培养与企业的岗位需求精准对接。根据岗位技能要求设计教学内容,增加实践教学内容的比重,设计贴近企业实际生产、管理、服务流程的实验、实训项目,提高学生的实践能力和解决问题的能力;部分教材采用基于工作过程的模块化结构,模拟真实工作场景,让学生在实践中学习和运用知识,提高实际操作能力。

3. 知识技能并重,实现课证融通　本轮教材在编写队伍组建上,特别邀请了一大批具有丰富实践经验的行业专家,与从全国高职院校中遴选出的优秀师资共同合作编写,使教材内容紧密围绕岗位所需的知识、技能和素养要求展开。在教材内容设计方面,充分考虑职业资格证书的考试内容和要求,将相关知识点和技能点融入教材中,使学生在学习过程中能够掌握与岗位实际紧密相关的知识和技能,帮助学生在完成学业的同时获得相应的职业资格证书,使教材既可作为学历教育的教科书,又能作为岗位证书的培训用书。

4. 完善教材体系,优化编写模式　本轮教材通过搭建主干知识、实验实训、数字资源的"教学立交桥",充分体现了现代高等职业教育的发展理念。强化"理实一体"的编写方式,并多配图表,让知识更加形象直观,便于教师讲授与学生理解。并通过丰富的栏目确保学生能够循序渐进地理解和掌握知识,如用"导学情景"引入概念,用"案例分析"结合实践,用"课堂活动"启发思考,用"知识链接"开阔视野,用"点滴积累"巩固考点,大大增加了教材的可读性。

5. 推进纸数融合,打造新形态精品教材　为了适应新的教学模式的需要,通过在纸质教材中添加二维码的方式,融合多媒体元素,构建数字化平台,注重教材更新与迭代,将"线上""线下"教学有机融合,使学生能够随时随地进行扫码学习、在线测试、观看实验演示等,增强学习的互动性和趣味性,使抽象知识直观化、生动化,提高可理解性和学习效率。通过建设多元化学习路径,不断提升教材的质量和教学效果,为培养高素质技能型人才提供有力支持。

本套教材的编写过程中,全体编者以高度负责、严谨认真的态度为教材的编写工作付出了诸多心血,各参编院校为编写工作的顺利开展给予了大力支持,从而使本套教材得以高质量如期出版,在此对相关单位和各位专家表示诚挚的感谢!　教材出版后,各位教师、学生在使用过程中,如发现问题请反馈给我们(发消息给"人卫药学"公众号),以便及时更正和修订完善。

人民卫生出版社

2024 年 11 月

前　言

根据《中华人民共和国职业教育法》(2022年修订)的相关规定,全面贯彻党的二十大精神,落实课程思政融入教材的要求,坚持立德树人的根本任务,牢记为党育人、为国育才的初心使命,立足新发展阶段对药品类专业技术人员的需求,坚持以培养高素质技能型人才为核心,坚持以就业为导向、以技能为本位、以学生为主体的指导思想原则,依据药学、药品经营与管理、药物制剂技术、化学制药技术、生物制药技术、中药制药等专业的培养目标,确立了本课程的教学内容。

本教材以高等职业教育培养应用型人才的总体目标为依据,教材的知识结构体系体现高职高专特色,体现以人为本,按"需用为准、够用为度、实用为先"的原则,紧扣专业培养目标,简化烦琐的理论分析和复杂的计算推导,不强调学科体系的完整性,强化与后续课程的内在联系,为专业技能的学习奠定基础。为了增强教材内容的可读性、趣味性,激发学生学习的主动性和自觉性,突出培养学生分析问题和解决问题的能力,提高学习质量,在教材中设立了"课堂活动""案例分析""知识链接""点滴积累""目标检测"等模块。同时我们也增加了一些富媒体内容,希望对教学有所帮助。为了使理论教学与实践教学紧密联系,本版教材在部分章末共纳入了11个实训,各院校可酌情选用。

为适应各院校不同的教学安排,兼顾药学各专业的不同需求,教材努力体现简和精。为提高教材表述的准确性,全书采用国家法定计量单位,遵守中华人民共和国国家标准 GB/T 3102.8—1993《物理化学和分子物理学的量和单位》所规定的符号及化学名词和术语。

本教材由王红波担任主编,王英玲、李伟娜担任副主编,具体分工如下(按章节先后顺序排列):王红波编写绪论和第三章,贺东霞编写第一章,王丽娟编写第二章,张琳编写第四章,王英玲编写第五章和第八章,李伟娜编写第六章和第九章,张杰编写第七章,张刘生编写第十章,张迎秋编写第十一章。

本教材在编写过程中,得到了各位编者所在院校及相关专家的大力支持与帮助,在此致以衷心感谢,并对本教材前三版的编者及所引用文献资料的作者深表谢意。

鉴于编者水平所限以及时间仓促,教材难免存在不足之处,敬请批评指正。

编　者
2025 年 7 月

目　录

第三章 溶液和胶体溶液　　　　037

第十章　常见非金属元素及其化合物　160

课程标准 ———————————————————————— • **210**

绪　论

化学是研究物质的组成、结构、性质、变化和应用的一门科学,是人类认识和改造物质世界的一种主要方法和手段。在人类社会的发展历程中,化学起了非常重要的作用。

化学在发展过程中,依照所研究的对象、手段、目的、任务的不同,派生出许多分支,传统化学分类分为无机化学、有机化学、物理化学和分析化学4个分支学科。现在通常在传统分类的基础上再加上高分子化学、核化学与放射化学、生物化学共7个分支学科。

化学与药学密切相关,药学类专业的专业课程如药物化学、天然药物化学、药物分析、药理学和药剂学等学科都涉及大量的化学理论、知识和技能。无机化学是药学各专业的重要基础学科之一。

第一节　无机化学的研究内容和发展前景

无机化学是研究元素及无机化合物的组成、结构、性质和反应的一门学科。其内容包括原子和分子结构、溶液化学、化学动力学、化学平衡、化学热力学、电化学、配合物化学、元素化学等基本理论知识。

现代无机化学就是应用现代物理技术及物质微观结构的观点来研究和阐述化学元素及其所有无机化合物组成、性质、结构和反应的科学。

无机化学的研究范围极其广阔。近年来无机化学呈现出向其他学科渗透的趋势,如无机化学与材料科学、生命科学、环境科学等领域的相互交叉渗透,在开发新型材料、探索生命奥秘、保障人类健康、改善人类环境等方面发挥了重要的作用。无机化学已经深入到社会生活的各个领域,已成为当今社会研究的热门学科。

第二节　化学与药学

药物与人类的生产、生活密切相关,它是用于预防、治疗和诊断疾病,有目的地调节机体生理功能的物质。研究、开发药物是药学的基本任务之一。在药物的研发、分析和制造过程中,广泛用到了化学的相关知识。药学家利用化学的原理和方法来研究药物的分子结构和作用机制,合成和改良药物。药物的化学性质对其疗效、药代动力学和毒性都有重要影响。例如,药物的设计通常需要对目标分子的结构和性质有深入的了解,这就需要运用有机化学、无机化学、物理化学等化学知识。

药物的合成则需要运用有机合成化学的方法。药物的分析则需要运用分析化学的技术。

无机化学与药物是密切联系的,目前以无机化合物为有效成分的制剂大量出现,药物无机化学成为近年来十分活跃的一个研究方向。人体所必需的元素有 20 多种,这些元素在生命体内各司其职,维持着生命体的正常活动,推动着生命体的发展。生物无机化学对于探讨发病机制,阐述药物分子的作用机制,改进药物和设计新药有着极为重要的意义。

第三节　无机化学的学习方法

无机化学是高等职业教育药学类专业的一门重要的专业基础课程。本课程的任务是为学生今后学习相关专业知识、专业理论和职业技能奠定基础,从而使学生具备从事药品生产、经营等必需的基本知识和技能,培养学生的基本操作技能和良好的科学思维方法。

在学习这门课程时,初学者往往觉得枯燥难懂,因此学习时应重点掌握和理解相关的基本概念,适当记忆相关内容,同时也要注意灵活运用这些原理解释一些现象,做到记忆、理解和应用相互促进。学习时要及时归纳总结,利用好本书配套富媒体资源和课后练习题。通过对本门课程的学习,同学们可以提高分析问题、解决问题的能力,增强创新意识和创新能力,为以后的学习、工作打下坚实的基础。

(王红波)

第一章　原子结构

ER 1-1

第一章
原子结构
（课件）

学习目标

1. **掌握**　原子的组成；用 4 个量子数描述核外电子运动状态的方法；核外电子的排布规律；原子结构与元素周期律的关系；元素性质的周期性规律。
2. **熟悉**　原子轨道近似能级图；元素周期表。
3. **了解**　质量数；核外电子运动的特殊性；多电子原子产生能级交错的原因。

导学情景

情景描述：

　　某药店内，刚参加实习的药学专业同学正在认真学习药品的陈列与收货验收、处方调剂与用药指导、用药咨询与慢性疾病管理等专业知识。

学前导语：

　　虽然药品种类繁多、功能各异，但药品中的化学物质都是由各种原子通过化学键连接而成的。本章将学习原子的基本知识，以便更好地理解药物的结构与药效。

　　目前已经发现的元素有 118 种，这些元素组成了各种不同的物质。要了解物质的性质，认识物质世界的变化规律，首先要了解物质的内部结构。本章重点研究原子的组成、原子核外电子的运动状态及其特征、核外电子的排布规律和元素性质的周期性与核外电子排布的内在联系。

第一节　原子与元素

ER 1-2

原子结构
（视频）

一、原子的组成

　　1. **原子**　原子是由带正电的原子核和核外带负电的电子组成的，其中原子核又是由带正电的质子和不带电的中子（除氢原子外）组成的。原子核所带的正电荷数与核外电子所带的负电荷数相等，因此整个原子不带电。

　　对于原子而言：核内质子数＝核电荷数＝核外电子数

　　2. **质量数**　相对于原子核的质量而言，电子的质量很小，可以忽略不计。因此，原子的质量主要集中在原子核上，近似等于原子核的质量。由于质子和中子的绝对质量很小，计算很不方便，因此通常用它们的相对质量。质子和中子的相对质量近似相等,取近似整数值时都是1,所以原子的近似原子量就等于质子数和中子数之和,称之为质量数。

质量数用"A"表示,质子数用"Z"表示,中子数用"N"表示,则:

$$质量数(A)=质子数(Z)+中子数(N)$$

在标记原子时,用 X 代表元素符号,质量数标在元素符号的左上角,质子数标在左下角,则原子可标记为:$_Z^AX$。

组成原子的各粒子间的关系如下:

$$
原子(_Z^AX)
\begin{cases}
原子核
\begin{cases}
质子Z个 \\
中子N个\ (N=A-Z)
\end{cases} \\
核外电子Z个
\end{cases}
$$

二、元素

(一)元素和原子序数

1. 元素　元素是具有相同核电荷数(即核内质子数)的一类原子的总称。因此同一元素中不同原子的质子数相同,而中子数不同。如氢元素有$_1^1H$、$_1^2H$和$_1^3H$三种不同的原子,它们的质子数均为1,而中子数分别为0、1和2。

2. 原子序数　将元素按核电荷数(即质子数)由小到大排列成序,所得的原子序号称为该原子的原子序数。因此,原子序数等于对应原子的核电荷数,即质子数。如钙原子的核电荷数是20,原子序数也是20。

(二)同位素的概念

具有相同质子数、不同中子数的同一元素的不同原子互称为同位素。例如,氧元素的$_8^{16}O$、$_8^{17}O$和$_8^{18}O$三种原子互为同位素,它们的原子核内都含有8个质子,同为氧元素,但所含的中子数不同,属于不同的氧原子。

在元素周期表中,除少数几种元素外,绝大多数的元素都有同位素。同一元素的同位素虽然中子数不同,但是它们的核外电子数相同,因此化学性质也相同。

(三)放射性同位素的应用

同位素分为稳定性同位素和放射性同位素。放射性同位素能从原子核中自发地放射出射线,转化为其他元素,这种变化称为衰变。由人工方法制造的同位素称为人造放射性同位素,和天然放射性物质相比,人造放射性同位素的放射强度容易控制,还可以制成各种需要的形状,并且半衰期更短,放射性废料容易处理。因此,在生产和科研中凡是用到射线时,几乎用的都是人造放射性同位素。

用人造放射性同位素代替非放射性同位素制成各种化合物,这种化合物的原子跟通常的化合物一样参与所有化学反应,但却带有"放射性标记",用仪器可以探测出来,这种原子称为示踪原子。

人造放射性同位素已广泛用于疾病的诊断与治疗。例如,用探测器测量放射性同位素$_{53}^{131}I$放射出的射线强弱,有助于甲状腺病变的诊断。

第二节　核外电子运动的特殊性

一、历史回顾

人们对原子结构进行了漫长而艰苦的探索,特别是从 19 世纪末开始,通过不断改进实验手段和方法,原子结构理论逐步深入和完善,建立了近代原子结构的量子力学模型。对原子结构的探索大体经历了以下 4 个重要阶段。

1803 年,被称为"近代化学之父"的道尔顿建立了"原子说",他认为一切物质都是由不可再分割的实心球体即原子组成的,原子不能再分割。道尔顿的原子学说为研究物质结构奠定了理论基础。

1897 年,英国物理学家汤姆逊通过阴极射线的偏转实验,发现了带有负电荷的电子,从而打破了原子不可分割的观点。人们对物质结构的认识开始进入了一个重要的阶段。

1911 年,英国物理学家卢瑟福根据 α 粒子的散射实验,提出了新的原子模型——"行星模型",创建了有核原子结构模型。

1913 年,丹麦物理学家玻尔在研究氢原子光谱产生的原因时,在经典力学的基础上,吸收了量子论和光子学理论,克服了卢瑟福原子结构模型存在的不足,建立了新的原子模型。其理论要点为:①电子只能在原子核外的固定轨道上运动,这些轨道有确定的半径和能量,称为定态。能量最低的定态称基态,其余的统称激发态。②各定态是不连续的(即量子化的)。这些不同的能量状态称为能级。离核越近的能级越低,离核越远的能级越高;电子在某一定态时,既不释放能量也不吸收能量。③只有当电子从较高能级(E_n)向较低能级(E_{n-1})跃迁时,原子才能以光的形式释放能量,光能量的大小取决于跃迁所涉及的两条轨道间的能量差(即 $h\nu = E_n - E_{n-1}$)。

玻尔原子模型成功地解释了氢原子光谱的一般现象,但对多电子原子的光谱仍无法解释。随着量子力学和量子化学的发展与应用,玻尔原子模型必然被近代原子结构模型所取代。

二、核外电子的运动特征

(一)微观粒子的波粒二象性

1924 年,法国年轻的物理学家德布罗意在研究量子论时,受光的波粒二象性的启发,大胆提出微观粒子(如电子、原子等)都具有波粒二象性。1927 年,戴维逊和革末用一束已知能量的高速电子流穿过晶体并投射到屏上,得到了和 X 射线相似的衍射图样,如图 1-1 所示。

(二)不确定性原理

对于宏观物体而言,可以准确测定质点的速率和位置,而对于微观粒子,由于其具有特殊的运

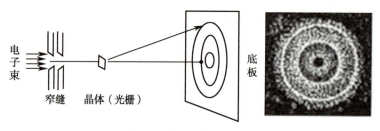

图 1-1 电子衍射示意图

动性质,不可能同时准确测定其位置和速率,这就是 1927 年海森堡提出的不确定性原理,是微观粒子的固有属性,与测量技术无关。

因此,玻尔理论中固定轨道的概念是不准确的,不能用经典力学描述电子的运动规律。但电子运动状态并非无法描述,某电子的位置虽然无法准确测量,但可以知道它在某空间出现机会的多少,即概率的大小是可以确定的,因此可以用统计学的方法和观点描述其运动行为。

> **知识链接**
>
> **原子结构理论发展过程中的重大事件**
>
> 1896 年,法国人贝克勒尔发现铀的放射性。
>
> 1897 年,英国人汤姆逊测定电子的荷质比,发现电子。
>
> 1898 年,波兰人居里夫人发现钋和镭的放射性。
>
> 1899 年,英国人卢瑟福发现 α、β 和 γ 射线。
>
> 1900 年,德国人普朗克提出量子论。
>
> 1905 年,瑞士人爱因斯坦提出光子论,解释光电效应。
>
> 1909 年,美国人密立根用油滴实验测得电子的电量。
>
> 1911 年,英国人卢瑟福进行 α 粒子散射实验,提出原子的有核模型。
>
> 1913 年,丹麦人玻尔提出玻尔理论,解释氢原子光谱。

三、波函数

根据量子力学原理,电子在核外某空间出现的概率可以用统计学的方法描述。1926 年,奥地利物理学家薛定谔根据电子具有波粒二象性,提出了著名的用于描述电子运动状态的方程——薛定谔方程。

解薛定谔方程可以得到一系列的数学解——波函数 ψ,其中满足一定量子化条件的解是合理的,这些合理的解对应着电子不同的运动状态。通常将原子中电子的波函数称为原子轨道,因此每一个波函数也代表一个原子轨道,如 ψ_{1s} 称为 1s 轨道、ψ_{2p} 称为 2p 轨道等。在这里波函数就是原子轨道。但要注意的是,原子轨道是指电子在核外运动的空间范围。

用图像描述核外电子的运动状态更直观,所以常用角度分布图来描述核外电子的运动状态。

波函数的角度分布图又称为原子轨道的角度分布图。氢原子波函数的角度分布图如图 1-2 所示。

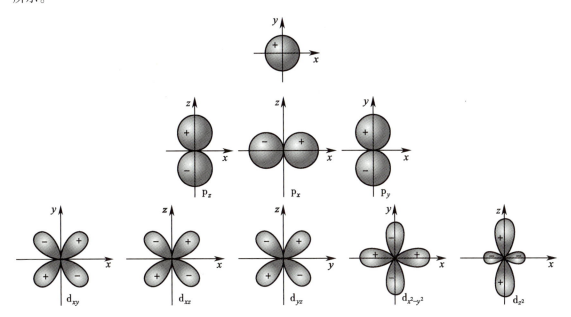

图 1-2　氢原子波函数的角度分布图

原子轨道的角度分布图中各个波瓣的"+"和"-"号与轨道的对称性有关,在讨论化学键的形成时非常有用。

四、电子云

为了更形象地说明原子核外电子的运动状态,量子力学引入了电子云的概念。根据电子在核外空间出现机会的统计结果得到电子的概率密度分布图,形象地称为电子云。

假如我们能够设计一个理想的方法,对氢原子的一个电子运动情况进行重复观察、统计,结果就可以得到一个空间图像。例如氢原子核外的 1s 电子经常出现在核外空间的一个球形区域,电子云是球形对称的,越接近原子核,概率密度越大。

1926 年,德国物理学家波恩类比光的强度,将单个电子在空间某处出现的概率密度与其波函数的平方 $|\psi|^2$ 联系起来,他将 $|\psi|^2$ 解释为该电子在核外空间某处单位体积内出现的概率,即概率密度,于是就将 $|\psi|^2$ 的图形称为电子云。氢原子电子云的角度分布如图 1-3 所示。

氢原子的 s 电子云是球形对称的,在核外空间中半径相同的各个方向上电子出现的概率密度相同。p 电子云为哑铃形,电子云沿着某一轴的方向上电子出现的概率密度最大,在空间有 3 种不同的取向,分别为 p_x、p_y 和 p_z。d 电子云为四叶花瓣形,在核外空间有 5 种不同的分布。

通过电子云图形,我们可以形象地知道电子在核外空间某一区域单位体积内出现的机会。电子云的角度分布图与原子轨道的角度分布图相似,但全为正值且形状较瘦。

除用电子云和原子轨道外,还可以用量子数来描述核外电子的运动状态。

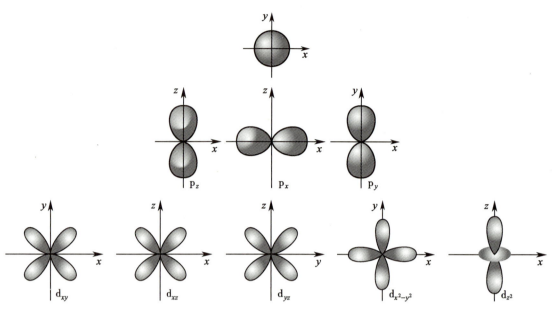

图 1-3 氢原子电子云的角度分布图

五、量子数

为了得到核外电子运动状态合理的解,求解薛定谔方程要求一些物理量必须是量子化的,从而引进了 3 个量子数,即主量子数 n、角量子数 l 和磁量子数 m。此外,还有一个描述电子自旋特征的量子数 m_s,称为自旋量子数。

用这 4 个量子数可以简单明了地描述原子核外电子运动的能级、轨道形状、轨道的空间伸展方向及电子的自旋状态。

(一) 主量子数

主量子数 n 表示电子离核的平均距离,n 的取值数为从 1 开始的正整数,即 1、2、3、4……n。n 越大,电子离核的平均距离越远,其能量越高。n 是决定电子能量的主要量子数。n 又代表电子层数,不同的电子层用不同的符号表示,主量子数与电子层的关系见表 1-1。

表 1-1 主量子数与电子层的关系

n 的取值	1	2	3	4	5	6	7
电子层符号	K	L	M	N	O	P	Q
电子层	一	二	三	四	五	六	七
能量高低	低 —————————————————————→ 高						

(二) 角量子数

在多电子原子中,同一电子层的电子能量还稍有差别,运动状态也有所不同,即一个电子层还可分为若干个能量稍有差别、电子云形状不同的亚层。角量子数 l 用来描述原子轨道的形状。角量子数 l 的取值受主量子数 n 的限制,可取 0、1、2、3……$n-1$,共 n 个整数值。

每一个 l 对应着一个电子亚层,当 $l=0$、1、2、3 时,可分别用符号 s、p、d、f 表示。当 $n=1$ 时,l 只能取 0;$n=2$ 时,l 可以取 0 和 1;依此类推。

例如 $n=4$ 时,l 有 4 个取值 0、1、2、3,它们分别代表核外第四电子层的 4 种形状不同的原子轨道。

$l=0$,表示 s 轨道,形状为球形,即 4s 轨道。

$l=1$,表示 p 轨道,形状为哑铃形,即 4p 轨道。

$l=2$,表示 d 轨道,形状为花瓣形,即 4d 轨道。

$l=3$,表示 f 轨道,形状更复杂,即 4f 轨道。

主量子数 n 与角量子数 l 的关系见表 1-2。

表 1-2 主量子数 n 与角量子数 l 的关系

n	1	2		3			4			
电子层	第一	第二		第三			第四			
l	0	0	1	0	1	2	0	1	2	3
亚层	1s	2s	2p	3s	3p	3d	4s	4p	4d	4f

同一电子层中,随着角量子数 l 的增大,原子轨道能量依次升高,即 $E_{ns}<E_{np}<E_{nd}<E_{nf}$。在多电子原子中,原子轨道的能量由主量子数和角量子数共同决定。

(三)磁量子数

磁量子数 m 用来描述原子轨道在空间的伸展方向。在同一电子亚层的不同电子,它们的电子云处在不同的空间位置上,以不同的伸展方向存在于该亚层中。磁量子数 m 的每一个取值对应一个伸展方向。

每一种原子轨道具有一定的形状和伸展方向。磁量子数 m 的取值受角量子数 l 的制约。当角量子数 l 一定时,m 可以取从 $+l$ 到 $-l$ 并包括 0 在内的整数值,即 $m=0$、±1、±2……$\pm l$。因此,每一电子亚层所具有的轨道总数为 $2l+1$。如 $l=1$ 时,m 有 $+1$、0、-1 三个取值,分别描述 p 轨道的 3 个伸展方向 p_x、p_y 和 p_z。

主量子数和角量子数都相同的轨道称为简并轨道或等价轨道,它们之间能量相等。例如 $l=1$,为 p 亚层,m 取值为 3 个,有 3 个轨道,p 轨道为三重简并。同样,d 轨道为五重简并,f 轨道为七重简并。

磁量子数 m 与角量子数 l 的关系见表 1-3。

表 1-3 磁量子数 m 与角量子数 l 的关系

l 值	m 值	轨道
$l=0$(s 亚层)	$m=0$	只有 1 种伸展方向,无方向性
$l=1$(p 亚层)	$m=+1$、0、-1	3 种伸展方向,3 个简并轨道
$l=2$(d 亚层)	$m=+2$、$+1$、0、-1、-2	5 种伸展方向,5 个简并轨道
$l=3$(f 亚层)	$m=+3$、$+2$、$+1$、0、-1、-2、-3	7 种伸展方向,7 个简并轨道

综上所述,用 n、l 和 m 三个量子数即可决定一个特定原子轨道的大小、形状和伸展方向。

课 堂 活 动

讨论四个量子数的意义和学校教室编号(如 070432)的意义,两者是否思路相同?

(四)自旋量子数

电子在围绕原子核运动的同时,本身还有自旋运动。描述电子自旋运动的量子数称为自旋量子数 m_s。m_s 的取值只有 $+\dfrac{1}{2}$ 和 $-\dfrac{1}{2}$ 两种,分别表示电子的两种自旋方向,相当于顺时针和逆时针两种方向,通常用向上的箭头"↑"和向下的箭头"↓"表示。

例如在第四电子层中,有 4s、4p、4d、4f 四个亚层,其中 4s 有 1 个轨道、4p 有 3 个轨道、4d 有 5 个轨道、4f 有 7 个轨道,共计 16 个轨道,每个轨道填充 2 个电子,共 32 个电子。

四个量子数之间既相互联系又相互制约。n、l 和 m 三个量子数可以决定一个原子轨道,但原子中每个电子的运动状态则必须用 n、l、m 和 m_s 四个量子数来描述。只有当 n、l、m 和 m_s 一定时,电子的运动状态才能完全确定。四个量子数与电子运动状态之间的关系见表 1-4。

表 1-4　四个量子数与电子运动状态之间的关系

主量子数(n)	1	2		3			4			
电子层符号	K	L		M			N			
角量子数(l)	0	0	1	0	1	2	0	1	2	3
磁量子数(m)	0	0	0 ±1	0	0 ±1	0 ±1 ±2	0	0 ±1	0 ±1 ±2	0 ±1 ±2 ±3
亚层轨道数($2l+1$)	1	1	3	1	3	5	1	3	5	7
电子层轨道数(n^2)	1	4		9			16			
电子层最多容纳电子数($2n^2$)	2	8		18			32			

点滴积累

四个量子数分别表达了电子运动区域的离核远近、形状、方位和电子的自旋。

第三节　核外电子排布规律

一、多电子原子轨道能级

多电子原子中,原子轨道的能量由 n、l 决定。根据光谱实验的结果,鲍林提出了多电子原子的原子轨道近似能级图,图中给出了原子轨道能量的相对高低,如图 1-4 所示。

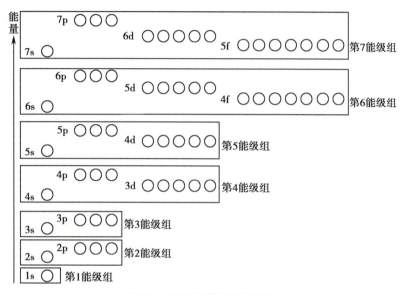

图 1-4　原子轨道近似能级图

鲍林的原子轨道近似能级图将原子轨道按照能量从低到高分为 7 个能级组。能量相近的能级划为一个能级组,图 1-4 中的每个方框为一个能级组,每个小圆圈代表一个原子轨道。

从鲍林近似能级图可以看出,能级组能量由低到高。组与组之间的能量差较大,同组内各原子轨道之间的能量差较小。由此得出以下结论。

1. **轨道能级**　轨道能级的相对高低由主量子数 n 和角量子数 l 共同决定。

(1)角量子数相同时,主量子数大的原子轨道能量高。即 $E_{1s}<E_{2s}<E_{3s}<E_{4s}$。

(2)主量子数相同时,角量子数大的原子轨道能量高。即 $E_{ns}<E_{np}<E_{nd}<E_{nf}$。

(3)主量子数和角量子数均不同时,可能出现能级交错现象。如 $E_{ns}<E_{(n-2)f}<E_{(n-1)d}<E_{np}$。

2. **能级交错的原因**　同一原子中主量子数大的原子轨道的能量低于主量子数小的原子轨道的能量的现象,称为能级交错。其原因可用"屏蔽效应"和"钻穿效应"来解释。

(1)屏蔽效应:对于多电子原子来说,外层电子既受到原子核的吸引,又受到其他电子的排斥,前者使电子靠近原子核,后者使电子远离原子核。对于某一电子来说,其他内层电子的存在势必削弱了原子核对该电子的吸引力,相当于抵消了一部分核电荷,这种现象称为屏蔽效应。屏蔽效应使得原子核对电子的吸引力减小,电子的能量增大。离核越近的电子对外层电子的屏蔽作用越强;离核越远的电子受到其他电子的屏蔽作用越强。

（2）钻穿效应：离核较远的电子可能钻到离核较近的内层空间，从而更靠近原子核的现象称为"钻穿效应"。电子钻穿的结果可以避开其他电子对它的屏蔽作用，起到增加有效核电荷、降低能量的作用。

电子钻穿能力的相对大小为 $ns>np>nd>nf$，电子受到的屏蔽效应大小顺序为 $ns<np<nd<nf$。由于 s 电子的钻穿能力强于 d 电子，而 d 电子受到的屏蔽效应强于 s 电子，因此造成了 $(n-1)d$ 的能量高于 ns，即 $E_{(n-1)d}>E_{ns}$。

难点释疑

能级交错

某层电子受其他电子的影响，可能向外或向内空间偏移，结果出现了外层电子的能量低于内层电子的能量，即发生了能级交错。

二、核外电子排布原理

（一）排布规则

根据光谱实验结果和对元素周期律的分析，绝大多数元素的原子核外电子的排布遵循以下 3 个原则。

1. 能量最低原理 电子在原子轨道中的分布应尽可能使整个原子的能量最低，才能符合自然界的能量越低越稳定的普遍规律。也就是说，电子填充原子轨道时，先从能量最低的 1s 轨道开始，当能量低的轨道填满后，电子才依次进入能量较高的轨道，称为能量最低原理。

2. 泡利不相容原理 在同一个原子中不可能存在运动状态完全相同的两个电子，即同一原子中无 4 个量子数完全相同的电子，称为泡利不相容原理。即每个原子轨道最多能容纳 2 个自旋方向相反的电子。

3. 洪特规则 在 n 和 l 相同的简并轨道中，电子尽可能分占不同的简并轨道，并且自旋方向相同，称为洪特规则。

自旋方向相同的单电子越多，能量就越低，体系就越稳定。如 3p 亚层有 3 个简并轨道，填入 3 个电子时，这 3 个电子应以自旋方向相同的方式分占 3 个轨道。

简并轨道中的电子排布处于全充满、半充满或全空状态时，原子的能量较低，原子较稳定，这是洪特规则的补充。全充满如 p^6、d^{10}、f^{14}，半充满如 p^3、d^5、f^7，全空如 p^0、d^0、f^0。

（二）电子的排布

电子在核外的填充顺序按鲍林能级图的能级顺序依次填充。

电子的填充顺序如图 1-5 所示。

1. **轨道表示式**　用一个方框表示一个原子轨道,电子填充时按照上述由低到高的顺序,从左向右依次填入各原子轨道。注意:将亚层符号标在方框的下方或上方,同一亚层中的几个简并轨道应该并列画在一起。如碳、氮、氧、氟、钠、钾的轨道表示式如图 1-6 所示。

2. **核外电子排布式**　将电子按图 1-5 所示顺序填充并在轨道符号的右上方标出电子的数目,即为核外电子排布式。如 19 号元素钾的电子排布式为 $1s^2 2s^2 2p^6 3s^2 3p^6 4s^1$。

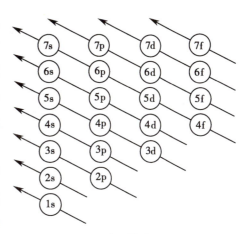

图 1-5　电子填充顺序图

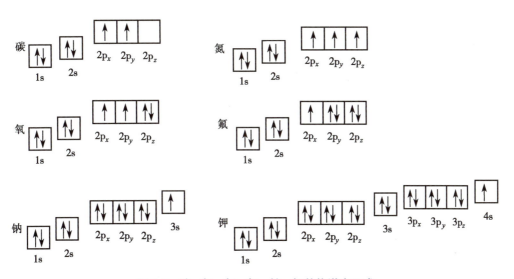

图 1-6　碳、氮、氧、氟、钠、钾的轨道表示式

通常将内层电子已达到稀有气体结构的部分称为"原子实",用稀有气体的元素符号外加方括号的形式来表示,避免了电子排布式过长。所以 19 号元素钾的电子排布式可表示为 $[Ar]4s^1$。

铬原子核外有 24 个电子,电子排布式为 $[Ar]3d^5 4s^1$,而不是 $[Ar]3d^4 4s^2$。这是因为 $3d^5$ 的半充满结构是一种能量较低的稳定结构。同样,29 号元素铜的电子排布式为 $[Ar]3d^{10} 4s^1$,而不是 $[Ar]3d^9 4s^2$。尤其注意的是,电子填充是按照近似能级图从能量低向能量高的轨道排布的,而在书写电子排布式时,则要将相同主量子数(n 相同)的轨道写在一起。

3. **价电子构型**　价电子是指参与反应的电子。电子排布式中价电子所在的亚层电子排布称为价电子构型。如 $_{17}Cl$ 与 $_{19}K$ 的价电子构型分别是 $3s^2 3p^5$ 与 $4s^1$。

绝大多数原子核外电子的实际排布与电子排布的 3 个原则是一致的,而有些元素,特别是第六周期、第七周期的某些元素,实验测定结果并不能用这 3 个原则完满解释,我们应该以光谱实验结果为准。

> **点滴积累**
>
> 1. 核外电子排布遵循能量最低原理、泡利不相容原理和洪特规则。
> 2. 书写电子排布式时,要将相同主量子数(n 相同)的轨道写在一起。

第四节　原子的电子层结构和元素周期律

一、原子结构和元素周期律的关系

元素的化学性质主要是由最外电子层的结构所决定的,而最外电子层的结构又是由核电荷数和核外电子排布所决定的。由于原子的电子层结构呈现周期性变化,因此元素的性质也呈现周期性变化。元素性质随着原子序数的递增而呈现周期性变化的规律称为元素周期律。

1. 原子的电子层结构和周期的划分　对应于主量子数 n 的每一个取值,就有一个能级组,同时也有一个周期。周期表中共有 7 个周期,正好与鲍林能级图中的能级组对应。周期与能级组存在一一对应关系,见表 1-5。

表 1-5　周期与能级组的关系能级

能级组	最多容纳电子数	周期	元素数目	周期名称
1s	1	2	1	2	特短周期
2s2p	2	8	2	8	短周期
3s3p	3	8	3	8	短周期
4s3d4p	4	18	4	18	长周期
5s4d5p	5	18	5	18	长周期
6s4f5d6p	6	32	6	32	特长周期
7s5f6d7p	7	32	7	32	新完成周期

由表 1-5 可看出,元素在周期表中所处的周期序数就是电子填充的最高能级组序数,即周期序数=最高能级组序数=核外电子层数=主量子数。

2. 原子的电子层结构和族的划分　元素周期表中共有 18 个纵列,分为 16 个族,有 8 个主族、8 个副族。

(1)主族:有 8 个主族,包括 I A、II A、III A、IV A、V A、VI A、VII A 和 VIII A(主族序数=最外层电子数)。主族元素的价电子构型为 $ns^{1\sim2}$ 或 $ns^2np^{1\sim6}$。

（2）副族：有8个副族，包括ⅠB、ⅡB、ⅢB、ⅣB、ⅤB、ⅥB、ⅦB、ⅧB，其中ⅧB占了3列。电子特征一般是电子最后填充在 d 或 f 轨道。

3. 区 元素周期表根据元素原子外围电子构型分为若干个区。元素分区与周期表的关系如图 1-7 所示。

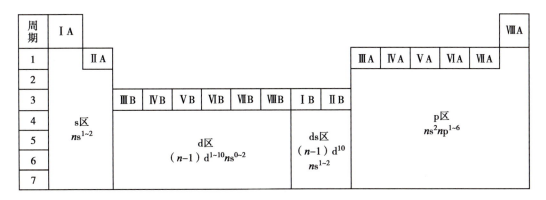

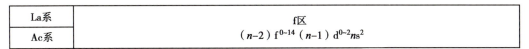

图 1-7 周期表中元素的分区

知识链接

元素周期表

1869 年，门捷列夫将已知的 63 种元素排列成元素周期表后，人们又找出了周期表空格中的元素。1937 年继 92 号元素铀发现之后，人们用人工合成的方法在近 50 年的时间内又合成近 20 种元素。之后又陆续合成了 106~118 号元素。这些元素存在的时间很短，如 107 号元素的半衰期只有 2 微秒，周期表是否到尽头了？

理论物理学家探索了"超重元素"存在的可能性，认为某些具有一定"幻数"的质子和中子构成的原子核比较稳定。即还有可能合成一大批元素，第八周期也将填满。

综合考虑，可以大胆预测：①在 118 号元素之后还能合成许多元素，它们会按照周期律永远排下去。②科学家们提出元素周期表有可能向负方向发展，将排在元素周期表的左侧，与右侧相对称，也会出现类似于镧系和锕系的元素，有反原子的存在。反物质的存在证明了预测的正确性。

二、元素性质的周期性

元素原子的电子层结构呈周期性变化，导致了元素基本性质也呈周期性变化。如原子半径、电离能、电子亲和能和电负性等，它们随着原子序数的增大，呈现明显的周期性变化。

（一）原子半径

1. 原子半径的类型 常用的有 3 种，即共价半径、范德华半径和金属半径。

通常情况下，范德华半径都比较大，而金属半径比共价半径大一些。在比较元素的某些性质时，原子半径最好采用同一种数据。

2. 原子半径的变化规律　元素的原子半径取决于电子层数、有效核电荷数和电子构型。原子半径的变化有以下规律。

（1）同一周期元素的原子半径从左到右依次变小：同一周期元素的电子层数相同，而随着原子的有效核电荷数逐渐增大，原子核对核外电子的吸引力逐渐增强，故原子半径依次变小。原子半径的这种变化在短周期中表现得较为突出。而在长周期中，从左到右，原子半径的变化总体趋势与短周期相似，也是依次变小。但对于过渡元素，由于所增加的电子填充在次外层的 d 轨道上，所受的屏蔽效应较大，过渡元素的原子半径依次变小的幅度较为缓慢。

（2）同一主族元素的原子半径从上至下逐渐增大：同一主族元素从上至下，电子层逐渐增加所起的作用大于有效核电荷数增加的作用，所以原子半径逐渐增大。同一副族元素其原子半径的变化比较复杂，从上到下原子半径的变化趋势总体上与主族相似，但原子半径增大不很明显。自ⅣB族元素开始，第五到第六周期元素的原子半径接近，此现象是由于镧系收缩造成的。镧系收缩造成镧以后同一族元素的原子半径接近，从而导致元素的性质极为相似。

（二）电离能

元素的一个气态原子在基态时失去一个电子成为气态的正一价离子时所消耗的能量称为该元素的第一电离能，用符号"I_1"表示，常用单位为 kJ/mol。

气态的正一价离子再失去一个电子成为气态的正二价离子所消耗的能量称为第二电离能 I_2，依此类推，分别称 I_3、I_4、……，通常情况下 $I_1 < I_2 < I_3 < I_4 < \cdots\cdots$。

电离能的大小可表示原子失去电子的倾向，从而可说明元素的金属性强弱。电离能越小表示原子失去电子所消耗的能量越少，越易失去电子，则该元素在气态时金属性就越强。元素的电离能在周期表中呈现明显的周期性变化。元素第一电离能的周期性变化如图 1-8 所示。

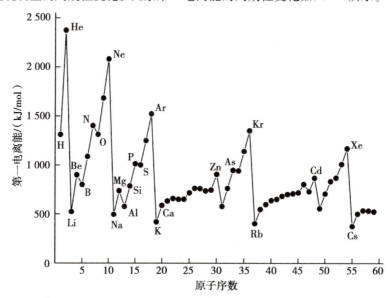

图 1-8　元素第一电离能的周期性变化

1. 同一周期元素的第一电离能从左到右总体呈增加趋势 同一周期的元素,随着原子序数的增加,原子半径减小,导致原子核对外层电子的引力增强,使电子不易失去,而那些拐点则体现了电子构型对电离能的影响,当具有稳定的构型(如半充满、全充满、全空)时对应的第一电离能较大。

2. 同一主族元素的第一电离能自上而下逐渐减小 同一主族元素的价电子构型相同。随着原子序数的增加,虽然有效核电荷数增加,但原子半径的大幅增大使核对外层电子的吸引力逐渐减小,因此第一电离能逐渐减小。

(三)电子亲和能

与电离能正好相反,电子亲和能是指原子获得电子所放出的能量。

元素的一个气态原子在基态时获得一个电子成为气态的负一价离子所放出的能量称为该元素的第一电子亲和能。依此类推,获得第二个和第三个电子分别放出的能量称为第二和第三电子亲和能。第一电子亲和能用符号"E_1"表示,常用单位为 kJ/mol。如:

$$Cl(g)+e \rightarrow Cl^-(g) \qquad E_1 = +348.7kJ/mol$$

元素的电子亲和能数据难以测定,目前还不完整,这对电子亲和能的应用带来了一定的限制。

无论同一周期还是同一族元素,第一电子亲和能一般随原子半径的减小而增大。因为原子半径小,核对外层电子的吸引力较强,因而获得电子的倾向较大。

(四)电负性

元素的电离能和电子亲和能分别可反映元素的原子失去电子和获得电子的能力,但并不能全面地反映元素的性质,因为有些元素在形成化合物时并没有失去或获得电子,只是电子在原子之间发生偏移。1932 年,鲍林提出了元素电负性的概念。

分子中原子吸引电子的能力称为元素的电负性。指定氟的电负性为 4.0,以此为基准,得出其他元素的电负性。元素的电负性没有单位,如图 1-9 所示。

s区												p区				
H 2.1																
Li 1.0	Be 1.5											B 2.0	C 2.5	N 3.0	O 3.5	F 4.0
Na 0.9	Mg 1.2			d区					ds区			Al 1.5	Si 1.8	P 2.1	S 2.5	Cl 3.0
K 0.8	Ca 1.0	Sc 1.3	Ti 1.5	V 1.6	Cr 1.6	Mn 1.5	Fe 1.8	Co 1.9	Ni 1.9	Cu 1.9	Zn 1.6	Ga 1.6	Ge 1.8	As 2.0	Se 2.4	Br 2.8
Rb 0.8	Sr 1.0	Y 1.2	Zr 1.4	Nb 1.6	Mo 2.1	Tc 1.9	Ru 2.2	Rh 2.2	Pd 2.2	Ag 1.9	Cd 1.7	In 1.7	Sn 1.8	Sb 1.9	Te 2.1	I 2.5
Cs 0.7	Ba 0.9	La~Lu 1.0~1.2	Hf 1.3	Ta 1.5	W 1.7	Re 1.9	Os 2.2	Ir 2.2	Pt 2.2	Au 2.4	Hg 1.9	Tl 1.8	Pb 1.9	Bi 1.9	Po 2.0	At 2.2

图 1-9 元素的电负性

电负性从吸引电子能力的强弱方面全面地描述了元素的金属性和非金属性的强弱。电负性越大,表示原子在分子中吸引电子的能力越强,元素的非金属性越强,金属性越弱;电负性越小,表明原子在分子中吸引电子的能力越弱,元素的非金属性越弱,金属性越强。

通常情况下,金属元素的电负性在 2.0 以下,非金属元素的电负性在 2.0 以上,但它们之间没有严格的界限。

图 1-9 中的数据显示,元素的电负性呈周期性变化。同一周期元素,随着原子序数的增加,从左到右电负性逐渐增大;同一主族元素,从上到下元素的电负性减小。副族元素的电负性变化不太规律,其金属性变化也不太规律。

> **点滴积累**
>
> 1. 同周期元素,从左到右,原子半径减小,电离能、电子亲和能、电负性依次增大。
> 2. 同主族元素,从上到下,原子半径增大,电离能、电子亲和能、电负性依次减小。

ER 1-3

习题

ER 1-4

复习导图

目标检测

一、填空题

1. 在下列各组中,填充合理的缺少的量子数。

(1) $n=3, l=$ _____ $, m=2, m_s=+\dfrac{1}{2}$ 　　(2) $n=$ _____ $, l=3, m=3, m_s=+\dfrac{1}{2}$

(3) $n=4, l=3, m=$ _____ $, m_s=-\dfrac{1}{2}$ 　　(4) $n=4, l=2, m=1, m_s=$ _____

(5) $n=$ _____ $, l=2, m=0, m_s=+\dfrac{1}{2}$ 　　(6) $n=4, l=$ _____ $, m=0, m_s=+\dfrac{1}{2}$

(7) $n=3, l=1, m=$ _____ $, m_s=-\dfrac{1}{2}$ 　　(8) $n=2, l=$ _____ $, m=1, m_s=-\dfrac{1}{2}$

2. 根据要求完成表 1-6。

表 1-6　元素原子结构及周期分类表

原子序数	电子排布式	周期	族	区	金属或非金属
16					
20					
24					
29					

二、简答题

说明并理解下列概念的意义。

(1) 波函数、电子云、概率和概率密度、ψ 和 $|\psi|^2$、简并轨道、原子轨道、主量子数、角量子数、磁量子数、自旋量子数。

(2) 能级交错、屏蔽效应、钻穿效应、全充满、半充满、全空、电子构型、价电子构型。

(3)原子半径、电离能、电子亲和能、电负性。

(4)波粒二象性、不确定性原理、能量最低原理、泡利不相容原理、洪特规则。

三、实例分析题

1. 将下面每组用 4 个量子数表示的核外电子运动状态按能量增加的顺序排列。

$(1)3,2,-1,+\dfrac{1}{2}$ $(2)1,0,0,-\dfrac{1}{2}$ $(3)2,1,1,-\dfrac{1}{2}$

$(4)3,2,1,-\dfrac{1}{2}$ $(5)3,1,0,+\dfrac{1}{2}$ $(6)2,0,0,+\dfrac{1}{2}$

$(7)4,3,0,-\dfrac{1}{2}$ $(8)4,3,3,+\dfrac{1}{2}$

2. 用原子结构知识解释,第二周期元素中的 Be 与 B、N 与 O 的第一电离能出现不符合规律的现象。

3. 钠一般以 Na^+ 存在,而不以 Na^{2+} 存在,请说明理由。

（贺东霞）

第二章　分子结构

学习目标

1. **掌握**　离子键和共价键的形成、概念及特点；价键理论；氢键的概念、形成条件及特点。
2. **熟悉**　杂化轨道理论、分子间作用力。
3. **了解**　离子晶体、分子晶体和原子晶体的概念和特点。

导学情景

情景描述：

NaCl 是常见的盐类，在水中电离为 Na^+ 和 Cl^-，而水很少解离成 H^+ 和 OH^-。金刚石和石墨都是由碳原子组成的单质，但物理性质差异非常大，前者是天然存在的最硬物质，几乎不导电，熔点很高且导热性差，可用于制作玻璃刀，而后者质软，导电性和导热性良好，可用于制作铅笔芯、电极等。

学前导语：

NaCl 和 H_2O 的性质差异是由组成分子的原子种类、数目和连接方式不同造成的。NaCl 中的化学键是离子键，而水分子中的化学键是共价键。石墨中碳原子构成正六边形平面结构（原子间距离约 0.142nm），平面之间呈现层状，层与层之间距离 0.335nm。金刚石中碳原子通过 sp^3 杂化形成正四面体网状结构，碳原子间距离约 0.154nm，构成致密的三维共价网络，是典型的原子晶体。

自然界中的大多数物质是由分子组成的，分子是保持物质化学性质的最小微粒，也是参与化学反应的基本单元。分子的性质取决于分子的内部结构，即构成分子的原子种类、原子数目、原子键合顺序和空间排列方式，因此想要了解物质的性质及其变化规律，应从分子结构入手。

分子结构包括化学键和分子空间结构两方面内容。分子或晶体中相邻原子或离子间强烈的相互作用力称为化学键，原子间以化学键结合形成分子或晶体。根据原子间相互作用力的不同，化学键分为离子键、共价键和金属键。本章在原子结构理论的基础上，介绍离子键和共价键的相关知识，同时讨论分子间的作用力。

知识链接

化学键理论的发展

1916 年，德国化学家科塞尔提出离子键理论，解释了离子化合物的形成。同年，美国化学家路易斯提出共价键理论，可以解释一些简单的非金属单质和化合物分子的形成过程。1927 年，德国化学家海特勒和伦敦建立了现代价键理论，说明了共价键的本质和特点。1931 年，鲍林提出并发展杂化轨道理论，使价键理论与经典的电子对概念相吻合。1932 年,美国化学家穆利肯和德国化学家洪特提出了分子轨道理论,较好地说明了多原子分子的结构。

化学家们对化学键的认识,从定性到定量,从简单到复杂,促进了人们对物质及其运动规律的认识。

第一节　离子键

1916 年,德国化学家科塞尔根据稀有气体具有稳定结构的事实,提出了离子键理论,认为离子键的本质是正、负离子间的相互作用。

一、离子键的形成

活泼金属元素和活泼非金属元素的电负性相差较大,当活泼金属原子和活泼非金属原子在一定条件下互相接近时,都有达到稳定稀有气体结构的倾向。活泼金属原子容易失去最外层电子成为带正电荷的阳离子;活泼非金属原子容易得到电子,使最外层电子充满而成为带负电荷的阴离子。当这两种离子接近到一定距离时,吸引力和排斥力达到平衡,阴、阳离子之间便形成了稳定的化学键。这种由阴、阳离子之间通过静电作用所形成的化学键称为离子键。由离子键形成的化合物称为离子化合物。

以金属钠和氯气反应生成氯化钠为例,根据钠原子和氯原子的核外电子排布可知,钠原子容易失去最外层的 1 个电子,氯原子容易得到这个电子,然后分别形成 Na^+ 和 Cl^-,达到 8 电子稳定结构,Na^+ 和 Cl^- 靠静电吸引力形成稳定的离子键。NaCl 离子键的形成过程可表示为:

$$n Na(1s^2 2s^2 2p^6 3s^1) - ne^- \longrightarrow nNa^+(1s^2 2s^2 2p^6)$$

$$n Cl(1s^2 2s^2 2p^6 3s^2 3p^5) + ne^- \longrightarrow nCl^-(1s^2 2s^2 2p^6 3s^2 3p^6)$$

$$n Na^+ + nCl^- \longrightarrow nNaCl$$

离子键容易在活泼金属原子和活泼非金属原子之间形成,一般情况下,成键原子的电负性差值在 1.7 以上,如 $MgCl_2$、MgO 等。

二、离子键的特点

离子键的特点是既无方向性又无饱和性。

离子的电荷分布呈球形对称,空间中的离子对任何方向上带相反电荷的离子都有静电作用,所以离子键没有方向性。离子晶体中,只要离子周围空间允许,每个离子就倾向于吸引尽可能多的带相反电荷的离子,并不受离子本身电荷数的限制,因此离子键没有饱和性。

例如,在氯化钠晶体中,每个 Na^+ 和 Cl^- 周围都有 6 个带相反电荷的离子作为近邻,稍远处还有更多的 Na^+ 和 Cl^- 有规则地交替延伸而组成整个晶体(图 2-1)。离子晶体中不存在单个分子,阴、阳离子周围排列的带相反电荷离子的数目是固定的,像 NaCl 这样的化学式仅表示离子化合物中阴、阳离子的数目之比。

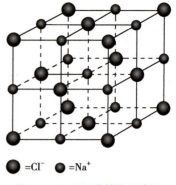

● $=Cl^-$ ● $=Na^+$

图 2-1 NaCl 晶体结构示意图

知识链接

离子键的离子成分

离子键和共价键之间本质是连续过渡的。即使是典型离子化合物(如 CsF,离子性约 92%),仍存在共价成分(约 8%),主要表现为阴离子电子云的极化及微弱的轨道重叠。通常,当成键原子电负性差值大于 1.7 时,离子性超过 50%,但该阈值可能因化合物特性而异。

三、影响离子键强度的因素

如果将阴阳离子看作球形对称,它们所带的电荷分别为 q^+ 和 q^-,距离为 r,按照库仑定律,它们之间的静电吸引力为:

$$f=\frac{q^+ q^-}{r^2} \qquad\qquad 式(2\text{-}1)$$

由库仑定律可知,静电作用力 f 取决于离子所带电荷 q 及离子间距离 r。

离子键的实质是静电吸引力,因此影响离子键强弱的因素主要有离子的电荷和离子半径。

1. 离子的电荷 离子键的实质是阴、阳离子间的静电作用,离子所带的电荷越多,与带相反电荷的离子之间的静电作用越强,形成的离子键强度越大,离子化合物越稳定。例如 MgO 的熔点(2 852℃)比 Na_2O 的熔点(1 275℃)高得多。因此,离子化合物中,离子电荷越高,离子键越牢固。

2. 离子半径 离子键的稳定性与离子所带的电荷有关,也与正、负离子间的距离有关。离子近似视为球体,离子的核间距离等于阴、阳离子的半径之和。离子的半径越小,作用力越大,键越牢固。Li_2O 的熔点为 1 567℃,而 Na_2O 的熔点为 1 275℃,就是因为 Li^+ 半径比 Na^+ 半径小,所以离子键更牢固。

四、离子晶体

通过离子键形成的化合物称为离子化合物。离子化合物的熔点和沸点较高,通常以晶体形式存在,也称离子晶体。例如 NaCl、MgO、CaF_2 等都是离子晶体。离子型化合物一般具有以下通性:常温下以固态存在;熔点和沸点较高;常温下蒸气压极低;晶体本身不导电,在水溶液中或熔融状态时能够导电;易溶于水,但在有机溶剂中难溶。

五、离子的极化

离子在电场中产生诱导偶极的现象称为离子的极化现象。当阴、阳离子相互接近时,引起对方某些结构变化而增加内部极性的作用称为极化作用,离子被极化的结果称为变形。离子既有极化作用也有变形性。一般来说,阳离子的半径比阴离子小,电场强,所以阳离子主要表现为极化作用,阴离子主要表现为变形性。

离子极化使无机化合物的溶解度、熔点、颜色等物理性质发生变化。例如卤化银(AgX)中,卤素离子 F^-、Cl^-、Br^-、I^- 的变形性依次增强,化学键由离子键向共价键转变,化合物相应地由离子型向共价型过渡,分子中的共价成分增多,AgF、AgCl、AgBr、AgI 的熔点、沸点依次降低,水中的溶解性逐渐减弱,化合物的颜色(无色、白色、浅黄色、黄色)逐渐加深。

> **点滴积累**
>
> 1. 化学键分为离子键、共价键和金属键 3 种类型。
> 2. 离子键容易在活泼金属原子和活泼非金属原子之间形成,一般情况下,成键原子的电负性差值在 1.7 以上。
> 3. 离子键的特点是既无方向性又无饱和性。影响离子键强弱的因素主要有离子电荷和离子半径。
> 4. 离子晶体的熔点和沸点较高,易溶于水,在水溶液中或熔融状态时能导电。

第二节 共价键

活泼金属元素与活泼非金属元素形成离子化合物可以用离子键理论解释,但是非金属元素之间如 N_2、CH_4 等分子的形成用离子键理论是无法解释的。1916 年,路易斯提出了经典的共价键理论,即八隅体规则,但是该理论只能解释简单共价分子的形成。1927 年,海特勒和伦敦将量子力学应用到氢气分子结构中,初步阐明了共价键的本质。1931 年鲍林提出了杂化轨道理论,共价键理论才得以进一步完善。

一、价键理论

(一)共价键的形成

以氢气分子(H_2)的形成为例,应用价键理论分析共价键的形成。

当 2 个氢原子接近时,如果它们的成单电子自旋方向相反,2 个氢原子的 1s 轨道发生重叠,原子核间的电子云密集,体系能量下降,从而形成稳定的 H_2 分子,如图 2-2 所示。

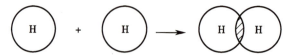

图 2-2　氢分子原子轨道的重叠

原子间通过原子轨道重叠所形成的化学键称为共价键。共价键的形成过程可用电子式表示。以 H_2 的形成为例,其过程可表示为:

$$H \cdot + \cdot H \longrightarrow H : H$$

形成的共用电子对围绕两个成键原子的原子核运动,为两个成键原子所共有。

通过共价键结合形成的化合物称为共价化合物。如 Cl_2、HCl、H_2O、CH_4 等。需要注意的是,在一些离子化合物中,可以同时存在离子键和共价键,如 $NaOH$,Na^+ 与 OH^- 之间以离子键结合,而 H 和 O 之间则以共价键结合。

(二)价键理论的基本要点

价键理论又称电子配对法,基本要点如下。

1. 具有自旋相反的成单电子的原子相互接近时,原子轨道重叠,核间电子云密度增大,体系能量降低,形成稳定的化学键,如 H_2 的形成。若 A、B 两原子各有两个或三个未成对电子,且自旋方向相反,可以形成共价双键或三键(如 $O \!=\! O$,$N \!\equiv\! N$)。若 A 有两个未成对电子,B 只有一个未成对电子,则形成 AB_2 型分子(如 H_2O)。1 个原子有几个未成对的电子,即能与几个自旋相反的未成对电子配对成键(即电子配对原理),当成单电子配对后,就不能再和其他单电子配对。

2. 形成共价键的原子轨道重叠越多,核间电子云密度越大,形成的共价键越牢固。除 s 轨道外,p、d、f 轨道都有特定的伸展方向,成键原子只有沿着特定方向接近才能使轨道形成最大程度的重叠,即原子轨道最大重叠原理。

(三)共价键的类型

根据成键时原子轨道重叠方式的不同,共价键可分为 σ 键和 π 键。

1. **σ 键**　成键时两原子的原子轨道沿键轴(两原子核间的连线)方向以"头碰头"的方式进行最大程度重叠,形成的共价键称为 σ 键,见图 2-3(a)。

σ 键的特点是重叠部分集于两原子核之间,并沿着对称轴分布,可以任意旋转。σ 键的重叠程度大,较稳定,不易断裂,能独立存在于两原子之间。如 H_2 分子中的 H—H 键、Cl_2 分子中 Cl—Cl 键、HCl 分子中的 H—Cl 键都是 σ 键。

2. **π 键**　成键时两原子的原子轨道以"肩并肩"的方式发生轨道侧面重叠,重叠后得到的电子云图像呈镜像对称,形成的共价键称为 π 键,见图 2-3(b)。

π 键不能绕着键轴任意旋转,且轨道重叠程度比 σ 键小,因而 π 键不如 σ 键稳定,化学反应中易断裂。π 键不能单独存在,只能与 σ 键共同存在于双键或三键中。

下面分析 N_2 分子的共价键。N 原子的电子组态为 $1s^2 2s^2 2p_x^1 2p_y^1 2p_z^1$,每个 N 原子的 $2p_x$、$2p_y$ 和

ER 2-2

σ 键的形成
(视频)

ER 2-3

π 键的形成
(视频)

2p_z轨道中各有1个未成对的电子,当2个N原子结合时,2个N原子的p_x轨道沿着x轴方向以"头碰头"的方式重叠形成一个σ键,2个N原子的p_y轨道与p_y轨道、p_z轨道与p_z轨道只能采取"肩并肩"的方式重叠,形成2个互相垂直的π键,如图2-4所示。因此,在N_2分子中N原子间形成的是共价三键,两个N原子以1个σ键和2个π键结合,N_2分子的结构表示为N≡N。

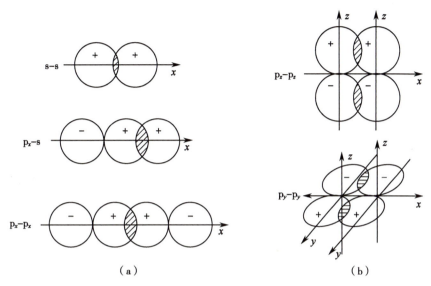

图 2-3   σ 键和 π 键示意图

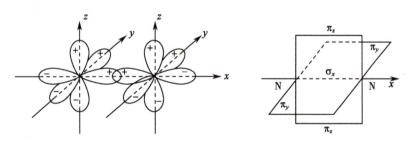

图 2-4 N_2分子形成示意图

从上面的讨论可知,原子轨道重叠形成共价键时,首先选择以"头碰头"的方式最大限度地重叠产生 σ 键,其次进行"肩并肩"侧面重叠形成 π 键。σ 键可以单独存在,而 π 键不能单独存在,只能与 σ 键共存于双键或三键中。因此如果两个原子可形成多重键,其中必有一个 σ 键,其余则为 π 键,如只形成一个键,那一定是 σ 键。

(四)配位键

配位键可以看作一种特殊的共价键。共价键形成时,共用电子对如果由一个原子单独提供,另一个原子提供空轨道,这样形成的共价键称为配位共价键,简称配位键。例如,NH_3与H^+形成NH_4^+时,NH_3中的N原子上有1对孤对电子进入H^+的空轨道,这1对电子在N、H原子间共用,形成配位键,NH_4^+的4个共价键中有1个是配位键,其形成过程如下:

$$H^+ + :NH_3 \longrightarrow [\,H \leftarrow NH_3\,]^+$$

配位键的形成必须满足两个条件:首先,提供共用电子对的原子价电子层有孤对电子;其次,接受共用电子对的原子价电子层有空轨道。配位键用"→"表示,从孤对电子的提供者指向接受者。

(五)共价键的特点

价键理论的基本要点决定了共价键具有两个特性。

1. 共价键的饱和性 一个电子与另一个电子配对后,不能再与其他原子的电子配对。所以,原子形成的共价键数受原子中未成对电子数的限制,决定了共价键具有饱和性。例如,氢原子只有 1 个未成对电子,只能形成 1 个共价键。稀有气体原子没有未成对电子,原子间不能成键,常以单原子的形式存在。

2. 共价键的方向性 共价键形成时,成键电子的原子轨道重叠程度越大,共价键越稳定。除 s 轨道呈球形对称外,p、d、f 轨道在空间都有一定的伸展方向。所以,原子轨道的伸展方向和最大重叠原理决定了共价键具有方向性。此外,原子轨道有正、负值之分,只有同号重叠(正号与正号部分、负号与负号部分),原子轨道才能有效重叠。例如,形成氯化氢分子时,氢原子 1s 电子与氯原子一个未成对的 3p 电子形成一个共价键,如图 2-5(a)、(b)、(c)、(d)所示轨道的 4 种重叠方式中,以(a)的方式重叠为有效成键。

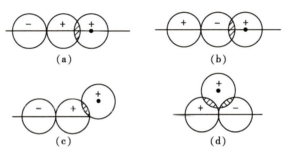

图 2-5 HCl 分子的成键示意图

课 堂 活 动

1. 根据成键时原子轨道重叠的方式,判断 C—C 及 C═C 共价键的类型,推测其反应活性。

2. 推断下列分子中化学键的类型。

(1)HCl　　　　(2)NaCl　　　　(3)$(NH_4)_2SO_4$　　　　(4)Al_2O_3

二、杂化轨道理论

价键理论能较好地阐明共价键的形成过程和本质,但不能解释一些分子的空间构型。例如,CH_4 分子的形成,按照价键理论,C 原子的核外电子排布为 $1s^2 2s^2 2p_x^1 2p_y^1$,只有两个未成对电子,只能与两个 H 原子形成两个共价键,这与实验事实不符,因为 C 与 H 可形成 CH_4 分子,其空间构型为正四面体,各个 C—H 键夹角是 109°28′。为了较好地解释多原子分子的空间构型和性质,1931 年,鲍林等人在价键理论的基础上,提出了杂化轨道理论。

中国现代理论化学研究的奠基人——唐敖庆

作为中国现代理论化学研究的奠基人,唐敖庆教授为中国科研事业发展和国际影响力提升作出了突出贡献。1957—2000 年,他先后 5 次获得代表我国基础研究最高水平的国家自然科学奖。2020 年 1 月 9 日,为表彰唐敖庆教授在教育和科学研究领域作出的杰出贡献,经国际小行星命名委员会批准,将国际编号为 218914 号的小行星正式命名为"唐敖庆星"。

(一)杂化轨道理论要点

1. 原子在形成分子时,同一原子中能量相近的不同原子轨道相互混合,组合成新的原子轨道,称为杂化轨道。轨道重新组合的过程称为杂化。

2. 杂化轨道的数目等于参加杂化的原子轨道总数。

3. 杂化轨道的成键能力增强。杂化后的轨道形状发生改变,一端突出肥大,形成共价键时重叠程度增大,共价键更稳定。

(二)杂化轨道的类型

参加杂化的原子轨道的种类和数目不同,可以组合成不同类型的杂化轨道,杂化轨道的能量可重新分配,轨道形状和方向发生改变,不同类型的杂化轨道具有不同的空间构型,杂化轨道的类型可决定分子的空间构型。根据参与杂化的原子轨道数目不同,s-p 型杂化分为以下几类。

1. sp 杂化 同一原子内能量相近的 1 个 ns 和 1 个 np 轨道进行的杂化称为 sp 杂化,可形成 2 个能量、形状完全相同的 sp 杂化轨道。每个杂化轨道中含 $\frac{1}{2}$ s 轨道成分和 $\frac{1}{2}$ p 轨道成分,2 个 sp 杂化轨道间的夹角为 180°,分子的空间构型为直线形。因此,sp 杂化轨道又称直线形杂化轨道。

ER 2-4

sp 杂化
(视频)

以 $BeCl_2$ 分子的形成为例,基态 Be 原子的电子组态为 $1s^2 2s^2$,当它与 Cl 原子成键形成 $BeCl_2$ 分子时,价电子层 2s 轨道中的 1 个电子获得能量跃迁到 1 个 2p 轨道上,使 Be 原子处于激发态 $1s^2 2s^1 2p_x^1$。Be 原子的 2s 轨道和刚跃进 1 个电子的 2p 轨道发生杂化,形成 2 个等同的 sp 杂化轨道。成键时,每个 sp 杂化轨道的大头与 Cl 原子中成单电子的 3p 原子轨道以"头碰头"的方式发生重叠,形成 2 个 sp-p 的 σ 键。杂化轨道间的夹角为 180°,$BeCl_2$ 分子的空间构型是直线形。$BeCl_2$ 分子的形成过程如图 2-6 所示。

2. sp^2 杂化 同一原子内能量相近的 1 个 ns 轨道和 2 个 np 轨道参与的杂化称为 sp^2 杂化,形成 3 个等同的 sp^2 杂化轨道。每个 sp^2 杂化轨道含 $\frac{1}{3}$ s 轨道成分和 $\frac{2}{3}$ p 轨道成分,杂化轨道间的夹角为 120°,分子空间构型呈平面三角形。

ER 2-5

sp^2 杂化
(视频)

以 BF_3 分子的形成为例,B 原子的电子组态为 $1s^2 2s^2 2p_x^1$,在 F 原子的影响下,B 原子的 1 个 2s 电子激发到 1 个空的 2p 轨道上,B 原子处于激发态 $1s^2 2s^1 2p_x^1 2p_y^1$。B 原子的 2s 轨道与 2 个含有成单电子的 2p 轨道发生杂化,形成 3 个等同的 sp^2 杂化轨道,如图 2-7 所示。

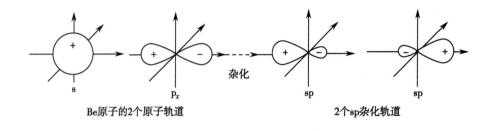

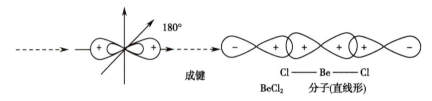

图 2-6　$BeCl_2$分子形成过程示意图

每个 sp^2 杂化轨道分别与 F 原子中含有成单电子的 2p 原子轨道以"头碰头"的方式发生重叠，形成 3 个 sp^2-p 的 σ 键，杂化轨道间的夹角为 120°。实验证实，B 原子位于中心，3 个 F 原子位于三角形顶点，BF_3 分子呈平面三角形，如图 2-8 所示。

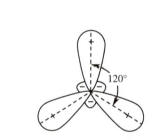

图 2-7　B 原子的 3 个 sp^2 杂化轨道

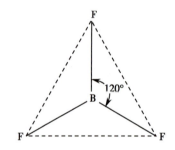

图 2-8　BF_3 分子的空间构型

3. sp^3 杂化　同一原子内能量相近的 1 个 ns 轨道和 3 个 np 轨道参与的杂化称为 sp^3 杂化，形成 4 个 sp^3 杂化轨道。每个 sp^3 杂化轨道含有 $\frac{1}{4}$ s 轨道成分和 $\frac{3}{4}$ p 轨道成分。

以 CH_4 分子的形成为例，C 原子的电子组态为 $1s^2 2s^2 2p_x^1 2p_y^1$，C 原子杂化时，1 个 2s 电子被激发进入 $2p_z$ 的空轨道，C 原子处于激发态 $1s^2 2s^1 2p_x^1 2p_y^1 2p_z^1$，如图 2-9 所示。

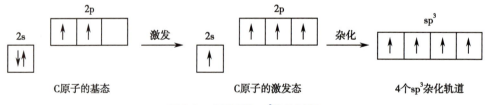

图 2-9　C 原子的 sp^3 杂化过程

C 原子的 1 个 2s 轨道与 3 个 2p 轨道发生杂化，形成 4 个等同的 sp^3 杂化轨道，杂化轨道分别与 4 个 H 原子的 1s 轨道重叠形成 4 个 sp^3-s 的 σ 键，杂化轨道间的夹角为 109°28′，如图 2-10 所示。生成的 CH_4 分子的空间构型为正四面体形，如图 2-11 所示。

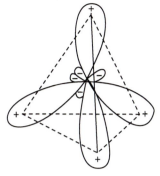

图 2-10　C 原子的 sp³ 杂化轨道

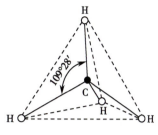

图 2-11　CH₄ 分子的空间构型

以上每种杂化形成的杂化轨道能量、成分都是完全相同的,成键能力也相同,又称为等性杂化。

4. 不等性杂化　如果在杂化轨道中有不参与成键的孤对电子,使得各杂化轨道的成分和能量不完全相同,这种杂化称为不等性杂化。如 H_2O 和 NH_3 分子中的 O 原子、N 原子都属于 sp³ 不等性杂化。

以 H_2O 分子的形成为例,O 原子的电子组态是 $1s^2 2s^2 2p^4$。1 个 2s 轨道和 3 个 2p 轨道形成 4 个 sp³ 杂化轨道,其中 2 个杂化轨道各有 1 对孤对电子占据,它们不参与成键;另外 2 个杂化轨道各有 1 个成单电子,这 2 个杂化轨道分别与 2 个 H 原子的 1s 轨道形成 2 个 sp³-s 的 σ 键。2 对孤对电子的轨道在原子核周围所占的空间位置较大,它们排斥挤压成键电子对,导致 σ 键的夹角为 104°45′,如图 2-12 所示。因此,H_2O 分子的空间构型呈 V 形,如图 2-13 所示。

又如 NH_3 分子,N 原子的电子组态是 $1s^2 2s^2 2p^3$。1 个 2s 轨道和 3 个 2p 轨道形成 4 个 sp³ 杂化轨道,其中 1 个杂化轨道有 1 对孤对电子占据,它不参与成键;另外 3 个杂化轨道各有 1 个成单电子,这 3 个杂化轨道分别与 3 个 H 原子的 1s 轨道形成 3 个 sp³-s 的 σ 键。1 对孤对电子的轨道在原子核周围所占的空间位置较大,排斥挤压成键电子对,导致 σ 键的夹角为 107°18′,因此,NH_3 分子的空间构型呈三角锥形,如图 2-14 所示。

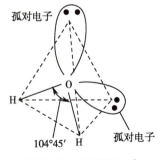

图 2-12　O 原子的 sp³
不等性杂化

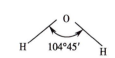

图 2-13　H_2O 分子的空间构型

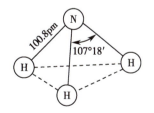

图 2-14　NH_3 分子的空间构型

表2-1　杂化轨道的类型与分子空间构型

杂化轨道类型	sp	sp^2	sp^3	dsp^2	sp^3d^2
杂化原子轨道数	2	3	4	4	6
杂化轨道数目	2	3	4	4	6
杂化轨道间的夹角	180°	120°	109°28′	90°,180°	90°,180°
空间构型	直线形	正三角形	正四面体	平面正方形	八面体
实例	$BeCl_2$ $HgCl_2$ $[Ag(NH_3)_2]^+$	BF_3 CO_3^{2-} NO_3^-	CH_4 SO_4^{2-} PO_4^{3-}	$[Ni(H_2O)_4]^{2+}$ $[Cu(NH_3)_4]^{2+}$	SF_6 $[SiF_6]^{2-}$

三、共价键参数

能够表征共价键性质的物理量称为共价键参数。共价键参数主要有键长、键能、键角等。利用共价键参数可以判断分子的几何构型、热稳定性等性质。

（一）键长（l）

键长是成键原子核间的平均距离，单位常用 pm（皮米）。共价键的键长越小，共价键越强，形成的键越牢固。相同原子间的键长顺序是单键>双键>三键。

（二）键能（E）

键能是衡量化学键强弱的物理量，常用单位是 kJ/mol。在 298K、101.3kPa 下，将 1mol 气态分子 AB 解离成气态基态原子 A 和 B 所需要的能量称为键解离能。

对于双原子分子，键能就是键解离能，如氢气分子中，H—H 共价键的键能就等于 H_2 的解离能 436kJ/mol。对于多原子分子，键能是各个键解离能的平均值，如氨气分子中，N—H 共价键的键能等于 3 个 N—H 解离能（435kJ/mol、398kJ/mol、339kJ/mol）的平均值 391kJ/mol。

一般来讲，键能越大，化学键越牢固，含有该键的分子越稳定。键能数据由热力学和光谱法测定，一些共价键的键长和键能见表 2-2。

（三）键角（α）

分子中共价键之间的夹角称为键角，是决定分子空间几何构型的主要参数。双原子分子是直线形的；对于多原子分子，原子在空间的排列不同，分子具有不同的几何构型。根据共价键的键角推测分子的几何构型，可以推断分子的极性。例如，H_2O 分子键角为 104°45′，决定了 H_2O 分子为 V 形结构；CO_2 分子键角为 180°，说明 CO_2 分子是直线形结构；NH_3 分子中的 H—N—H 的键角为 107°18′，可判断 NH_3 分子是三角锥形的极性分子。

表 2-2　一些共价键的键长和键能

共价键	键长/pm	键能/（kJ·mol⁻¹）	共价键	键长/pm	键能/（kJ·mol⁻¹）
H—H	74	436	B—H	123	293
O—O	148	143	C—H	109	413
S—S	205	226	N—H	101	391
F—F	128	165	O—H	96	463
Cl—Cl	199	247	F—H	92	566
Br—Br	228	193	Si—H	152	323
I—I	267	151	S—H	136	347
B—F	126	548	P—H	143	322
C—F	127	460	Cl—H	127	431
I—F	191	191	Br—H	141	366
C—N	147	305	I—H	161	299
C—C	154	346	N—N	146	159
C=C	134	610	N=N	125	418
C≡C	120	835	N≡N	110	946

知识链接

键角与分子的稳定性

键角与分子的空间构型及极性有关。同一类分子,键角越小,键和键的应力越大,排斥力强,体系的能量偏高,分子的稳定性差;键角越大,键和键的应力越小,体系的能量较低,分子的稳定性增强。

（四）键极性

共价键的极性取决于成键原子电负性的差值,相同原子形成的共价键,2 个原子的电负性相同,共用电子对不偏向任何 1 个原子,这种共价键称为非极性共价键,简称非极性键。如 H_2、O_2、N_2 等双原子分子中的共价键;电负性不同的原子形成共价键,共用电子对偏向电负性较大的原子,因此电负性较大的原子带部分负电荷,电负性较小的原子带部分正电荷,使正、负电荷的重心不重合,这种共价键称为极性共价键,简称极性键。例如,在 HCl 分子中,共用电子对偏向 Cl 原子,使 Cl 原子带部分负电荷,H 原子带部分正电荷,H—Cl 键是极性键。显然,两原子电负性差值越大,共价键极性越强,如 H—F 键的极性大于 H—Cl 键的极性。

四、分子晶体和原子晶体

按结构微粒和作用力不同,晶体分为金属晶体、离子晶体、分子晶体和原子晶体 4 种基本类型。下面重点介绍分子晶体和原子晶体。

（一）分子晶体

分子晶体的晶格点是分子。非金属单质和某些化合物在降温凝聚时可以形成分子晶体。分子晶体中，分子间以微弱的作用力相互结合形成了晶体。分子间结合力很弱，分子晶体的熔点低、硬度小、挥发性较大，常温常压下呈气态或液态。例如 O_2、CO_2 是气体，乙醇、乙酸是液体。分子不带电，分子晶体在固态或熔融状态下均不导电，其溶解性取决于分子的极性，遵守"相似相溶"原理。

（二）原子晶体

原子晶体的晶格点是原子，原子间以共价键相结合，形成空间立体网状结构。破坏化学键需要消耗较多的能量，所以原子晶体的熔点和沸点很高，硬度很大，一般不导电、不导热，溶解性差。多数原子晶体为绝缘体，有些（如硅、锗等）是优良的半导体材料。常见的原子晶体是周期表第ⅣA族元素的一些单质和某些化合物，例如金刚石、硅晶体、SiO_2、SiC 等。金刚石是典型的原子晶体，C 原子采取 sp^3 杂化，每个 C 原子都处于与它直接相连的 4 个 C 原子所组成的正四面体的中心，共价键很牢固，熔点高达 3 550℃，是硬度最大的单质。原子晶体中不存在单个的小分子，整个晶体可看作一个巨型分子。

点滴积累

1. 原子间通过原子轨道重叠所形成的化学键称为共价键。共价键既有方向性又有饱和性。
2. 轨道重叠以"头碰头"的方式形成 σ 键，以"肩并肩"的方式形成 π 键，σ 键的稳定性大于 π 键。
3. 共价键的主要参数有键长、键能、键角、键极性等。
4. 分子晶体的结合力是分子间作用力，原子晶体的结合力是共价键。

第三节　分子间作用力和氢键

一、分子的极性

分子从总体上看是不显电性的，但因为分子内部电荷分布情况不同，分子可分为非极性分子和极性分子。正、负电荷重心不重合的分子称为极性分子，如图 2-15（a）所示；正、负电荷重心重合的分子称为非极性分子，如图 2-15（b）所示。

对于双原子分子，分子的极性与共价键的极性一致。同核双原子分子 H_2、Cl_2、N_2、O_2 等是非极性分子，两个原子之间都是以非极性共价键结合的，共用电子对不偏向其中任何 1 个原子，整个分子电荷分布均匀，正负电荷重心重合。两个不同的原子组成的分子，例如 HCl、

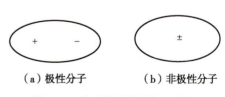

（a）极性分子　　　　（b）非极性分子

图 2-15　分子极性的结构示意图

CO 等都是极性分子,两个原子以极性共价键结合,共用电子对偏向电负性较大的原子,整个分子电荷分布不均匀,正负电荷重心不重合。多原子分子的极性不仅与键的极性有关,还与分子的空间构型有关。例如 CO_2、$BeCl_2$、BF_3、CH_4等,分子结构对称,分子的正、负电荷重心重合,是非极性分子。H_2O、H_2S 分子的空间构型呈 V 形,NH_3分子的空间构型呈三角锥形,$CHCl_3$是不规则四面体形,它们的分子结构不对称,正、负电荷重心不重合,所以它们都是极性分子。因此,以极性键结合的多原子分子可能是极性分子,也可能是非极性分子。

二、分子间作用力

1873 年,荷兰物理学家范德华首先提出了分子间存在作用力,因此分子间作用力也称为范德华力。分子间作用力比化学键(键能通常为 100~800kJ/mol)弱,即使在固体中也只有化学键强度的 1%~10%。物质聚集状态的变化(如液化、凝固与蒸发等)与分子间作用力有关。分子间作用力本质上也属于一种静电引力,其大小不仅与分子结构有关,也与分子极性有关。根据产生的原因和特点,分为取向力、诱导力和色散力。

(一)取向力

取向力产生在极性分子与极性分子之间。极性分子相互接近时,两极因电性的同性相斥、异性相吸,使分子发生相对转动,称之为取向。在取向的偶极之间,由于静电引力相互靠近,当接近到一定距离后,排斥与吸引作用达到相对平衡,体系能量趋于最小值。这种因极性分子的固有偶极而产生的相互作用力称为取向力,如图 2-16 所示。

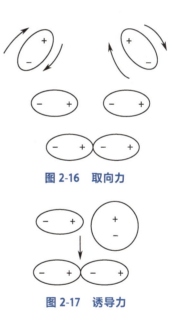

图 2-16 取向力

(二)诱导力

在极性分子固有偶极的影响下,非极性分子的正、负电荷重心发生相对位移而产生诱导偶极。非极性分子诱导偶极与极性分子的固有偶极间的相互作用力称为诱导力,如图 2-17 所示。极性分子之间因固有偶极的相互作用,每个极性分子也会产生诱导偶极,因此极性分子之间既存在取向力,也存在诱导力。

图 2-17 诱导力

(三)色散力

非极性分子相互靠近时,由于电子的运动及原子核的不断振动,正、负电荷重心发生短暂的位移,产生瞬间偶极。瞬间偶极存在的时间短暂,但是大量分子反复产生,在非极性分子中连续存在,同时也诱导邻近分子产生瞬间偶极。这种由于非极性分子瞬间偶极而产生的相互作用力称为色散力,如图 2-18 所示。显然,极性分子之间也会产生瞬间偶极。色散力存在于所有分子之间,且分子相对分子质量越大,变形性越大,色散力也越大。一般情况下,色散力是分子之间的一种主要作用力。

综上所述,非极性分子之间只有色散力;极性分子

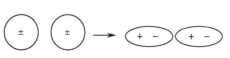

图 2-18 色散力

与非极性分子之间既有诱导力也有色散力;而极性分子与极性分子之间存在着取向力、诱导力和色散力。

　　分子间的作用力是短程的,作用范围很小,为300~500pm。影响分子间作用力的因素较多,主要有分子的极性、温度、分子的形状、分子间距离及相对分子质量等。研究表明,结构相似的同系列物质其相对分子质量越大,分子间作用力越强。例如卤族元素的单质中,常温下氟、氯是气体,溴是液体,而碘是固体;单质颜色逐渐变深,分别为无色、黄绿色、红棕色、紫黑色,说明分子间作用力随分子量的增加而增大,导致物质的熔点、沸点升高和颜色加深。

课 堂 活 动

请指出下列分子间存在的作用力。

(1)HCl与Cl_2分子间　　　　(2)I_2与I_2分子间　　　　(3)H_2O与SO_2分子间

(4)CH_4与SO_2分子间　　　(5)CCl_4与CS_2分子间

三、氢键

　　HF、NH_3和H_2O的沸点与同族氢化物相比异常升高,原因是它们的分子间存在着一种特殊作用力,这种作用力即是氢键。

(一) 氢键的形成

　　H原子与电负性大、原子半径很小的原子X(F、O、N)以共价键结合形成分子时,共用电子对强烈地偏向X原子,使氢原子几乎成为"裸露"的质子。此氢原子可以与另一电负性大、半径小且外层有孤对电子的原子Y作用,产生较大的静电吸引,这种作用力称为氢键。

　　氢键通常用X—H…Y表示,X、Y代表F、O、N等电负性大、原子半径小的原子,…表示氢键。X与Y可以相同,也可以不同,Y原子应含有孤对电子。例如HF分子中,F原子比H原子的电负性大得多,F—H键的极性很强,共用电子对强烈地偏向F原子,使H原子几乎成为"裸露"的质子,半径很小的H原子允许另一个F原子接近,并产生较强烈的静电吸引作用形成了氢键,如图2-19所示。

　　氢键形成的条件是H原子直接与电负性大、半径小的原子形成共价键X—H,另一分子(或同一分子)中有一个电负性大、半径小、含有孤对电子的Y原子(通常为F、O、N)靠近X—H,产生吸引作用形成氢键。

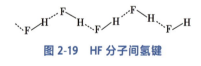

图2-19　HF分子间氢键

　　氢键的强弱与X和Y的电负性及Y原子的半径有关,X和Y的电负性越大、半径越小,形成的氢键越强。常见氢键的强弱顺序如下。

F—H…F > O—H…O > O—H…N > N—H…N

　　氢键键能一般小于40kJ/mol,弱于化学键键能,是一种较强的分子间的相互作用。氢键具有饱和性和方向性,形成氢键的3个原子X—H…Y一般在一条直线上,以保持X、Y的最大分离,排斥力达到最小；每个 X—H 中的 H 只能与 1 个 Y 原子形成氢键，否则排斥力太大而不稳定。

（二）氢键的类型

氢键可分为分子间氢键和分子内氢键两种。H_2O 分子间、HF 分子间或 HF 与 H_2O 分子间都存在分子间氢键。有机化合物邻硝基苯酚可以形成分子内氢键，如图 2-20 所示。

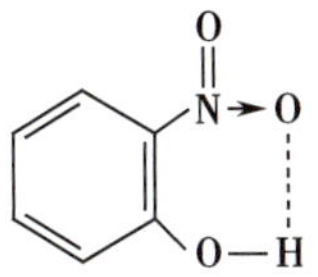

图 2-20　邻硝基苯酚分子内氢键

（三）氢键对物质物理性质的影响

氢键对物质的熔点、沸点、溶解度、密度、黏度等均有影响。

1. 对物质熔点和沸点的影响　分子间氢键的形成，使固体熔化或液体汽化时需要消耗更多的能量，导致物质的熔点和沸点升高。如 HF、H_2O 和 NH_3 的熔点、沸点分别高于同族的 HCl、H_2S 和 PH_3，如图 2-21 所示。分子内氢键的存在削弱了分子间的结合力，减弱分子极性，使物质的熔点和沸点降低。如对硝基苯酚，不存在分子内氢键，其熔点、沸点远高于存在分子内氢键的邻硝基苯酚。

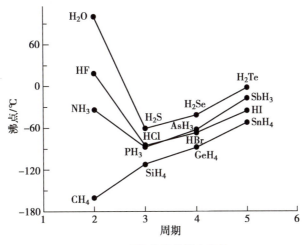

图 2-21　同族化合物沸点比较

2. 对物质溶解度的影响　溶质分子与溶剂分子之间如果形成氢键，溶质分子与溶剂分子间的作用力将增大，溶质在溶剂中的溶解度会增大。例如氨极易溶解在水中，乙醇、甘油等可以与水以任意比例混溶。如果溶质分子内形成氢键，会使其分子极性下降，按照相似相溶原理，在极性溶剂中，其溶解度会降低，而在非极性溶剂中，其溶解度会增大。

点滴积累

1. 根据正、负电荷重心是否重合来判断分子的极性。

2. 分子间作用力可分为取向力、诱导力和色散力。

3. 氢键形成的条件是 H 原子直接与电负性大、半径小的原子形成共价键，另一分子（或同一分子）中有一个电负性大、半径小、含有孤对电子的原子。

4. 氢键可分为分子间氢键和分子内氢键两种。氢键的形成会影响物质的熔点、沸点、溶解度等物理性质。

目标检测

一、填空题

1. 根据分子或晶体中相邻原子或离子间作用力不同,化学键可分为_____、_____和_____。

2. 离子键的特点是_____和_____;共价键的特点是_____和_____。

3. 形成配位键的条件是_____;形成氢键的条件是_____。

二、简答题

1. 用价键理论说明为什么 H_2 能稳定存在,而 He_2 不存在。

2. 某一化合物的分子式为 AB_2,A 属于ⅥA 族,B 属于ⅦA 族,A 和 B 在同一周期,它们的电负性分别为 3.5 和 4.0。试回答下列问题。

   (1)已知 AB_2 分子的键角为 103.3°,推测 AB_2 分子的中心原子 A 在成键时采取的杂化类型及分子的空间构型。

   (2)AB_2 分子的极性如何?

   (3)AB_2 分子间存在哪些分子间作用力?

   (4)AB_2 与 H_2O 相比,哪一种物质的沸点、熔点较高?

3. 指出下列各组物质中分子间存在的作用力。

   (1)Br_2 与 CCl_4 (2)CO_2 与 H_2O

   (3)CO_2 气体   (4)CH_3OH 与 H_2O

4. 试解释下列现象。

   (1)为什么 NH_3 在 H_2O 中的溶解度较大?

   (2)C 与 Si 是同族元素,为什么其氧化物 CO_2 与 SiO_2 的性质差别很大?

   (3)NaCl 与 AgCl 化合物中的阳离子都是 +1 价,为什么 AgCl 难溶于水,NaCl 易溶于水?

5. 根据键角判断分子的空间构型,并推断分子的极性。

   (1)CO_2 分子中的键角是 180°。

   (2)CCl_4 分子中的键角是 109°28′。

   (3)SO_2 分子中的键角是 119.5°。

   (4)PCl_3 分子中的键角约为 108°。

(王丽娟)

第三章　溶液和胶体溶液

学习目标

1. **掌握**　溶液组成标度的表示方法、渗透压的基本概念、溶胶和高分子溶液的组成。
2. **熟悉**　分散系的分类、溶胶的形成及胶粒带电的原因、溶胶的稳定性和聚沉。
3. **了解**　强电解质溶液理论、稀溶液的依数性及其计算、高分子溶液和凝胶的基本性质。

导学情景

情景描述：

　　失血性休克是外科常见的危急症之一，稍有延误就可能危及生命。迅速补充血容量是抢救失血性休克的主要措施之一，早期、快速、足量扩容是抢救成功的关键。补充血容量常用的晶体液有0.9%氯化钠溶液、5%葡萄糖溶液等，常用的胶体溶液有右旋糖酐、羟乙基淀粉等。

学前导语：

　　氯化钠溶液是电解质溶液，葡萄糖溶液是非电解质溶液，右旋糖酐和羟乙基淀粉属于胶体溶液。0.9%氯化钠溶液、5%葡萄糖溶液是临床上常用的等渗溶液。本章将学习溶液和胶体溶液的相关知识。

　　溶液和胶体溶液是自然界中常见的物质形态，在日常生活中，有很多物质以溶液或胶体溶液的形式存在。在药物的研究、生产过程中，有许多化学反应需要在溶液和胶体溶液中进行，药物在体内的吸收和代谢过程也离不开溶液和胶体溶液。因此，掌握溶液和胶体溶液的相关知识对后续课程的学习和从事药学相关的工作具有十分重要的意义。

第一节　分散系

一、分散系的概念

　　分散系是一种或多种物质分散到另一种物质中形成的混合物。其中，被分散的物质称为分散相或分散质；容纳分散相的物质称为分散剂或分散介质。如生理盐水是氯化钠分散在水中形成的分散系，氯化钠是分散相，水是分散剂；葡萄糖溶液是葡萄糖分散在水中形成的分散系，葡萄糖是分散相，水是分散剂。

二、分散系的分类

分散系无处不在,且多种多样。按照分散相与分散剂之间是否有相界面,分散系可分为均相分散系和非均相分散系,其中均相分散系只有一相,非均相分散系有两个或两个以上的相,相与相之间存在明显的界面。

按照分散相粒子直径的大小,分散系分为真溶液、胶体分散系和粗分散系。真溶液的分散相粒子直径小于1nm,胶体分散系的分散相粒子直径在1~100nm,粗分散系的分散相粒子直径大于100nm。三类分散系的特征和性质见表3-1。

表3-1 三类分散系的特征和性质

分散系类型		分散相粒子	粒子直径	主要特征	实例
真溶液		小分子或小离子	<1nm	透明、均匀、稳定,能透过滤纸和半透膜	生理盐水
胶体分散系	溶胶	分子、原子或离子的聚集体	1~100nm	非均相,较稳定,能透过滤纸,不能透过半透膜	碘化银溶胶
	高分子溶液	大分子、大离子		均相,稳定,能透过滤纸,不能透过半透膜	蛋白质溶液
粗分散系	悬浊液、乳浊液	粗粒子(固体小颗粒、小液滴)	>100nm	非均相,不稳定,不能透过滤纸和半透膜	泥浆、牛奶

真溶液又称分子或离子分散系,简称溶液,其分散相粒子是以单个小分子或小离子的状态均匀分散在分散介质中,是一种高度分散的均相稳定体系。通常将溶液中的分散相称为溶质、分散剂称为溶剂,如生理盐水中,氯化钠是溶质,水是溶剂。

胶体分散系包括溶胶和高分子溶液。溶胶的分散相粒子是小分子或小离子等微粒的聚集体,是高度分散的非均相较稳定体系。高分子溶液的分散相粒子是单个大分子或大离子,分散相与分散剂之间无界面,是均相的稳定体系。

粗分散系包括乳浊液和悬浊液,分散相粒子直径都大于100nm。乳浊液是小液滴分散在另一种液体中形成的分散系,悬浊液是固体小颗粒分散在液体中形成的分散系,粗分散系是非均相的不稳定体系。

第二节　溶液

一、溶解和水合作用

通常所说的溶液是指液态溶液，水是常见的溶剂。物质的溶解过程常伴有体积、颜色以及能量的变化。如氯化钠溶解在水中，溶质在水分子的作用下，以离子形式进入水中，由于水是极性分子，分子中的正负电荷重心不重合，容易被带电离子吸引，形成水分子包围的水合离子，这种现象称为水合作用，也称为溶剂化作用或水化作用。水合作用的结果是水分子在溶质离子表面产生定向排列，形成水化层，即水化膜。水化膜使离子的稳定性大大提高。物质溶解需要吸收能量，离子的水合过程会释放能量，这两种能量的相对大小决定了整个溶解过程是吸热还是放热。

类似于氯化钠，在水溶液中能够解离出离子，具有导电性或在熔融状态下能够导电的化合物称为电解质。根据其解离程度不同分为强电解质和弱电解质，几乎能够全部解离的电解质称为强电解质，如氯化钠；不能全部解离的电解质称为弱电解质，如醋酸。

在乙醇溶液中，溶质是以乙醇分子形式存在的，溶液不具有导电性。像乙醇一样，在水溶液中和熔融状态下都不能导电的化合物称为非电解质，如蔗糖。

二、溶液的组成标度

溶液的组成标度是指一定量的溶液或溶剂中所含溶质的量。将几种常用的表示方法介绍如下：

1. **物质的量浓度**　溶质 B 的物质的量(n_B)除以溶液的体积(V)称为 B 的物质的量浓度，用符号 c_B 表示。即：

$$c_B = \frac{n_B}{V} \qquad\qquad 式(3\text{-}1)$$

化学和医学上常用的单位有 mol/L、mmol/L 和 μmol/L。

2. **质量浓度**　溶质 B 的质量(m_B)除以溶液的体积(V)称为 B 的质量浓度，用符号 ρ_B 表示。即：

$$\rho_B = \frac{m_B}{V} \qquad\qquad 式(3\text{-}2)$$

常用单位有 g/L、mg/L 和 μg/L 等。常用来表示相对分子质量未知的物质浓度。

3. 质量摩尔浓度　溶质 B 的物质的量（n_B）除以溶剂 A 的质量（m_A）称为 B 的质量摩尔浓度，用符号 b_B 表示，单位为 mol/kg。即：

$$b_B = \frac{n_B}{m_A} \qquad\qquad 式(3-3)$$

对于较稀的水溶液来说，质量摩尔浓度的单位为 mol/kg、物质的量浓度的单位为 mol/L 时，质量摩尔浓度在数值上近似等于物质的量浓度。

4. 质量分数　溶质 B 的质量分数用符号 ω_B 表示，定义为 B 的质量 m_B 与混合物的质量 m 之比。即：

$$\omega_B = \frac{m_B}{m} \qquad\qquad 式(3-4)$$

5. 体积分数　溶质 B 的体积分数用符号 φ_B 表示，定义为 B 的体积 V_B 与混合物的体积 V 之比。即：

$$\varphi_B = \frac{V_B}{V} \qquad\qquad 式(3-5)$$

6. 摩尔分数　溶质 B 的摩尔分数用符号 x_B 表示，定义为 B 的物质的量 n_B 与混合物的总物质的量 n 之比。即：

$$x_B = \frac{n_B}{n} \qquad\qquad 式(3-6)$$

三、溶液组成标度之间的换算关系

在实际工作中，溶液采用的组成标度往往不同，因此有时必须进行不同组成标度之间的换算。B 的质量浓度 ρ_B 与物质的量浓度 c_B 之间的关系为：

$$c_B = \frac{\rho_B}{M_B} \qquad\qquad 式(3-7)$$

式中，M_B 为 B 的摩尔质量。

B 的质量分数 ω_B 与物质的量浓度 c_B 之间的关系为：

$$c_B = 1\,000\rho\,\frac{\omega_B}{M_B} \qquad\qquad 式(3-8)$$

式中，ρ 为溶液的密度，单位为 g/ml。

点滴积累

1. 电解质溶于水中形成水合离子，水化层能提高离子的稳定性。
2. 溶液的组成标度可用 c_B、ρ_B、b_B、ω_B、φ_B 和 x_B 表示。

第三节　强电解质溶液理论

强电解质在水中全部解离为阴离子和阳离子,其解离过程是不可逆的,解离度应为100%。但溶液导电性实验结果表明,强电解质在溶液中的解离度小于100%。

一、离子相互作用理论

1923年,德拜和休克尔提出了离子相互作用理论。该理论指出强电解质溶液中,离子浓度较大,由于静电引力,每个离子都处在带相反电荷的离子群包围中,称为"离子氛"。每一个阳离子周围都有一个带负电荷的离子氛,同样每一个阴离子周围也有一个带正电荷的离子氛,如图 3-1 所示。

由于离子氛的存在,强电解质溶液中的离子不是完全自由的离子,阴、阳离子间相互牵制,在电场中迁移的速率减慢,因此导电性实验测得的解离度降低。

此外,强电解质溶液中还存在离子缔合现象,阴、阳离子会部分缔合成离子对。离子对的存在也使自由离子浓度降低,导致溶液的导电性下降。所以,只有在无限稀溶液中,强电解质的离子才可能是完全自由的。

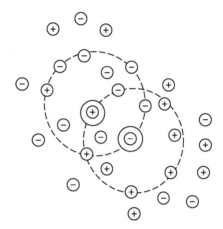

图 3-1　离子氛示意图

二、活度、活度系数和离子强度

由于离子氛和离子对的存在,离子的有效浓度低于其理论浓度,某些与浓度有关的性质(如导电性、溶液的依数性等)受到影响。为了准确地描述强电解质溶液中离子间的相互作用,引入了活度和活度系数的概念。

活度(a)是离子的有效浓度,量纲为1,它与离子的理论浓度(c)的关系为:

$$a = \gamma \cdot \frac{c}{c^{\ominus}} \qquad\qquad 式(3-9)$$

式中,γ 为活度系数,小于1;$c^{\ominus}$为标准浓度(1mol/L)。活度系数的大小反映了强电解质溶液中离子间相互牵制作用的强弱。活度系数越小,离子间的相互牵制越强。表 3-2 列出了不同浓度 NaCl 溶液的活度和活度系数的测定结果。

由表 3-2 可知,溶液浓度越大,单位体积内的离子数目越多,离子间的牵制作用越强,活度系数就越小;反之亦然。当溶液无限稀释时,离子间的牵制作用降低到极弱的程度,$\gamma \rightarrow 1$,活度与浓度也趋于相等。

表 3-2　不同浓度 NaCl 溶液的活度和活度系数（298K）

浓度/（mol·L⁻¹）	活度系数	活度
0.1	0.792	0.079 2
0.01	0.906	0.009 06
0.001	0.963	0.000 963
0.000 1	0.985	0.000 098 5

活度系数不仅与浓度有关,还与离子所带的电荷有关。为了体现浓度和离子所带的电荷对活度系数的影响,提出离子强度 I 的概念。

$$I = \frac{1}{2} \sum_i c_i z_i^2 \qquad \text{式（3-10）}$$

式中,z_i 为溶液中 i 离子的电荷数;c_i 为 i 离子的浓度。

　　例 3-1　计算 0.050mol/L AlCl$_3$ 溶液的离子强度。

　　解:离子强度为

$$I = \frac{1}{2} \sum_i c_i z_i^2 = \frac{1}{2} \left[(0.050) \times 3^2 + (3 \times 0.050) \times (-1)^2 \right] = 0.30$$

根据计算的离子强度,在相关化学手册中的数据表中可查到相应的活度系数。离子强度反映了离子间相互作用力的强弱。离子强度越大,离子间的相互作用力越强,活度系数越小。

　　对于电解质稀溶液,一般不考虑离子强度的影响,有关电解质的各种计算中均用浓度代替活度。但当电解质溶液的浓度较大时,离子强度较大,理论浓度与活度相差较大,涉及电解质的计算必须用活度。在生物体中,电解质离子以一定的浓度和比例存在于体液和组织液中,离子强度对体内一些激素、酶、维生素功能的影响不可忽略。医学检验中,一些电化学分析(如血清蛋白电泳检验)必须考虑离子强度的影响。

点滴积累

1. 强电解质溶液的离子不是完全自由的,离子氛牵制了离子的自由移动。
2. 浓度愈大,离子强度愈大,活度系数愈小。

第四节　稀溶液的依数性

　　溶液的性质通常取决于溶质的性质,如溶液的密度、颜色、气味、导电性等。但是溶液的某些性质却与溶质的本性无关,而只与溶液中的溶质粒子数目有关,称为溶液的依数性。溶液的依数性有蒸气压下降、沸点升高、凝固点下降和渗透压。溶液的依数性只有在溶液的浓度很稀时才有规律。

本节主要讨论难挥发非电解质稀溶液的依数性。

一、蒸气压下降

在一定温度下,将纯液体置于密闭容器中,当液体的蒸发速率和凝聚速率相等时,液体和它的蒸气就处于两相平衡状态,此时的气相压强称为饱和蒸气压,简称蒸气压,常用单位为 kPa。

在一定温度下,纯水的蒸气压是一个定值。若在纯水中溶入少量难挥发非电解质(如蔗糖、甘油等)后,稀溶液的蒸气压总是低于纯水的蒸气压,如图 3-2 所示。

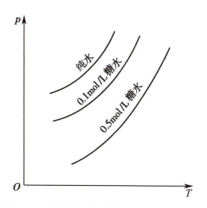

由于溶质是难挥发的物质,因此溶液的蒸气压实际上是溶液中溶剂的蒸气压。溶液的蒸气压之所以低于纯溶剂的蒸气压,是由于难挥发非电解质溶质溶于溶剂后,溶质分子占据了溶液的一部分表面,使溶液表面上的溶剂分子数减少,单位时间内蒸发出来的溶剂分子数减少,产生的压强降低,因此溶液的蒸气压就比相同温度下纯溶剂的蒸气压低。显然溶液的浓度越大,溶液的蒸气压就越低。

图 3-2　纯溶剂与溶液的饱和蒸气压曲线

若某温度下纯溶剂的蒸气压为 p_A^*、溶液的蒸气压为 p,p_A^* 与 p 的差值就称为溶液的蒸气压下降,用 Δp 表示。即:

$$\Delta p = p_A^* - p$$

$$\Delta p = K b_B \qquad\qquad 式(3-11)$$

式中,Δp 为难挥发非电解质稀溶液的蒸气压下降值;b_B 为溶质的质量摩尔浓度;K 为比例常数($K = p_A^* M_A$)。

式(3-11)表明,在一定温度下,难挥发非电解质稀溶液的蒸气压下降(Δp)与溶质的质量摩尔浓度成正比,而与溶质的种类和本性无关。

二、沸点升高

溶液的蒸气压与外界压强相等时的温度称为溶液的沸点。沸点通常是指外压为 101.3kPa 时的沸点,如在 101.3kPa 时水的沸点为 100℃。在稀溶液中,由于加入难挥发的溶质,致使溶液的蒸气压下降。从图 3-3 中可见,在 T_b^* 时溶液的蒸气压与外界的大气压(101.3kPa)并不相等,只有在大于 T_b^* 的某一温度 T_b 时才能相等,所以溶液的沸点要比纯溶剂的沸点高。很明显,稀溶液沸点的升高与溶液的蒸气压下降有关,而蒸气压降低又与溶质的质量摩尔浓度成正比,可见沸点升高也应与溶质的质量摩尔浓度成正比,而与溶质的种类和本性无关。

$$\Delta T_b = T_b - T_b^* = K_b b_B \qquad\qquad 式(3-12)$$

式中,ΔT_b 为沸点升高数值;b_B 为溶质的质量摩尔浓度;K_b 为溶剂的沸点升高常数,它是溶剂的特征常数,随溶剂的不同而不同。K_b可从理论推算,也可用实验测定,其单位是$(℃ \cdot kg)/mol$或$(K \cdot kg)/mol$。几种常见溶剂的K_b见表3-3。

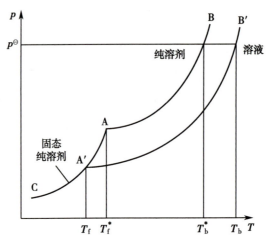

图 3-3　溶液的沸点升高和凝固点下降

注:T_b^*为纯溶剂的沸点,T_b为溶液的沸点;T_f^*为纯溶剂
的凝固点,T_f为溶液的凝固点。

表 3-3　几种常见溶剂的 K_b

溶剂	沸点/℃	$K_b/(℃ \cdot kg \cdot mol^{-1})$
水	100	0.512
乙醇	78.5	1.22
丙酮	56.2	1.71
苯	80.1	2.53
乙酸	117.9	3.07
萘	218.0	5.80

三、凝固点下降

　　液体的凝固点是指在一定压力下,其液相和固相的蒸气压相等并能共存时的温度。如外压为101.3kPa 时,纯水和冰在 0℃时的蒸气压均为 0.611kPa,0℃即为水的凝固点。而溶液的凝固点通常是指溶液中纯固态溶剂开始析出时的温度,对于水溶液而言,就是指水开始变成冰析出时的温度。与稀溶液中沸点升高的原因相似,水和冰的蒸气压曲线只有在 0℃以下的某一温度 T_f 时才能相交,即在 0℃以下才出现溶液的凝固点,显然 $T_f<T_f^*$,溶液的凝固点降低了,见图 3-3。冬季在汽车水箱中常加入防冻液就是凝固点降低的应用。由于溶液的凝固点降低也是由溶液的蒸气压降低所引起的,因此凝固点的降低也与溶液的质量摩尔浓度 b_B 成正比,而与溶质的种类和本性无关。

$$\Delta T_f = T_f^* - T_f = K_f b_B \qquad \text{式(3-13)}$$

式中，ΔT_f 为稀溶液的凝固点降低数值；K_f 为溶剂的凝固点降低常数，也是溶剂的特征常数，随溶剂的不同而不同，其单位是 ℃·kg/mol 或 K·kg/mol。一些常见溶剂的 K_f 见表 3-4。

表 3-4　几种常见溶剂的 K_f

溶剂	凝固点/℃	K_f/（℃·kg·mol^{-1}）
水	0	1.86
苯	5.53	5.12
乙酸	16.6	3.9
萘	80.3	6.94

应当注意，K_b、K_f 分别是稀溶液的 ΔT_b、ΔT_f 与 b_B 的比值，不能机械地将 K_b 和 K_f 理解成质量摩尔浓度为 1mol/kg 时的沸点升高值 ΔT_b 和凝固点降低值 ΔT_f，因 1mol/kg 的溶液已不是稀溶液，溶剂化作用及溶质粒子之间的作用力已不可忽视，ΔT_b、ΔT_f 与 b_B 之间已不成正比。

溶质的相对分子质量可通过溶液的沸点升高及凝固点降低两种方法进行测定。在实际工作中，常用凝固点降低法。原因如下：①对同一溶剂来说，K_f 总是大于 K_b，所以凝固点降低法测定时的灵敏度高；②用沸点升高法测定相对分子质量时，往往会因实验温度较高引起溶剂挥发，使溶液变浓而引起误差；③某些生物样品在沸点时易被破坏。

知识链接

植物的防寒抗旱

溶液的凝固点降低和蒸气压下降还能解释植物的防寒抗旱功能。研究表明，当外界气温发生变化时，植物细胞内会强烈地生成可溶性碳水化合物，从而使细胞液浓度增大、凝固点降低，保证了在一定的低温条件下细胞液不致结冰，表现了很好的防寒功能。另外，细胞液浓度增大有利于其蒸气压的降低，从而使细胞中水分的蒸发量减少，蒸发过程变慢，因此在较高的气温下能保持一定的水分而不枯萎，表现了很好的抗旱功能。

有机化学、药物分析等学科中也常常用测定化合物的熔点或沸点的方法来检验化合物的纯度。将含有杂质的化合物看作溶液，则其熔点比纯化合物的低，沸点比纯化合物的高，而且熔点的降低值和沸点的升高值与杂质含量有关。

四、渗透压

（一）渗透现象和渗透压

将一滴蓝色 $CuSO_4$ 溶液加入一杯纯水中，不久杯子中的水就会变成蓝色，成为一个均匀的溶液体系，称为扩散。扩散是在直接接触时发生的。

如果不让溶液与水直接接触,用一种只允许溶剂分子通过,而溶质分子不能通过的半透膜将它们隔开[图3-4(a)],这样会有什么现象发生呢?

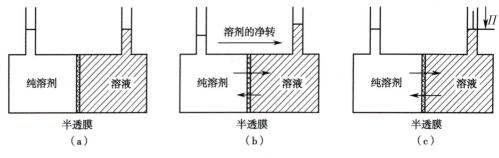

图3-4 渗透现象和渗透压

注:(a)渗透发生前;(b)渗透现象;(c)渗透压。

半透膜是只允许某些物质透过,而不允许另一些物质透过的薄膜,例如动物的肠衣、细胞膜、血管壁,人工制得的羊皮纸、玻璃纸、火棉胶等都属于半透膜。理想的半透膜只允许溶剂分子透过,而溶质分子或离子不能透过。

将溶液(如蔗糖水溶液)和纯溶剂(如水)用半透膜隔开时,溶剂分子可以自由地透过半透膜,而溶质分子不能透过。由实验可知,溶剂分子透过半透膜的速率与单位体积溶液中所含溶剂的分子数成正比。由于溶液中单位体积内的溶剂分子数小于纯溶剂中单位体积内的溶剂分子数,所以纯溶剂中溶剂分子透过半透膜进入溶液中的速率大于溶液中溶剂分子透过半透膜进入纯溶剂中的速率。结果有一部分纯溶剂中的溶剂分子透过半透膜进入溶液,使溶液的体积增大,液面升高,见图3-4(b)。这种溶剂分子透过半透膜进入溶液的现象称为渗透现象,简称渗透。随着溶液液面的升高,其液柱产生的静水压强逐渐增大,从而使溶液中的溶剂分子透过半透膜的速率增大,同时使纯溶剂向溶液渗透的速率减小。当静水压强增大到一定值后,两个方向的渗透速率相等,液柱高度不再变化,达到渗透平衡。

当稀溶液与浓溶液用半透膜隔开时,同样也会产生渗透现象,此时溶剂分子由稀溶液一侧向浓溶液一侧渗透。

综上所述,产生渗透现象必须具备两个条件:一是有半透膜存在;二是半透膜两侧的溶液单位体积内的溶剂分子数目不相等。

在一定温度下,将溶液与纯溶剂用半透膜隔开,能够阻止渗透现象发生的压强称该溶液的渗透压,见图3-4(c)。渗透压用符号Π表示,其单位是Pa或kPa。

如果半透膜两侧是不同浓度的溶液,为了阻止渗透现象的发生,也需要在较浓溶液的液面上施加一额外压强Π。此时Π是两种不同浓度溶液的渗透压之差。

若在浓溶液一侧施加一个大于渗透压的压强时,浓溶液中的溶剂会向稀溶液渗透,此种溶剂的渗透方向与原来渗透的方向相反,这一过程称为反渗透。医学上以反渗透法的技术进行洗肾(血液透析)。

海水淡化、自来水净化也利用了反渗透原理。反渗透膜可以将重金属、农药、细菌、病毒、杂质等彻底分离,整个工作原理均采用物理方法,不添加任何杀菌剂和化学物质,所以不会发生化学变化。反渗透并不会分离溶解氧,通过此法生产得到的纯水是活水,喝起来清甜可口。

血液透析

血液透析是利用渗透原理,将患者血液与透析液引入透析器内,两者分别在透析膜(人工半透膜)两侧逆向流动,通过扩散、对流、吸附等进行交换,使血液中的代谢废物或毒素(如尿素、尿酸等)进入透析液中,同时透析液中的营养物质或治疗药物进入血液。通过超滤和渗透清除体内多余的水分,而蛋白质、红细胞等则不能透过透析膜而留在血液中,从而达到"人工肾"的目的。

血液透析疗法是一种较安全、易行、应用广泛的血液净化方法,它可替代肾衰竭而失去的部分生理功能,维系生命,但不能替代其内分泌功能,也不能治愈尿毒症或肾衰竭,仅是临床救治急、慢性肾衰竭的最有效的方法之一。

(二)渗透压与溶液浓度和温度的关系

1886年,荷兰化学家范托夫根据实验数据归纳出一条定律:难挥发非电解质稀溶液的渗透压与溶液的浓度和热力学温度的乘积成正比。可以表示为:

$$\Pi = cRT \qquad 式(3-14)$$

式中,Π 为溶液的渗透压,单位为 kPa;c 为非电解质溶液的物质的量浓度;T 为热力学温度($T=273.15+t$);R 为摩尔气体常数,$R=8.314 J/(K \cdot mol)$。这一关系式称为范托夫定律。

从范托夫定律可以得出这样的结论:在一定温度下,稀溶液的渗透压取决于单位体积溶液中溶质数目的多少,而与溶质的本性和种类无关。所以,渗透压也属于稀溶液的依数性。

范托夫定律适用于非电解质稀溶液渗透压的计算。计算电解质溶液的渗透压时,由于电解质在溶液中发生解离,使溶液中溶质微粒的总浓度大于电解质本身的浓度,所以必须要考虑电解质的解离。对电解质稀溶液,式(3-15)引进一校正系数 i(i 称为范托夫系数),即:

$$\Pi = icRT \qquad 式(3-15)$$

式中,i 可以近似取整数,表示1个强电解质"分子"在溶液中解离出的离子数。例如 NaCl 溶液,$i=2$;$CaCl_2$ 溶液,$i=3$;Na_3PO_4 溶液,$i=4$;$NaHCO_3$ 溶液,$i=2$。

(三)渗透压在医学上的意义

渗透现象和生命科学有着密切的联系,广泛存在于动植物的生理活动中。

1. 渗透浓度 体液是一个复杂的体系,有非电解质分子和电解质解离而产生的离子,它们的渗透效应是相同的。医学上将渗透浓度定义为溶液中能产生渗透效应的所有溶质微粒的总浓度,用符号 c_{os} 表示,常用单位为 mmol/L。正常人血浆、组织间液和细胞内液中各种溶质的浓度见表 3-5。

2. 等渗、低渗和高渗溶液 正常人血浆的渗透浓度平均值约为 303.7mmol/L。临床上规定,凡是渗透浓度在 280~320mmol/L 的溶液为等渗溶液;渗透浓度低于 280mmol/L 的溶液为低渗溶液;渗透浓度高于 320mmol/L 的溶液为高渗溶液。临床上常用的生理盐水(9g/L NaCl 溶液)、50g/L 葡萄糖溶液和 12.5g/L $NaHCO_3$ 溶液均为等渗溶液。

表 3-5   正常人血浆、组织间液和细胞内液中各种溶质的浓度

物质名称	血浆中的浓度/ (mmol·L⁻¹)	组织间液中的浓度/ (mmol·L⁻¹)	细胞内液中的浓度/ (mmol·L⁻¹)
Na^+	144	137	10
K^+	5	4.7	141
Ca^{2+}	2.5	2.4	—
Mg^{2+}	1.5	1.4	31
Cl^-	107	112.7	4
HCO_3^-	27	28.3	10
$HPO_4^{2-}-H_2PO_4^-$	2	2	11
SO_4^{2-}	0.5	0.5	1
磷酸肌酸	—	—	45
肌肽	—	—	14
氨基酸	2	2	8
肌酸	0.2	0.2	9
乳酸盐	1.2	1.2	1.5
腺苷三磷酸	—	—	5
一磷酸己糖	—	—	3.7
葡萄糖	5.6	5.6	—
蛋白质	1.2	0.2	4
尿素	4	4	4
总计	303.7	302.2	302.2

临床上输液时，通常要考虑溶液的渗透压。当红细胞置于低渗溶液中时，溶液的渗透压低于细胞内液的渗透压，水分子透过细胞膜向细胞内渗透，红细胞将逐渐膨胀，当膨胀到一定程度后，红细胞破裂，血红蛋白释出，称为溶血，见图 3-5(a)。当红细胞置于高渗溶液中时，溶液的渗透压高于细胞内液的渗透压，水分子透过细胞膜向细胞外渗透，红细胞将逐渐皱缩，称为胞浆分离，见图 3-5(b)。皱缩后的细胞失去弹性，当它们相互碰撞时，就可能粘连在一起而形成血栓。只有在等渗溶液中时，红细胞才能保持其正常的形态和生理活性，见图 3-5(c)。溶血现象和血栓的形成在临床上都可能会造成严重的后果。

案例分析

案例：一患者眼睛干涩胀痛，使用眼药水后感觉到很舒服。

分析：在配制眼药水时，除要考虑溶液的 pH 外，还要考虑溶液的渗透压与眼黏膜细胞内液的渗透压是否相等，否则会刺激眼睛引起疼痛。用药后，眼睛的水分得以补充。

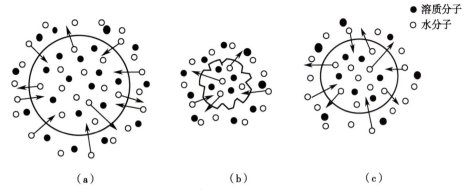

● 溶质分子
○ 水分子

（a）　　　　　　（b）　　　　　　（c）

图 3-5　红细胞在不同溶液中的形态示意图

注：（a）在低渗溶液中；（b）在高渗溶液中；（c）在等渗溶液中。

3. 晶体渗透压与胶体渗透压　人体血浆中含有多种电解质（如 NaCl）、小分子物质（如葡萄糖）和高分子化合物（如蛋白质）。其中小分子物质和电解质解离出的小离子产生的渗透压称为晶体渗透压，蛋白质等高分子化合物产生的渗透压称为胶体渗透压。人体血浆的正常渗透压约为 770kPa，其中晶体渗透压约为 766kPa、胶体渗透压仅为 3.85kPa 左右。

由于生物半透膜（如细胞膜和毛细血管壁）对各种溶质的通透性并不相同，所以晶体渗透压和胶体渗透压有不同的生理功能。细胞膜是一种功能极其复杂的半透膜，不仅蛋白质等大分子物质不能透过，小分子物质和电解质离子也不能自由透过，只有水分子可以自由透过细胞膜。由于晶体渗透压远大于胶体渗透压，所以细胞外液晶体渗透压对维持细胞内外的水盐平衡和细胞正常形态起重要作用。毛细血管壁也是半透膜，水、小离子和小分子物质能自由通过，而不允许蛋白质等高分子化合物的分子和离子透过，所以血浆中胶体渗透压对维持毛细血管内外的水盐平衡起着重要作用。如果因某种原因而使血浆蛋白含量减少，导致血浆胶体渗透压降低，血浆内的水、盐就会通过毛细血管壁进入组织间液，引起水肿。

点滴积累

1. 稀溶液的依数性包括蒸气压下降、沸点升高、凝固点下降和渗透压。
2. 渗透浓度在 280~320mmol/L 的溶液为等渗溶液；渗透浓度低于 280mmol/L 的溶液为低渗溶液；渗透浓度高于 320mmol/L 的溶液为高渗溶液。

第五节　胶体溶液

ER 3-2

胶体溶液
（视频）

分散相粒子直径在 1~100nm 的分散系称为胶体分散系。固态分散相分散于液态分散介质中所形成的胶体分散系称为溶胶。溶胶的分散相粒子是由许多小分子、离子或原子聚集而成的胶粒，它与分散介质之间有界面存在,属于非均相体系,如 $Fe(OH)_3$ 溶胶等。高分子溶液的分散相粒子是单个的高分子,属于均相体系,如蛋白质溶液、核酸溶液等。

一、溶胶的性质和结构

溶胶的分散相粒子由许多小离子或小分子聚集而成,高度分散在不相溶的介质中。溶胶不是一类特殊的物质,而是任何物质都可以存在的一种特殊状态。

(一)溶胶的性质

溶胶与溶液相比有着特殊的性质,如丁铎尔现象(光学性质)、布朗运动(力学性质)和电泳、电渗(电学性质)等,这些性质均与其结构有关。

(二)胶团的结构

现以 AgI 溶胶的形成来说明胶团的结构。将 $AgNO_3$ 溶液和 KI 溶液混合即可得到 AgI 溶胶,由 m 个 AgI 分子(约 10^3 个)聚集成固体粒子,它是溶胶分散相粒子的核心,称为胶核。由于胶核能选择性地吸附和它组成相类似的离子,因此当 $AgNO_3$ 过量时,胶核表面优先吸附 n(n 比 m 要小得多)个 Ag^+ 而带电,带相反电荷的 $(n-x)$ 个 NO_3^-(称为反离子)则分布在周围的介质中,所形成的带电层称为吸附层。胶核和吸附层组成胶粒,胶粒带 x 个正电荷,见图 3-6(a)。在吸附层外面,还有 x 个 NO_3^- 疏散地分布在胶粒周围,称为扩散层。扩散层与胶粒所带的电荷符号相反、电量相等,组成 AgI 正溶胶,呈电中性。

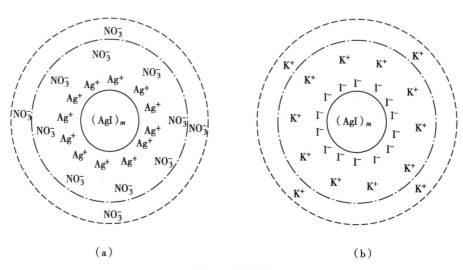

（a）　　　　　　　　　　　　（b）

图 3-6　胶团结构

AgI 正溶胶的胶团结构可用简式表示为:

$$\underbrace{\underbrace{\underbrace{(AgI)_m}_{\text{胶核}} \cdot \underbrace{nAg^+ \cdot (n-x)NO_3^-}_{\text{吸附层}}}_{\text{胶粒}}]^{x+} \cdot \underbrace{xNO_3^-}_{\text{扩散层}}}_{\text{胶团}}$$

相反,若制备 AgI 溶胶时 KI 过量,则胶核优先吸附 I⁻而使胶粒带负电荷,见图 3-6(b)。AgI 负溶胶的胶团结构简式为:

$$\left[(AgI)_m \cdot nI^- \cdot (n-x)K^+\right]^{x-} \cdot xK^+$$

由以上胶团结构可知,胶粒是带电的,整个胶团是电中性的。电泳时,胶粒作为一个整体向与其电性相反的电极移动,而扩散层中带相反电荷的反离子向另一电极移动。

知识链接

胶粒带电的原因

胶粒带电的原因主要是选择性吸附和表面分子解离。

由于溶胶的分散程度高,表面能大,分散相粒子会吸附其他物质的分子或离子而降低其表面能,使体系趋于稳定。当胶团与分散介质接触时,表面层上的分子与介质分子作用而发生解离,其中一种离子扩散到介质中,另一种离子留在胶团表面,从而使胶粒带电。

二、溶胶的稳定性和聚沉

(一)溶胶相对稳定的原因

溶胶是一个多相系统,胶粒之间容易相互聚集成大颗粒而沉淀,但事实上用正确方法制备的溶胶可长期稳定存在。溶胶之所以具有相对稳定性,除胶粒的布朗运动克服重力下沉而起到部分作用外,主要还有下列两个原因。

1. **胶粒带电**   同一溶胶中的胶粒带有同性电荷,由于胶粒之间相互排斥而不易聚集。并且带电越多,斥力越大,胶粒越稳定。胶粒带电是溶胶具有相对稳定性的主要原因。

2. **胶粒表面水化膜的保护作用**   形成胶团的吸附层和扩散层的离子都是水化的(如果是非水溶剂则是溶剂化的),胶粒表面就好像包了一层水化膜,使胶粒彼此隔开不易聚集。水化膜越厚,溶胶就越稳定。

(二)溶胶的聚沉

溶胶的稳定性是相对的和有条件的,当溶胶的稳定因素受到破坏时,胶粒就会互相碰撞聚集成较大的颗粒而沉降,最后产生沉淀。这种分散相粒子聚集变大并从介质中沉淀出来的过程称为聚沉。通常情况下,溶胶聚沉的方法有 3 种,分别是加入电解质、加入带相反电荷的溶胶和加热。

1. **加入电解质**   溶胶对电解质十分敏感,只要加入少量电解质,就会引起溶胶聚沉。这是因为加入电解质后,离子浓度增大,扩散层中的反离子被挤到吸附层中,胶粒所带电荷减少甚至全部被中和,水化膜随之变薄或消失,胶粒就会迅速聚沉。例如向 $Fe(OH)_3$ 溶胶中加入少量的 K_2SO_4 溶液,就会立即析出棕红色的 $Fe(OH)_3$ 沉淀。

电解质对溶胶的聚沉作用主要是由与胶粒带相反电荷的离子所引起的,这种离子称为反离子。

同价的反离子聚沉能力几乎相等,反离子的电荷数越高,其聚沉能力越强。

2. 加入带相反电荷的溶胶　将两种电性相反的溶胶适量混合,也能发生相互聚沉作用。只有其中一种溶胶的总电荷恰能中和另一种溶胶的总电荷时才能发生完全聚沉,否则只能发生部分聚沉,甚至不聚沉。用明矾净化水就是溶胶相互聚沉的例子,河水中的胶粒一般带负电荷,明矾$[KAl(SO_4)_2 \cdot 12H_2O]$中的$Al^{3+}$在水中可水解形成$Al(OH)_3$正溶胶。因此,将适量的明矾放入水中,正、负溶胶就相互聚沉,再加上$Al(OH)_3$絮状物的吸附作用,使污物清除,达到净化水的目的。

3. 加热　很多溶胶在加热时可发生聚沉。因为升高温度,胶粒的运动速率加快,碰撞机会增加,同时降低了它对离子的吸附作用,从而降低了胶粒所带的电荷和水化程度,使粒子在碰撞时聚沉。例如将As_2S_3溶胶加热至沸,便会析出黄色的As_2S_3沉淀。

三、高分子溶液和凝胶

(一) 高分子溶液

1. 高分子溶液的特征　当将高分子化合物放入溶剂中时,溶剂分子能进入卷曲成团的高分子化合物分子链空隙中而使其高度溶剂化,可形成稳定的高分子溶液。当高分子化合物溶于水时,在其表面上牢固地吸附许多水分子而形成水化膜,这层水化膜与胶粒的水化膜相比,在厚度和紧密程度上都要大得多,这也是高分子溶液具有稳定性的主要原因。

高分子溶液的分散相粒子的直径通常在胶体分散系的范围内,因而具有溶胶的某些性质,如不能透过半透膜、扩散速率慢等。但是,由于高分子溶液的分散相粒子是单个分子,其组成和结构与胶粒不同,并且该溶液又是稳定的均相体系,所以高分子溶液的更多性质与溶胶不同,而类似于真溶液。

对于溶胶来说,加入少量电解质就可以使它聚沉。而对于高分子溶液,要使分散相粒子从溶液中沉淀出来,就必须加入大量的电解质。加入大量电解质使高分子化合物从溶液中沉淀出来的过程称为盐析。例如向蛋白质溶液中加入大量的电解质,如$(NH_4)_2SO_4$(称为盐析剂),可以使蛋白质在水中的溶解度降低而析出沉淀。这是由于电解质离子的强烈水合作用破坏了蛋白质的水化膜,加之蛋白质吸引电解质中与其电荷相反的离子,又破坏了蛋白质的带电性而发生沉淀。盐析并不破坏蛋白质的结构,不会引起蛋白质变性。加溶剂稀释后,蛋白质可以重新溶解。

2. 高分子溶液对溶胶的保护作用　在一定量的溶胶中加入适量的高分子溶液,可显著提高溶胶的稳定性,当外界因素干扰时也不易发生聚沉,这种现象称为高分子溶液对溶胶的保护作用。高分子溶液对溶胶有保护作用,原因是高分子化合物分子被胶粒吸附在表面上,将整个胶粒包裹起来,形成保护层。同时,由于高分子化合物含有亲水基团,在它的外面又形成了一层水化膜,阻止了胶粒之间的聚集,从而提高了溶胶的稳定性。

高分子溶液对溶胶的保护作用在生理过程中具有重要意义。正常人血液中的$CaCO_3$、$Ca_3(PO_4)_2$等难溶电解质都是以溶胶的形式存在的,由于血液中的蛋白质等高分子化合物对这些溶胶起到保护作用,所以它们在血液中的浓度虽然比其在水中的溶解度大,但仍能稳定存在而不沉降。如果由于某些疾病使血液中的蛋白质减少,则其对溶胶的保护作用就会减弱,这些难溶盐就会在肾、胆囊等器官中沉积,这就是形成各种结石的原因之一。

知识链接

豆腐

我国对于胶体性质的研究可以追溯至两千年以前,如西汉时期出现的豆腐,其制作过程就包含了胶体的制备和聚沉(盐析)。2014 年,"豆腐传统制作技艺"入选第四批国家级非物质文化遗产代表性项目名录。

相传,汉高祖刘邦之孙——淮南王刘安偶然发现用石膏可以凝固豆浆做成豆腐。传统豆腐有南北豆腐之分,主要区别是制作豆腐时添加的凝固剂不同。南豆腐用石膏点制,含水量较高而质地细嫩;北豆腐多用卤水或酸浆点制,凝固的豆腐花含水量较少,质地较老。

(二)凝胶

1. 凝胶的形成　大多数高分子溶液在一定条件下黏度逐渐变小,最后失去流动性,形成具有一定形态的半固体物质,称为凝胶,此过程称为胶凝。例如将琼脂、动物胶等物质放在热水中溶解,冷却静置后便形成凝胶。

凝胶分为弹性凝胶和刚性凝胶。柔性的线形高分子化合物所形成的凝胶一般是弹性凝胶,如明胶、琼脂、橡胶的凝胶等。这类凝胶经干燥后,体积明显缩小但仍具有弹性,可以拉长而不断裂。若将这种干燥的凝胶再放到合适的溶剂中,体积又会变大,甚至完全溶解。无机凝胶大多数是刚性凝胶,如硅酸凝胶、氢氧化铁凝胶等。这类凝胶干燥后体积变化不大,并且会失去弹性而变脆,易磨成粉。

2. 凝胶的性质　凝胶的性质主要体现在吸水和脱水两个方面,即溶胀和离浆。

(1)溶胀:将干燥的弹性凝胶放入合适的溶剂中,能自动吸收溶剂而使体积增大的过程称为溶胀。例如植物的种子只有在溶胀后才能发芽生长;生物体中凝胶的溶胀能力随着年龄增长而降低。老年人皮肤出现皱纹就是有机体溶胀能力减小的缘故。刚性凝胶不具有溶胀这种性质。

(2)离浆:将凝胶放置一段时间,一部分液体会自动从凝胶中分离出来,使凝胶的体积逐渐缩小,这种现象称为离浆或脱液收缩。也可以将离浆看成是胶凝过程的继续,即组成网状结构的高分子化合物间的连接点再继续发展增多,凝胶的体积逐渐缩小,结果将液体挤出网状骨架。脱液收缩后,凝胶的体积虽变小,但仍能保持最初的几何形状。离浆现象十分普遍,例如浆糊、果浆等脱水收缩,腺体分泌,细胞失水,老年人皮肤变皱等都属离浆现象。临床化验用的血清就是从放置的血液凝块中慢慢分离出来的。

凝胶在生物体的组织中占有重要地位,生物体中的肌肉组织、皮肤、脏器、细胞膜、软骨等都可看作是凝胶。一方面它们具有一定强度的网状骨架维持某种形态,另一方面又可使代谢物质在其间进行交换。人体中约占体重2/3的水也基本保存在凝胶中。因此,凝胶与生物学、医学有着十分密切的关系。

习题

复习导图

目标检测

一、简答题

1. 溶胶稳定的原因有哪些? 溶胶聚沉的方法有哪些?

2. 我国北方地区冬季在冰冻的道路撒盐的目的是什么? 应用了什么原理?

二、计算题

1. 将 10.0g NaCl 溶于 90.0g 水中,测得此溶液的密度为 1.07g/ml,求此溶液的质量分数、物质的量浓度和质量浓度。

2. 在抢救某一肝性脑病患者时,每日用每支为 5.75g/20ml 的谷氨酸钠($NaC_5H_8NO_4$,$M = 169.1g/mol$)注射液 4 支,加入 50g/L 葡萄糖溶液中静脉注射。试计算:

   (1)每支谷氨酸钠注射液中含谷氨酸钠的物质的量。

   (2)患者每日输入 Na^+ 的物质的量。

3. 从人尿液中提取出一种中性含氮化合物,将 90mg 纯品溶解在 12g 蒸馏水中,所得溶液的凝固点比纯水降低了 0.233K,试计算此化合物的摩尔质量,已知水的 $K_f = 1.86K \cdot kg/mol$。

4. 用实验方法测得某肾上腺皮质功能不全患者的血浆冰点为 -0.48℃,问此患者的血浆是等渗溶液、低渗溶液还是高渗溶液? 计算此血浆在 37℃时的渗透压,已知水的 $K_f = 1.86K \cdot kg/mol$。

5. 试计算 10ml 100g/L KCl 注射液中所含的 K^+ 和 Cl^- 的物质的量。

6. 将 5.0g 某高分子化合物溶于 1 000ml 水中配成溶液,在 27℃时测得该溶液的渗透压为 0.37kPa,求该高分子化合物的摩尔质量。

7. 将 1.00g 血红素溶于适量纯水配成 100ml 溶液,20℃时测得其渗透压为 0.366kPa,求血红素的摩尔质量。

8. 取 0.749g 某氨基酸溶于 50.0g 水中,测得其凝固点为 -0.188℃,试求该氨基酸的摩尔质量,已知水的 $K_f = 1.86K \cdot kg/mol$。

(王红波)

实训一　溶液的配制

【实训目的】

1. 掌握溶液组成标度的计算方法及溶液的配制方法。
2. 掌握台秤、量筒、移液管和容量瓶的使用方法。

【实训内容】

(一)实训用品

1. **仪器**　10ml 量筒、50ml 烧杯、50ml 容量瓶、25ml 移液管、天平等。

2. **试剂和材料**　浓 H_2SO_4、浓 HCl、0.200 0mol/L HAc(CH_3COOH)溶液、NaCl、1mol/L NaOH 溶液、葡萄糖、蒸馏水等。

(二)实训步骤

1. 配制 3mol/L H_2SO_4 溶液

(1)计算:配制 3mol/L H_2SO_4 溶液 50ml 所需浓 H_2SO_4(质量分数为 98%,密度为 1.84g/ml)的体积(x ml)。

(2)配制:在一洁净的 50ml 烧杯中加入约 10ml 蒸馏水,然后用 10ml 量筒量取所需体积的浓 H_2SO_4,缓缓倒入烧杯中,并不断搅拌。冷却后将上述溶液转移到 50ml 容量瓶中,用少量蒸馏水洗涤烧杯 2~3 次,将洗液一并转移到容量瓶中,加蒸馏水至刻度,混匀。配制好的溶液倒入回收瓶中。

2. 生理盐水的配制

(1)计算:配制 50ml 生理盐水所需 NaCl 的质量。

(2)配制:在天平上称出所需质量的 NaCl,置入 50ml 烧杯内,加蒸馏水使其溶解,转移到 50ml 容量瓶中,用少量蒸馏水洗涤烧杯 2~3 次,将洗液一并转移到容量瓶中,加蒸馏水至刻度,混匀。配制好的溶液倒入回收瓶中。

3. 配制 0.100 0mol/L HAc 标准溶液

(1)计算:配制 0.100 0mol/L HAc 标准溶液 50ml 所需 0.200 0mol/L HAc 溶液的体积(x ml)。

(2)配制:用移液管准确移取所需体积的 0.200 0mol/L HAc 溶液,置于 50ml 容量瓶中,加蒸馏水稀释至刻度,混匀。配制好的溶液倒入回收瓶中。

4. 配制 1mol/L HCl 溶液

(1)计算:配制 1mol/L HCl 溶液 50ml 所需浓 HCl(质量分数为 37%,密度为 1.19g/ml)的体积(x ml)。

(2)配制:用 10ml 量筒量取所需体积的浓 HCl,倒入 50ml 烧杯内,加少量蒸馏水稀释。将上述溶液转移到 50ml 容量瓶中,用少量蒸馏水洗涤烧杯 2~3 次,将洗液一并转移到容量瓶中,加蒸馏水至刻度,混匀。配制好的溶液倒入回收瓶中。

5. 配制 0.1mol/L NaOH 溶液

(1)计算:配制 0.1mol/L NaOH 溶液 50ml 所需 1mol/L NaOH 溶液的体积(x ml)。

(2)配制:用 10ml 量筒量取所需体积的 1mol/L NaOH 溶液,倒入 50ml 烧杯内,再加蒸馏水稀释。将上述溶液转移到 50ml 容量瓶中,将洗液一并转移到容量瓶中,加蒸馏水至刻度,混匀。配制好的溶液倒入回收瓶中。

6. 配制 50g/L 葡萄糖溶液

(1)计算:配制 50g/L 葡萄糖溶液 50ml 所需葡萄糖的质量。

(2)配制:在天平上称出所需质量的葡萄糖,置入 50ml 烧杯内,加蒸馏水使其溶解,转移到 50ml 容量瓶中,用少量蒸馏水洗涤烧杯 2~3 次,将洗液一并转移到容量瓶中,加蒸馏水至刻度,混匀。配制好的溶液倒入回收瓶中。

【实训注意】

1. 在配制溶液时,首先应根据所需配制溶液的组成标度、体积,计算出溶质的用量。

2. 在用固体物质配制溶液时,如果物质含结晶水,则应将结晶水计算进去。稀释浓溶液时,应根据稀释前后溶质的质量不变的原则,计算出所需浓溶液的体积,然后加蒸馏水稀释。稀释浓硫酸时,应将浓硫酸慢慢注入水中。

3. 在配制溶液时,应根据配制要求选择所用的仪器。如果对溶液组成标度的准确度要求不高,可用台秤、量筒、量杯等仪器进行配制;若要求溶液的浓度比较准确,则应用分析天平、移液管、刻度吸管、容量瓶等仪器进行配制。

【实训检测】

1. 为什么洗净的移液管还要用待取液润洗?容量瓶需要吗?

2. 能否在量筒、容量瓶中直接溶解固体试剂?为什么?

【实训记录】

(贺东霞)

实训二　药用氯化钠的精制

【实训目的】

1. 掌握药用氯化钠提取精制的方法。
2. 掌握溶液中不同杂质的去除方法。

【实训内容】

(一) 实训用品

1. **仪器**　天平、100ml 烧杯、蒸发皿、酒精灯。

2. **试剂和材料**　粗食盐、1mol/L $BaCl_2$ 溶液、2mol/L NaOH 溶液、1mol/L Na_2CO_3 溶液、2mol/L HCl 溶液、pH 试纸。

(二) 实训步骤

1. 用天平称取市售粗食盐 10g，置于 100ml 烧杯中，加入 80℃ 左右的热蒸馏水 30ml 并不断搅拌，使食盐全部溶解。

2. 趁热加入 1mol/L $BaCl_2$ 溶液 1.5～2.0ml，继续加热几分钟（使沉淀颗粒长大，易于过滤），冷却，过滤，除去 $BaSO_4$ 沉淀，保留滤液。

3. 将滤液加热至沸，加入 2mol/L NaOH 溶液 0.5ml，再滴加 1mol/L Na_2CO_3 溶液约 2ml，至沉淀完全为止，过滤，弃去沉淀。

4. 在滤液中滴加 2mol/L HCl 溶液，加热，搅拌，除尽 CO_2，用 pH 试纸检测，使溶液呈酸性（pH 为 2～3）。

5. 将中和后的溶液小心移入蒸发皿，用小火蒸发并不断搅拌，以防止溶液或晶体溅出，约蒸去原体积的 3/4 时去火。稍冷却，将所得的晶体过滤，用少量蒸馏水（2～3ml）洗涤 2 次，晶体置烘箱中，在 105℃ 烘干即得纯食盐。

6. 称重，计算产率。

$$\omega_{NaCl} = m_{精}/m_{粗} \times 100\%$$

【实训注意】

不溶性杂质可用溶解过滤的方法除去。可溶性杂质可选择适当试剂，使它们生成难溶化合物的沉淀而除去。

1. **泥沙等不溶物的除去**　将粗食盐溶解于水中，过滤除去。

2. **SO_4^{2-} 的除去**　加入稍微过量的 $BaCl_2$ 溶液，生成 $BaSO_4$ 沉淀而除去。

3. Ca^{2+}、Mg^{2+}、Ba^{2+}、Fe^{3+} 的除去　加入适量的 NaOH 和 Na_2CO_3溶液,使其生成氢氧化物和碳酸盐沉淀除去。

溶液中过量的 CO_3^{2-} 可加入盐酸反应生成 CO_2后除去。

粗盐中的 K^+和NO_3^- 较少,由于 NaCl 的溶解度受温度影响不大,而 KNO_3、KCl 和 $NaNO_3$的溶解度随温度降低而明显减小。故在加热蒸发浓缩时,NaCl 结晶析出,K^+、NO_3^- 则留在母液中,可过滤除去。

【实训检测】

1. 可溶性杂质有哪些? 选择哪些试剂使其生成沉淀而除去?
2. 在操作过程中如何能提高产率? 为什么?

【实训记录】

（贺东霞）

实训三　溶胶的制备及其性质

【实训目的】

1. 掌握溶胶的制备方法。
2. 验证溶胶的光学性质和电学性质。
3. 熟悉溶胶的聚沉和高分子溶液对溶胶的保护作用。

【实训内容】

（一）实训用品

1. **仪器**　100ml 烧杯、100ml 锥形瓶、手电筒、U 形管、电池、石墨电极、滴管。

2. **试剂和材料**　1mol/L $FeCl_3$ 溶液、0.01mol/L KI 溶液、0.01mol/L $AgNO_3$ 溶液、0.01mol/L KNO_3溶液、0.2mol/L NaCl 溶液、0.2mol/L Na_2SO_4溶液、0.2mol/L Na_3PO_4溶液、0.1mol/L NaCl 溶液、0.1mol/L $BaCl_2$溶液、0.1mol/L $AlCl_3$溶液、1% 白明胶。

（二）实训步骤

1. 溶胶的制备

（1）$Fe(OH)_3$溶胶:将 50ml 蒸馏水放于 100ml 烧杯中煮沸,然后边搅拌边慢慢加入 4ml 1mol/L

FeCl$_3$溶液,继续搅拌1分钟,即生成红色的Fe(OH)$_3$溶胶。

(2)AgI溶胶:在锥形瓶中加入40ml 0.01mol/L KI溶液,然后用滴定管将20ml 0.01mol/L AgNO$_3$溶液慢慢地滴入锥形瓶中,即得AgI负溶胶(A)。

按同样方法将5ml 0.01mol/L KI溶液慢慢地滴入20ml 0.01mol/L AgNO$_3$溶液中,即得AgI正溶胶(B)。

上面所制备的溶胶留待下面实验用。

2. 溶胶的光学性质和电学性质

(1)丁铎尔现象:取Fe(OH)$_3$溶胶于试管中,在黑暗的背景下用手电筒照射上面所制备的溶胶,在与光束垂直的方向上观察溶胶的光锥现象并作出解释。

(2)电泳:取洁净干燥的U形管,注入一定量的Fe(OH)$_3$溶胶,然后用滴管在U形管两端慢慢注入0.01mol/L KNO$_3$溶液,使之与溶胶形成明显的界面。将两支石墨电极分别插入KNO$_3$液层中(切勿搅动界面),并与直流电源的正、负极连接。接通直流电源并将电压调至200V,几分钟后,可以看到溶胶与水之间的界面向一极移动,判断Fe(OH)$_3$溶胶带什么电荷,并解释原因。

3. 溶胶的聚沉

(1)电解质对溶胶的作用:取3支试管,各加入2ml Fe(OH)$_3$溶胶,然后分别加入1滴0.2mol/L NaCl溶液、0.2mol/L Na$_2$SO$_4$溶液和0.2mol/L Na$_3$PO$_4$溶液,振荡试管,观察并比较生成沉淀的量。解释为什么相同浓度的NaCl溶液、Na$_2$SO$_4$溶液、Na$_3$PO$_4$溶液对Fe(OH)$_3$溶胶的聚沉能力不同。

另取3支试管,各加入2ml AgI负溶胶(A),然后分别边振荡边滴加0.1mol/L NaCl溶液、0.1mol/L BaCl$_2$溶液和0.1mol/L AlCl$_3$溶液,直到出现沉淀为止。准确记录滴加每种电解质溶液的体积,解释为什么相同浓度的NaCl溶液、BaCl$_2$溶液和AlCl$_3$溶液对AgI溶胶的聚沉能力不同。

(2)正、负溶胶的相互作用:将上述实验制得的AgI负溶胶(A)和AgI正溶胶(B)按表3-6所列的比例混合,逐个观察混合后现象(溶胶颜色等),说明各试管中溶胶的稳定程度及其原因。

表3-6 AgI负溶胶（A）和AgI正溶胶（B）混合比例

试管编号	(1)	(2)	(3)	(4)	(5)	(6)	(7)
溶胶（A）/ml	0	1	2	3	4	5	6
溶胶（B）/ml	6	5	4	3	2	1	0

(3)加热对溶胶的作用:取1支试管,加入3ml Fe(OH)$_3$溶胶,慢慢加热至沸,可观察到什么现象?解释原因。

4. 高分子化合物溶液对溶胶的保护作用
取3支试管,各加入2ml Fe(OH)$_3$溶胶和4滴质量分数为1%的白明胶,摇匀。然后分别加入1滴0.2mol/L NaCl溶液、0.2mol/L Na$_2$SO$_4$溶液和0.2mol/L Na$_3$PO$_4$溶液,振荡试管。观察有无沉淀出现,与实验步骤3.溶胶的聚沉"(1)电解质对溶胶的作用"中的现象比较,并解释原因。

【实训注意】

1. 胶体分散系是分散质粒子直径为 $1\sim100nm$ 的分散体系。

2. 溶胶的制备方法有分散法和凝聚法两类。本实训采用凝聚法,通过化学反应制备溶胶。如 $Fe(OH)_3$ 溶胶和 AgI 溶胶的制备:

$$AgNO_3+KI=AgI(溶胶)+KNO_3$$

当溶液中的 $AgNO_3$ 过量时,得正溶胶;当溶液中的 KI 过量时,得负溶胶。

3. 溶胶不稳定,容易发生聚沉。聚沉是溶胶粒子聚集变大的结果。使溶胶聚沉的因素很多,如加入电解质、加入带相反电荷的溶胶、加热以及加大溶胶的浓度等。在各种因素中,加入电解质的作用最为重要,电解质反离子对溶胶聚沉起主要作用。并且,反离子的电荷数越高,电解质的聚沉能力越强。

4. 在溶胶中加入足量的高分子溶液,能降低溶胶对电解质的敏感性而提高溶胶的稳定性,这种作用称为高分子溶液对溶胶的保护作用。

【实训检测】

1. 将 $FeCl_3$ 溶液加入冷水中,能否制得 $Fe(OH)_3$ 溶胶?为什么?

2. 使溶胶聚沉的方法有哪些?它们是如何作用的?

【实训记录】

(王红波)

第四章　化学反应速率和化学平衡

学习目标

1. **掌握**　化学反应速率及其影响因素、化学平衡及其影响因素、化学平衡常数。
2. **熟悉**　化学平衡移动的规律及多重平衡规则。
3. **了解**　碰撞理论、过渡状态理论。

导学情景

情景描述：

　　日常生活或生产实践中涉及许多化学反应，它们进行的快慢及程度不同。如火药爆炸、强酸和强碱的中和反应瞬间完成，而铁生锈、钟乳石的形成却非常缓慢。药物的合成过程中往往涉及多步反应，这些反应通常需要严格控制反应条件和反应物的浓度，从而提高产物的收率和纯度。

学前导语：

　　反应速率常用于定量描述化学反应的快慢程度，化学平衡表示反应进行的程度。本章学习化学反应速率及化学平衡的基本知识和基本理论。

　　化学动力学研究有关化学反应的两个方面的问题：一是化学反应进行的快慢，即化学反应速率；二是化学反应进行的程度，即化学平衡。化学反应速率和化学平衡对人类的生产实践和日常生活具有重要的指导意义，同时也对掌握医学基础理论知识，认识生物体内的生化、生理变化及药物的代谢等都具有重要的意义。

第一节　化学反应速率

　　化学反应速率是指在一定条件下，反应物转化为生成物的速率，用单位时间内反应物浓度的减少或生成物浓度的增加来表示。化学反应速率能够定量地描述化学反应进行的快慢程度。可分为平均速率和瞬时速率。

一、平均速率

　　平均速率的表达式为：

$$\bar{v} = \left| \frac{\Delta c}{\Delta t} \right|$$

式中,$\bar{v}$ 为平均速率,常用单位为 $mol/(L \cdot s)$;Δc 为浓度变化量,常用单位为 mol/L;Δt 为反应时间,常用单位为 s、min 和 h。

例如,温度为 318K 时,N_2O_5 的分解反应为:

$$N_2O_5(g) \longrightarrow 2NO_2(g) + \frac{1}{2}O_2(g)$$

如果反应开始时,N_2O_5 的起始浓度为 $1.24 \times 10^{-2} mol/L$,反应 20 分钟后,$N_2O_5$ 的浓度变为 $0.68 \times 10^{-2} mol/L$,则反应在 20 分钟内的平均速率为:

$$\bar{v}_{N_2O_5} = \left| \frac{\Delta c_{N_2O_5}}{\Delta t} \right| = \frac{1.24 \times 10^{-2} - 0.68 \times 10^{-2}}{20} = 2.8 \times 10^{-4} mol/(L \cdot min)$$

若用生成物 $NO_2(g)$ 或 $O_2(g)$ 浓度的变化来表示平均速率:

$$\bar{v}_{NO_2} = \left| \frac{\Delta c_{NO_2}}{\Delta t} \right| = 5.6 \times 10^{-4} mol/(L \cdot min)$$

$$\bar{v}_{O_2} = \left| \frac{\Delta c_{O_2}}{\Delta t} \right| = 1.4 \times 10^{-4} mol/(L \cdot min)$$

可知:

$$\bar{v}_{N_2O_5} = \frac{1}{2}\bar{v}_{NO_2} = 2\bar{v}_{O_2}$$

计算结果表明,对于同一反应,用不同物质的浓度变化计算反应速率时,其数值可能不同,但它们都代表同一化学反应的反应速率。而且,其比值与反应方程式中各物质的化学计量数之比一致。

对于任意一个化学反应:

$$mA + nB = pC + qD$$

各物质的反应速率之间存在下列关系:

$$\frac{1}{m}\bar{v}_A = \frac{1}{n}\bar{v}_B = \frac{1}{p}\bar{v}_C = \frac{1}{q}\bar{v}_D$$

因此,表示反应速率时,必须注明是用哪一种物质浓度的变化来表示的。

二、瞬时速率

大多数化学反应都不是匀速进行的,故反应的平均速率并不能真实说明反应进行的情况。当反应时间(Δt)越小时,反应的平均速率就越接近反应的真实速率,这就是瞬时速率(v)。所谓瞬时速率是指在一定条件下,当 $\Delta t \rightarrow 0$ 时反应物浓度的减少或生成物浓度的增加,其表达式为:

$$v = \lim_{\Delta t \to 0} \left| \frac{\Delta c}{\Delta t} \right| = \left| \frac{dc}{dt} \right|$$

瞬时速率常用作图法来求取。没有特别说明时,反应速率就是指 Δt 时间内的平均速率。

点滴积累

1. 化学反应速率用单位时间内某物质浓度变化的绝对值来表示。

2. 反应中各物质的反应速率与其反应方程式的化学计量数之比一致。

第二节　反应速率理论简介

物质世界存在各种各样的化学反应,它们的反应速率各不相同。反应速率除取决于反应物的性质外,外界条件对它也有强烈的影响。为此,针对化学反应速率,科学家提出了各种学说,其中被广泛应用的是碰撞理论和过渡状态理论。

一、碰撞理论

20 世纪初,路易斯在气相双分子反应的基础上,提出了有效碰撞理论。

(一)有效碰撞理论的主要论点

1. 反应物分子间的相互碰撞是发生化学反应的前提条件。如果分子间不发生碰撞,反应就不可能发生。

2. 能发生化学反应的碰撞称为有效碰撞。只有少数碰撞能发生化学反应。

3. 能否发生有效碰撞,取决于碰撞分子间的取向和平均动能。例如反应:

$$CO(g) + NO_2(g) = CO_2(g) + NO(g)$$

当反应物 CO 分子和 NO_2 分子碰撞时,它们的相对取向必须适当,即只有 CO 分子中的碳原子与 NO_2 分子中的氧原子相互碰撞时,才有可能发生反应,否则反应就不能进行,见图 4-1。

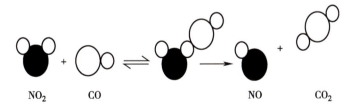

NO₂　　CO　　　　　　　　　NO　　CO₂

图 4-1　分子碰撞的取向

(二)活化分子与活化能

1. **活化分子**　能发生有效碰撞的分子称为活化分子。活化分子比普通分子具有更高的能量,能够克服分子间的排斥作用而发生化学反应。活化分子数在总分子数中占有的百分数越大,则有效碰撞的次数越多,反应速率就越快。

2. **活化能**　活化分子所具有的最低能量与反应物分子的平均能量之差称为活化能,用符号 E_a

表示。活化能是决定反应速率大小的内在因素,取决于反应物分子的本性。不同的反应其活化能各不相同,其数值一般为 60~250kJ/mol。

化学反应的活化能越小,活化分子的百分数越大,单位时间内有效碰撞的次数越多,化学反应速率就越大,反应就越快。碰撞理论由于模型过于简单,将复杂的分子看作简单的刚性球体,而忽视了分子内部结构和运动规律,使理论的应用有一定的局限性。碰撞理论对简单反应的解释较为成功,而对一些结构复杂的分子间反应,常常不能给予合理的解释。

知识链接

活化能

活化能长期受到许多科学家的关注,主要有 3 种定义。

(1) Arrhenius 的定义:由非活化分子转变为活化分子所需的能量。

(2) Lewis 的定义:完成化学反应最小的、必需的能量。

(3) Tolman 的定义:活化分子所具有的最低能量与反应物分子的平均能量之差。

二、过渡状态理论

20 世纪 30 年代,科学家在碰撞理论的基础上将量子力学应用于化学动力学,提出了化学反应速率的过渡状态理论,也称为绝对反应速率理论。

(一) 过渡状态理论的主要论点

1. 反应物分子相互碰撞时要经过一个中间过渡状态,即形成活化配合物,然后再转化为产物。

过渡状态理论认为,当具有足够能量的反应物分子沿着一定的方向相互接近时,分子中的化学键要经过重排,能量重新分配,形成活化配合物,然后再转化为产物。例如反应物 A 和 BC 的反应过程可表示为:

$$A+BC \Longleftrightarrow [A\cdots B\cdots C] \longrightarrow AB+C$$
$$活化配合物(过渡态)$$

2. 活化配合物具有较高的能量,因而极不稳定,一经形成就极易分解。

3. 活化配合物所具有的最低能量与反应物分子的平均能量之差即为活化能。

(二) 反应历程-势能图

活化配合物所具有的势能,既高于反应物的势能,也高于生成物的势能。因此,由反应物转变为生成物就必须要克服一个能量障碍,即能垒。过渡状态理论将反应过程看成是吸收能量—越过能垒—释放能量的过程。因而能垒越高,活化能越大,活化分子数越少,反应速率越小;反之,能垒越低,活化能越小,反应速率越大。反应过程与势能的关系见图 4-2。

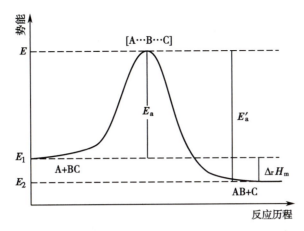

图 4-2 反应历程-势能图

注：E_1 表示反应物分子的平均势能；E_2 表示产物分子的平均势能；E 表示过渡态分子的平均势能。E 越大，反应越困难，反应速率越小。E 与 E_1 的能量差为正反应的活化能 E_a，E 与 E_2 之差为逆反应的活化能 E_a'。

点滴积累

1. 能发生反应的碰撞为有效碰撞。
2. 化学反应速率受活化能及活化分子数影响，化学反应的活化能越小，活化分子的百分数越大，反应就越快。

ER 4-2

碰撞理论和过渡状态理论（视频）

第三节　影响化学反应速率的因素

影响化学反应速率的外界因素主要有浓度、压强、温度及催化剂等。

一、浓度对化学反应速率的影响

大量实验事实表明，在一定温度下，增大反应物的浓度，化学反应速率会加快。例如，室温条件下，硫在空气中点燃只能缓慢燃烧，而在纯氧气中点燃能够迅速燃烧。显然，硫在两种气体中燃烧速率的差异是由氧气浓度不同造成的。

（一）基元反应和复杂反应

化学反应方程式只能说明反应物和生成物及它们之间的量的关系，并不能代表反应的实际过程。化学反应所经历的途径称为反应机制或反应历程。化学动力学中，将一步完成的化学反应称为基元反应，也称为简单反应。

例如：

$$2NO_2(g) \longrightarrow 2NO(g) + O_2(g)$$

绝大多数化学反应不能一步完成，而是经过多步才能转化为生成物，这样的化学反应称为复杂反应，又称非基元反应。化学反应是否为基元反应，从表面上很难判断，必须通过实验才能证实。

化学反应速率的快慢与反应机制有关。例如：

$$H_2(g) + I_2(g) \longrightarrow 2HI(g)$$

它并不是一步完成的基元反应，它的反应历程如下：

$$I_2 \Longleftrightarrow I + I(快)$$

$$H_2 + I + I \longrightarrow 2HI(慢)$$

上述两步反应中，第一步反应为快反应，第二步反应为慢反应。对总反应来说，反应速率取决于最慢的基元反应。此反应称为限速步骤，它控制着整个复杂反应的反应速率。

（二）速率方程

物质在纯氧气中比在空气中燃烧得快，说明反应物浓度对化学反应速率有较大的影响。一定温度下，基元反应的反应速率与各反应物浓度的幂的乘积成正比，其中幂指数为反应方程式中各反应物的化学计量数，这种定量关系称为质量作用定律。数学表达式称为反应速率方程式，简称速率方程。例如对于基元反应：

$$mA + nB = pC + qD$$

速率方程表达式为：

$$v = kc_A^m \cdot c_B^n \tag{式（4-1）}$$

式中，c_A、c_B 分别表示反应物 A 和 B 的浓度，单位为 mol/L。k 称为反应速率常数，简称速率常数，数值上等于在给定条件下，反应物单位浓度时的反应速率。速率常数是一个反应的特征物理常数，其大小反映了在给定条件下化学反应速率的快慢。相同条件下，k 越大，反应速率越快；反之，k 越小，反应速率越慢。速率常数的大小与反应物的本性有关，与反应物的浓度无关，但受温度、溶剂、催化剂等的影响。

质量作用定律只适用于基元反应，对于复杂反应，速率方程是不能按反应物的化学计量数写出的，只能通过实验来确定。研究化学反应速率时，通常将化学反应按反应级数进行分类，所谓反应级数是指反应速率方程中各反应物浓度的幂指数之和。反应级数既适用于基元反应，也适用于复杂反应。基元反应的反应级数等于反应方程式中反应物化学计量数之和，为正整数；复杂反应的反应级数应由实验确定，有可能不是正整数。见表 4-1。

表 4-1　速率方程式和反应级数

反应	速率方程式	反应级数
$SO_2Cl_2 \longrightarrow SO_2 + Cl_2$	$v_1 = k_1 c_{SO_2Cl_2}$	1
$2H_2 + 2NO \longrightarrow 2H_2O + N_2$	$v_2 = k_2 c_{H_2} \cdot c_{NO}^2$	3
$H_2 + Cl_2 \longrightarrow 2HCl$	$v_3 = k_3 c_{H_2} \cdot c_{Cl_2}^{\frac{1}{2}}$	1.5

压强对化学反应速率的影响,本质上与浓度对反应速率的影响相同。压强只对有气体参加的化学反应的反应速率有影响。

二、温度对化学反应速率的影响

温度对化学反应速率的影响特别显著。例如,氢气和氧气生成水的反应,常温下几乎不发生反应。如果温度升高到 600℃,该反应则迅速发生。大量实验结果证明,当其他条件不变时,温度每升高 10℃,反应速率增加 2~4 倍。因此,人们常通过调节温度来有效地控制化学反应速率。例如科学研究中常用加热的方法来加快反应速率;某些药物和生物制剂常保存在冰箱中或阴凉处以减慢变质的速率。

温度对反应速率的影响,实质是温度对速率常数的影响。1889 年,阿伦尼乌斯(Arrhenius)根据大量实验事实,指出反应速率常数 k 和热力学温度 T 之间存在定量关系,称为阿伦尼乌斯公式。公式表示为:

$$k = A e^{-E_a/RT} \qquad\qquad 式(4\text{-}2)$$

式中,A 为常数,称为频率因子或指前因子,单位与 k 相同;R 是摩尔气体常数,为 8.314J/(mol·K);E_a(kJ/mol)为活化能;T(K)为热力学温度。

将式(4-2)两边取对数,阿伦尼乌斯公式也可表示为:

$$\ln k = \ln A - \frac{E_a}{RT}$$

或

$$\lg k = \lg A - \frac{E_a}{2.303RT} \qquad\qquad 式(4\text{-}3)$$

由式(4-2)可知,反应速率常数 k 与热力学温度 T 呈指数关系,温度的微小变化将导致 k 值的较大变化。

例 4-1 反应 $C_2H_5Cl(g) = C_2H_4(g) + HCl(g)$,已知 $A = 1.6 \times 10^{14}/s$,$E_a = 246.9kJ/mol$,求 700K 时的速率常数 k。

解:根据阿伦尼乌斯公式,将已知条件代入:

$$\lg k = \lg(1.6 \times 10^{14}) - \frac{246\,900}{2.303 \times 8.314 \times 700} = -4.22$$

$$k = 6.0 \times 10^{-5}(/s)$$

同理,可以算出 $k_{710} = 1.1 \times 10^{-4}/s$,$k_{800} = 1.2 \times 10^{-2}/s$。

阿伦尼乌斯公式不仅可表明反应速率与温度的关系,还可表明活化能对反应速率的影响,见图 4-3。

由式(4-3)可知,以 $\lg k$ 对 $\frac{1}{T}$ 作图应得到一条直线,其斜率为 $\left(-\dfrac{E_a}{2.303R}\right)$,截距为 $\lg A$。图 4-3 中两条斜率不同的直线,分别代表活化能不同的两个化学反应,直线的斜率绝对值越小,化学反应的活化能越小,即 $E_a(Ⅰ) < E_a(Ⅱ)$。活化能较大的反应,其速率常数随温度升高增加较快,因此升高

温度更有利于活化能较大的化学反应进行。例如，当温度从 1 000K 升高到 2 000K（图中的横坐标 1.0 到 0.5）时，k（Ⅰ）从 1 000 增大到 10 000，扩大 10 倍；而 k（Ⅱ）从 10 增大到 1 000，扩大 100 倍。

利用上面的作图法，可以求得反应的活化能。直线的斜率是 $\left(-\dfrac{E_a}{2.303R}\right)$，知道了图中直线的斜率，便可求出 E_a。活化能也可以运用阿伦尼乌斯公式计算得到，若某反应在温度 T_1 时的反应速率常数为 k_1，在温度 T_2 时的反应速率常数为 k_2，两式相减则有：

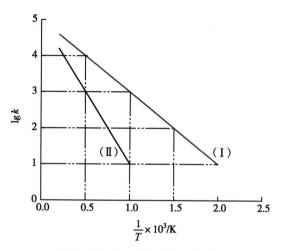

图 4-3　温度与反应速率常数的关系

$$\lg \frac{k_2}{k_1} = \frac{E_a(T_2 - T_1)}{2.303RT_1T_2}$$

$$E_a = \frac{2.303RT_1T_2}{T_2 - T_1}\lg \frac{k_2}{k_1} \tag{式（4-4）}$$

将求得的 E_a 数据代入阿伦尼乌斯公式中，即可以求得 A 的数值。

课 堂 活 动

浓度和温度哪个因素对反应速率 v 的影响程度大？为什么？

三、催化剂对化学反应速率的影响

（一）催化剂

催化剂是一种能改变化学反应速率，本身的质量和化学性质在反应前后均不改变的物质。例如加热氯酸钾固体制备氧气时，放入少量二氧化锰，反应即可大大加速。这里的二氧化锰就是该反应的催化剂。凡能加快反应速率的物质称为正催化剂；能减慢反应速率的物质称为负催化剂（抑制剂）。催化剂能改变反应速率的作用称为催化作用。一般情况下所提到的催化剂均指正催化剂。

催化剂能够加快化学反应速率的原因，是催化剂参与了化学反应，改变了反应历程，降低了反应的活化能，从而大大加快了反应速率。

如图 4-4 所示，化学反应 A+B＝AB，无催化

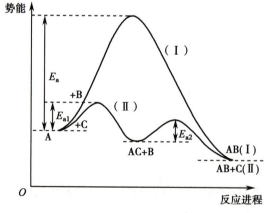

图 4-4　催化反应历程示意图

剂时反应按途径(Ⅰ)进行,反应的活化能为E_a;有催化剂 C 存在时,反应途径发生了改变,按途径(Ⅱ)分两步完成:

$$A+C = AC$$

$$AC+B = AB+C$$

途径(Ⅱ)中两个步骤的反应的活化能分别为E_{a1}和E_{a2},均小于途径(Ⅰ)时的活化能E_a,所以反应速率加快。由此可见,催化剂是通过降低反应的活化能来加快反应速率的。

催化剂具有以下基本特点。

1. 催化剂只改变化学反应速率,而不影响化学反应的始态和终态,即催化剂不能改变反应的方向。

2. 对于可逆反应,催化剂可以同等程度地加快正、逆反应的速率。

3. 催化剂具有特殊的选择性,一种催化剂在一定条件下只对某一反应或某一类反应具有催化作用,而对其他反应没有催化作用。

(二) 酶

酶又称生物催化剂,是具有催化功能的生物大分子,大部分是蛋白质。生物体内的化学反应几乎都是在酶的催化下进行的,生命离不开酶。

酶不同于一般的催化剂,其特殊性具体如下。

1. 酶具有极高的催化效率。一般而言,对于同一化学反应,酶催化反应的速率比非酶催化反应的速率高很多倍。

2. 酶催化反应所需的条件非常温和,一般在常温、常压、接近中性的条件下就能有效地起催化作用。

3. 酶具有极高的专一性,一种酶只对某一种或某一类反应起催化作用。例如淀粉酶只能催化淀粉水解,脲酶只能催化尿素水解。

4. 酶的稳定性是相对的。酶易受外界因素影响,如高温、强酸、强碱、重金属等因素都可能使酶丧失催化活性,其中温度和 pH 的变化对酶的影响最为显著。

知识链接

酶

酶可以是人或动物体内固有的,也可以是侵入体内的病原体的酶系。酶作为药物的靶点历史悠久,酶可分为氧化还原酶、水解酶、转移酶、裂解酶和异构酶等。临床上约有 1/3 的药物是通过特异性地抑制酶活性而起作用的,维持底物量或使其增加或使其代谢产物量减少,在临床上产生有益的效果。

酶可以作为药物用于临床治疗。例如胃蛋白酶、脂肪酶和木瓜蛋白酶等可用于帮助消化;链激酶、纤溶酶等可溶解血栓,常用于脑血栓、心肌梗死等疾病的防治。

第四节　化学平衡和平衡常数

研究一个化学反应,不仅要看它的反应速率如何,还要关注化学反应进行的程度,即反应物转化为产物的程度,这就是化学平衡的问题。

一、可逆反应

不同的化学反应,反应物转化成产物的限度不同。少数化学反应进行得比较彻底,反应物能够完全转变成产物,这样的反应称为不可逆反应。实际上大多数化学反应进行得不彻底,在反应物转变为产物的同时,产物也不断向反应物转化。在相同条件下既能向正反应方向进行,又能向逆反应方向进行的化学反应称为可逆反应,常用符号"$\rightleftharpoons$"来表示。如合成氨的反应:

$$N_2(g) + 3H_2(g) \rightleftharpoons 2NH_3(g)$$

可逆反应中,通常将从左向右进行的反应称为正反应,从右向左进行的反应称为逆反应。

二、化学平衡

可逆反应不能进行完全,反应物不能全部转变为产物,因而反应体系中反应物和产物是共存的。反应开始时,反应物浓度最大,正反应速率最快,随着反应的进行,反应物浓度不断减少,正反应速率逐渐减慢;此外,由于产物的生成,逆反应也开始进行,且随着产物浓度的不断增加,逆反应速率逐渐加快。当反应进行到一定程度时,正反应速率与逆反应速率相等,此时反应体系中反应物和产物的浓度不再发生变化,反应处于相对静止状态,反应达到了最大限度。

一定条件下,可逆反应的正、逆反应速率相等时,反应体系所处的状态称为化学平衡状态,简称化学平衡。化学平衡状态是可逆反应进行的最大限度。

化学平衡具有以下特征。

1. 化学平衡是动态平衡。反应处于平衡时,$v_正 = v_逆$,反应仍在进行。
2. 化学平衡时,可逆反应处于相对静止的状态。外界条件不发生改变,体系中各物质的浓度保持不变。

3. 化学平衡状态是可逆反应达到的最大限度。反应条件不变,到达平衡的途径无论如何变化,最终所处的平衡状态都是相同的。

4. 化学平衡是在一定条件下建立的。外界条件一旦改变,$v_正$、$v_逆$将不再相等,原来的平衡被破坏,直到在新的条件下建立新的平衡。

三、平衡常数

平衡常数是反映可逆反应进行程度的重要参数。

(一) 经验平衡常数

通过实验测定平衡状态时各组分的浓度或分压而求得的平衡常数称为经验平衡常数。

对任一可逆反应:

$$aA(aq)+bB(aq)\Longleftrightarrow dD(aq)+eE(aq)$$

在一定温度下,上述可逆反应达到化学平衡时,从理论上可推导出下列定量关系式:

$$K_c=\frac{[D]^d\cdot[E]^e}{[A]^a\cdot[B]^b}$$

上述表达式中,K_c称为浓度平衡常数,$[D]$、$[E]$、$[A]$、$[B]$分别代表反应物和生成物的平衡浓度。

如果化学反应是一个气相反应:

$$aA(g)+bB(g)\Longleftrightarrow dD(g)+eE(g)$$

可以用平衡时各气体的平衡分压代替浓度,则有:

$$K_p=\frac{[p_D]^d\cdot[p_E]^e}{[p_A]^a\cdot[p_B]^b}$$

K_p称为压力平衡常数。经验平衡常数 K_c 或 K_p 一般有单位,只有当反应物的计量系数之和与产物的计量系数之和相等时才是无量纲的量。

(二) 标准平衡常数

1. 标准平衡常数表达式 以热力学为基础,根据热力学函数关系求得的平衡常数称为标准平衡常数,用符号 $K^\ominus$ 表示。

对任一可逆反应:

$$aA(s)+bB(aq)\Longleftrightarrow dD(g)+eE(aq)$$

在一定温度下,达到化学平衡时,从理论上可推导出下列定量关系式:

$$K^\ominus=\frac{\left(\frac{[p_D]}{p^\ominus}\right)^d\cdot\left(\frac{[E]}{c^\ominus}\right)^e}{\left(\frac{[B]}{c^\ominus}\right)^b} \qquad 式(4-5)$$

式(4-5)称为标准平衡常数表达式。式中,$K^\ominus$称为标准平衡常数,是无量纲的量。平衡时各物质的平衡浓度要用相对浓度$\left(\dfrac{c}{c^{\ominus}}\right)$来表示,平衡分压要用相对分压$\left(\dfrac{p}{p^{\ominus}}\right)$来表示,其中$p^{\ominus}$为标准压力(100kPa);$c^{\ominus}$为标准浓度(1mol/L)。

2. 标准平衡常数表达式的书写规则　化学平衡的规律广泛适用于各种反应。在书写标准平衡常数表达式时,应注意以下几点。

(1)标准平衡常数表达式中,各物质的浓度或分压是指平衡时的浓度或分压,要用相对浓度或相对分压来表示。

(2)反应中有纯固体或纯液体参加时,不写入平衡常数表达式中。例如:

$$CaCO_3(s) \Longrightarrow CaO(s) + CO_2(g) \qquad K^{\ominus} = \frac{[p_{CO_2}]}{p^{\ominus}}$$

(3)稀溶液中进行的反应,水的浓度不必写在平衡常数表达式中。例如:

$$NaAc + H_2O \Longrightarrow NaOH + HAc \qquad K^{\ominus} = \frac{\dfrac{[NaOH]}{c^{\ominus}} \cdot \dfrac{[HAc]}{c^{\ominus}}}{\dfrac{[NaAc]}{c^{\ominus}}}$$

但是,在非水溶液中的反应,水的浓度应写入平衡常数表达式中。例如:

$$H_2O(g) + CO(g) \Longrightarrow CO_2(g) + H_2(g) \qquad K^{\ominus} = \frac{\dfrac{[p_{CO_2}]}{p^{\ominus}} \cdot \dfrac{[p_{H_2}]}{p^{\ominus}}}{\dfrac{[p_{CO}]}{p^{\ominus}} \cdot \dfrac{[p_{H_2O}]}{p^{\ominus}}}$$

(4)平衡常数表达式应与化学反应方程式相对应。例如:

$$N_2(g) + 3H_2(g) \Longrightarrow 2NH_3(g) \qquad K_1^{\ominus} = \frac{\left(\dfrac{[p_{NH_3}]}{p^{\ominus}}\right)^2}{\dfrac{[p_{N_2}]}{p^{\ominus}} \cdot \left(\dfrac{[p_{H_2}]}{p^{\ominus}}\right)^3}$$

$$\frac{1}{2}N_2(g) + \frac{3}{2}H_2(g) \Longrightarrow NH_3(g) \qquad K_2^{\ominus} = \frac{\dfrac{[p_{NH_3}]}{p^{\ominus}}}{\left(\dfrac{[p_{N_2}]}{p^{\ominus}}\right)^{\frac{1}{2}} \cdot \left(\dfrac{[p_{H_2}]}{p^{\ominus}}\right)^{\frac{3}{2}}}$$

显然,它们之间的关系是$K_1^{\ominus} = (K_2^{\ominus})^2$

课 堂 活 动

写出下列反应的标准平衡常数$K^{\ominus}$的表达式。

(1)$C_2H_4(g) + H_2O(g) \Longrightarrow C_2H_5OH(g)$

(2)$Fe_2O_3(s) + 3H_2(g) \Longrightarrow 2Fe(s) + 3H_2O(g)$

(3)$NH_4Cl(s) \Longrightarrow NH_3(g) + HCl(g)$

3. 标准平衡常数的意义

(1)标准平衡常数 $K^\ominus$ 的大小是可逆反应进行程度的标志。$K^\ominus$ 值越大,说明反应进行得越完全;$K^\ominus$ 值越小,反应进行得越不完全。

(2)标准平衡常数是可逆反应的特征常数。标准平衡常数取决于反应的本性和温度,对于给定的化学反应,其值仅随温度而变化,而与反应物的初始浓度及反应途径无关。

4. 标准平衡常数的应用

(1)计算反应物的平衡转化率:已知可逆反应的标准平衡常数和反应物的初始浓度,可以计算反应物的平衡转化率。

反应物的平衡转化率用符号 α 表示。它是指反应达到平衡时,反应物转化为产物的百分率,其表达式为:

$$\alpha = \frac{平衡时已转化的反应物的浓度}{反应物的初始浓度} \times 100\%$$

例 4-2　25℃时,可逆反应 $Pb^{2+}(aq) + Sn(s) \Longleftrightarrow Pb(s) + Sn^{2+}(aq)$ 的标准平衡常数 $K^\ominus = 2.2$,若 Pb^{2+} 的起始浓度为 0.10mol/L,计算 Pb^{2+} 和 Sn^{2+} 的平衡浓度及 Pb^{2+} 的转化率。

解:设 Sn^{2+} 的平衡浓度为 x mol/L,由反应式可知 Pb^{2+} 的平衡浓度为 $(0.10-x)$ mol/L。

上述可逆反应的标准平衡常数表达式为:

$$K^\ominus = \frac{\dfrac{[Sn^{2+}]}{c^\ominus}}{\dfrac{[Pb^{2+}]}{c^\ominus}} = \frac{[Sn^{2+}]}{[Pb^{2+}]}$$

将数据代入上式得:

$$2.2 = \frac{x}{0.10-x} \qquad x = 0.069(mol/L)$$

Pb^{2+} 和 Sn^{2+} 的平衡浓度为:

$$[Sn^{2+}] = x = 0.069(mol/L) \qquad [Pb^{2+}] = 0.10-x = 0.031(mol/L)$$

Pb^{2+} 的平衡转化率为:

$$\alpha = \frac{0.10-0.031}{0.10} \times 100\% = 69\%$$

平衡状态时,某反应物在给定条件下能达到最大的转化率。α 越大,表示反应进行的程度越大。平衡常数和平衡转化率都能表示反应进行的程度,但两者有差别,平衡常数与系统的起始状态无关,只与反应温度有关;平衡转化率除与反应温度有关外,还与系统的起始状态有关,并须指明物质的种类。

(2)判断可逆反应进行的方向。对于任一可逆反应:

$$a A(s) + b B(aq) \Longleftrightarrow d D(g) + e E(aq)$$

在某温度下,将任意状态下产物和反应物的相对浓度或相对分压的幂的乘积之比定义为反应商,用 Q 表示。

$$Q = \frac{\left(\dfrac{p_D}{p^\ominus}\right)^d \cdot \left(\dfrac{c_E}{c^\ominus}\right)^e}{\left(\dfrac{c_B}{c^\ominus}\right)^b}$$

式中,c_B 和 c_E 分别为任意状态下物质 B 和 E 的浓度,p_D 为任意状态下生成物 D 的分压。

一定温度下,比较反应商与标准平衡常数的大小即可判断可逆反应进行的方向。

若 $Q = K^\ominus$,可逆反应处于平衡状态。

若 $Q < K^\ominus$,可逆反应向正反应方向进行。

若 $Q > K^\ominus$,可逆反应向逆反应方向进行。

例 4-3　可逆反应 $H_2O(g) + CO(g) \rightleftharpoons CO_2(g) + H_2(g)$ 在 1 000K 时 $K^\ominus = 1.4$。当 H_2O、CO、CO_2 和 H_2 的分压分别为 300kPa、200kPa、100kPa 和 150kPa 时,试判断该反应进行的方向。

解:该可逆反应在此条件下的反应商为:

$$Q = \frac{\dfrac{p_{CO_2}}{p^\ominus} \cdot \dfrac{p_{H_2}}{p^\ominus}}{\dfrac{p_{CO}}{p^\ominus} \cdot \dfrac{p_{H_2O}}{p^\ominus}} = \frac{\dfrac{100}{100} \times \dfrac{150}{100}}{\dfrac{200}{100} \times \dfrac{300}{100}} = 0.25$$

已知 1 000K 时,$K^\ominus = 1.4$。由于 $Q < K^\ominus$,此时反应向正反应方向进行。

四、多重平衡规则

化学反应的平衡常数也可以利用多重平衡规则计算获得。如某反应可以由几个反应相加(或相减)得到,则该反应的平衡常数等于几个反应平衡常数之积(或商)。这种关系就称为多重平衡规则。例如:

① $H_2(g) + S(s) \rightleftharpoons H_2S(g)$ 　　　　　　$K_1^\ominus = \dfrac{\left[\dfrac{p_{H_2S}}{p^\ominus}\right]}{\left[\dfrac{p_{H_2}}{p^\ominus}\right]}$

② $O_2(g) + S(s) \rightleftharpoons SO_2(g)$ 　　　　　　$K_2^\ominus = \dfrac{\left[\dfrac{p_{SO_2}}{p^\ominus}\right]}{\left[\dfrac{p_{O_2}}{p^\ominus}\right]}$

①-② 得:

③ $H_2(g) + SO_2(g) \rightleftharpoons H_2S(g) + O_2(g)$ 　　$K_3^\ominus = \dfrac{\left[\dfrac{p_{H_2S}}{p^\ominus}\right] \cdot \left[\dfrac{p_{O_2}}{p^\ominus}\right]}{\left[\dfrac{p_{H_2}}{p^\ominus}\right] \cdot \left[\dfrac{p_{SO_2}}{p^\ominus}\right]}$

$$K_3^\ominus = \frac{K_1^\ominus}{K_2^\ominus}$$

根据多重平衡规则,可以由已知反应的标准平衡常数计算有关反应的标准平衡常数。应用时需注意,所有的平衡常数必须是在同一个温度下测得的,因为平衡常数随温度变化而改变。

> **点滴积累**
>
> 1. $K^{\ominus}$ 表达了可逆反应进行的程度,$K^{\ominus}$ 越大,反应进行得越完全。
> 2. 可逆反应中,若 $Q=K^{\ominus}$,平衡状态;$Q<K^{\ominus}$,正向进行;$Q>K^{\ominus}$,逆向进行。

第五节 影响化学平衡的因素

化学平衡是有条件的动态平衡。当外界条件改变时,平衡状态遭到破坏,可逆反应重新建立平衡。在新建立的平衡状态下,反应体系中各物质的浓度发生改变。这种当外界条件改变,可逆反应由一种平衡状态转变到另一种平衡状态的过程称为化学平衡的移动。影响化学平衡的因素很多,本节主要讨论浓度、压强和温度等对化学平衡的影响。

一、浓度对化学平衡的影响

可逆反应达到平衡时,$Q=K^{\ominus}$。改变平衡体系中任一反应物或产物的浓度,都会使反应商发生改变,造成 $Q\neq K^{\ominus}$,引起化学平衡移动。增大反应物的浓度或减小产物的浓度,使 $Q<K^{\ominus}$,原有的平衡状态被破坏,可逆反应向正反应方向进行,直至反应商重新等于标准平衡常数时,反应又重新达到平衡。在新的平衡状态下,各物质的浓度均发生了改变。反之,减小反应物的浓度或增大产物的浓度,都会使反应商增大,使 $Q>K^{\ominus}$,可逆反应向逆反应方向进行。

总之,在其他条件不变的情况下,增大反应物的浓度或减小产物的浓度,化学平衡向正反应方向移动;减小反应物的浓度或增大产物的浓度,化学平衡则向逆反应方向移动。因此,生产实践中,常常加大价格低廉物质的投料比,使价格昂贵的物质得到充分利用,从而降低成本,提高经济效益。

二、压强对化学平衡的影响

由于压强对固体、液体的体积影响极小,所以压强的变化对固相、液相反应的平衡几乎没有影响。压强的改变只对有气体参加且反应前后气体分子总数不相等的可逆反应的化学平衡才有影响。

例如,对于合成氨的反应:

$$N_2(g)+3H_2(g)\Longleftrightarrow 2NH_3(g)$$

在某温度下反应达到平衡时：

$$K^{\ominus} = \frac{\left(\dfrac{[p_{NH_3}]}{p^{\ominus}}\right)^2}{\dfrac{[p_{N_2}]}{p^{\ominus}} \cdot \left(\dfrac{[p_{H_2}]}{p^{\ominus}}\right)^3}$$

如果将平衡体系的总压强增加至原来的 2 倍,这时各组分的分压分别变为原来的 2 倍,反应商相应变为

$$Q = \frac{\left(\dfrac{2p_{NH_3}}{p^{\ominus}}\right)^2}{\dfrac{2p_{N_2}}{p^{\ominus}} \cdot \left(\dfrac{2p_{H_2}}{p^{\ominus}}\right)^3} = \frac{1}{4}K^{\ominus}$$

所以此时 $Q < K^{\ominus}$,原平衡被破坏,可逆反应向右进行。随着反应的进行,p_{N_2} 和 p_{H_2} 不断下降,p_{NH_3} 不断增高,最后使反应商与平衡常数再次相等,体系在新的条件下重新达到平衡。从上面的分析可以看出,增大压强时,平衡向气体分子数减少的方向移动。

对于 $H_2O(g) + CO(g) \rightleftharpoons CO_2(g) + H_2(g)$,反应前后气体分子总数不变,在一定温度下反应达到平衡时,有

$$K^{\ominus} = \frac{\dfrac{[p_{CO_2}]}{p^{\ominus}} \cdot \dfrac{[p_{H_2}]}{p^{\ominus}}}{\dfrac{[p_{CO}]}{p^{\ominus}} \cdot \dfrac{[p_{H_2O}]}{p^{\ominus}}}$$

当体系总压强增大到原来的 2 倍时,各组分的分压也分别变成原分压的 2 倍。通过计算发现,反应商与平衡常数仍然相等,平衡不会发生移动,即改变压强对反应前后气体分子数不变的化学平衡没有影响。

从上面的讨论可得如下结论:对于反应前后气体分子总数不相等的可逆反应,其他条件不变时,增大压强,化学平衡向着气体分子总数减少的方向移动;减小压强,化学平衡向着气体分子总数增加的方向移动。压强的改变对反应前后气体分子总数相等的化学平衡没有影响。

三、温度对化学平衡的影响

温度对化学平衡的影响,与浓度和压强对化学平衡的影响有本质的区别。浓度和压强的改变并不影响标准平衡常数,而温度的变化会导致标准平衡常数发生改变,使 $Q \neq K^{\ominus}$,从而化学平衡发生移动。

温度对标准平衡常数的影响与反应热有关。对于放热反应,$K^{\ominus}$ 随温度的升高而减小;对于吸热反应,$K^{\ominus}$ 随温度的升高而增大。

对于吸热反应,在温度 T_1 下达到平衡时,$Q = K_1^{\ominus}$,当温度由 T_1 升高到 T_2 时,标准平衡常数由 $K_1^{\ominus}$ 增大到 $K_2^{\ominus}$,此时 $Q < K_2^{\ominus}$,化学平衡向正反应方向移动;而对于放热反应,当温度由 T_1 升高到 T_2

时,标准平衡常数由 $K_1^{\ominus}$ 减小到 $K_2^{\ominus}$,此时 $Q>K_2^{\ominus}$,化学平衡向逆反应方向移动。

总之,对任意一个可逆反应,升高温度,化学平衡向着吸热反应的方向移动;降低温度,化学平衡向着放热反应的方向移动。

四、催化剂不影响化学平衡

使用催化剂能极大程度地改变化学反应速率,但使用催化剂只能同等程度地加快正、逆反应的反应速率,平衡常数并不改变。因此,催化剂的加入不会破坏平衡状态,只能缩短可逆反应达到平衡的时间。

五、勒夏特列原理

综上所述,浓度、压强、温度等是影响化学平衡移动的重要因素。法国化学家勒夏特列概括出一条普遍的规律:当体系达到平衡后,改变平衡系统的条件之一,温度、压强或浓度等,平衡就会向减弱这个改变的方向移动。勒夏特列原理是一条普遍适用的规律,但必须注意,它只适用于已经达到平衡的体系,对于未达到平衡的体系是不能应用的。

知识链接

化学平衡在医学上的重要应用

动物维持生命需要呼吸氧气。起输氧作用的是血液中的血红蛋白(hemoglobin,Hb),血红蛋白与氧气结合成为氧合血红蛋白(oxygenated hemoglobin,HbO_2),由血液运输到全身各组织后,氧合血红蛋白就分解释放氧气提供给组织细胞利用。可以表示为:

$$Hb+O_2 \Longleftrightarrow HbO_2$$

血红蛋白　氧合血红蛋白

动物生命的维持取决于上述平衡的移动。发生 CO 中毒时,会有如下反应:

$$HbO_2+CO \Longleftrightarrow Hb(CO)+O_2$$

此时,血液中的 CO 浓度增大,使上述平衡向正反应方向移动,使得氧合血红蛋白浓度降低,输送氧气的能力降低,导致人严重缺氧。因此,进行 CO 中毒急救时,首先要给患者提供大量的新鲜空气,使上述平衡逆向移动,增加血液中的氧合血红蛋白的含量,提高输氧能力。

ER 4-3

化学平衡
(视频)

六、生物系统中的稳态

生物体是一个完整的统一体。体内的各种物质,如糖、蛋白质、水、无机盐、维生素等的代谢不是彼此孤立,而是互相联系、相互作用、相互制约的。代谢调节普遍存在于生物界中,是生物体的重要特征。

体液是指体内的水及溶解于水中的无机盐和有机物的总称。体液分两部分：分布于细胞内的体液称为细胞内液；分布于细胞外的体液称为细胞外液，细胞外液主要包括血浆和组织间液。细胞内液是大部分生化反应进行的场所，其容量和化学组成直接影响细胞的代谢和功能；细胞直接生存的环境是细胞外液，称为机体的"内环境"。

血浆起着各种液体之间的联系作用。当血液流经消化道和肺时，从胃肠中得到养料，从肺中得到氧气，流经全身组织细胞时，通过组织液将养料和氧气输送给细胞，供细胞生活需要；同时细胞新陈代谢后的产物进入血液，经循环运送至肾、肺和皮肤等器官，排出体外，使血液不断更新，是维持机体内环境相对稳定的重要条件之一。正常人血浆的 pH 总是维持在 7.35~7.45。

总之，生物体内各物质的代谢是一个动态平衡过程。当条件改变时，平衡就被破坏，此时机体就要进行适当调节，以维持代谢的正常进行。

点滴积累

1. 浓度、压强、温度等都能影响化学平衡的移动。
2. 勒夏特列原理　改变平衡系统的条件之一，平衡就会向减弱这个改变的方向移动。

习题

复习导图

目标检测

一、简答题

1. 什么是化学反应速率？化学反应平均速率如何表示？
2. 用活化分子、活化能的概念解释浓度、温度、催化剂对化学反应速率的影响。
3. 什么是可逆反应？化学平衡状态有哪些特征？

二、计算题

1. 有一化学反应 A+2B $\rightleftharpoons$ 2C，在 250K 时其反应速率和浓度间的关系如表 4-2 所示：

表 4-2　250K 时某化学反应速率和浓度间的关系

实验序号	c_A/(mol·L⁻¹)	c_B/(mol·L⁻¹)	v_A/(mol·L⁻¹·min⁻¹)
1	0.10	0.010	1.2×10^{-3}
2	0.10	0.040	4.8×10^{-3}
3	0.20	0.010	2.4×10^{-3}

（1）写出该反应的速率方程，并指出反应级数。

（2）求该反应的速率常数。

（3）求出当 $c_A=0.01$ mol/L，$c_B=0.02$ mol/L 时的反应速率。

2. 可逆反应 $N_2(g)+O_2(g) \rightleftharpoons 2NO(g)$，在温度 T 时，反应的标准平衡常数 $K^\ominus=0.010$。在此温度下，当 N_2、O_2 和 NO 的分压分别为 400kPa、400kPa 和 80kPa 时，反应向什么方向进行？达到平衡时 NO 的分压是多少？

3. 已知 298K 时，可逆反应 $Pb^{2+}(aq)+Sn(s) \rightleftharpoons Pb(s)+Sn^{2+}(aq)$ 的标准平衡常数 $K^\ominus=2.2$，在下列两种情况下，判断该反应进行的方向。

（1）Pb^{2+} 和 Sn^{2+} 的浓度均为 0.1mol/L。

（2）Pb^{2+} 的浓度为 0.1mol/L，Sn^{2+} 的浓度为 1.0mol/L。

三、实例分析题

牙釉质中无机物占总重量的 96%~97%，牙釉质的无机物主要由 $Ca_5(PO_4)_3OH$ 组成，运用化学平衡原理，分析为什么经常吃甜食对牙齿不好。

（张 琳）

第五章　酸碱平衡

学习目标

1. **掌握**　酸碱质子理论、一元弱酸（弱碱）溶液 pH 的计算、缓冲溶液的组成、配制及其相关计算。
2. **熟悉**　共轭酸碱对 K_a 与 K_b 的关系、同离子效应和盐效应及缓冲原理。
3. **了解**　多元弱酸（弱碱）溶液 pH 的计算、两性物质溶液 pH 的计算、缓冲容量。

导学情景

情景描述：

　　健康人体的体液呈弱碱性，只有随时保持体液处于弱碱性状态，才能保证各组织器官正常运行工作，同时也有利于增强人体免疫力。王女士从琳琅满目的商品中选择了天然苏打水，她认为饮用天然苏打水可以使体液处于弱碱性状态。

学前导语：

　　天然苏打水含有碳酸氢钠（$NaHCO_3$），呈弱碱性。食物有酸碱之分，人体摄入适量的酸碱物质后，身体的调节机制会被调动，从而维持体液酸碱平衡。因此，饮用天然苏打水不会对人体的酸碱度造成明显的影响。本章主要学习物质在溶液中的酸碱性、缓冲溶液的作用。

第一节　酸碱质子理论

　　1887 年，瑞典化学家阿伦尼乌斯提出了酸碱电离理论，人们开始对酸碱有了本质的认识。1923年，丹麦化学家布朗斯特和英国化学家劳里提出了酸碱质子理论，使酸碱的范围扩展到了非水溶剂和无溶剂体系，进一步发展了酸碱理论。

一、酸碱的概念与强度

（一）基本概念

1. 酸碱的定义　酸碱质子理论认为，凡能给出质子的物质称为酸，凡能接受质子的物质称为碱。如 HAc、NH_4^+、$H_2PO_4^-$、H_2CO_3 等能够给出质子,都是酸;而 Ac^-、NH_3、PO_4^{3-}、CO_3^{2-} 等能够接受质子,都是碱。

2. 酸碱的共轭关系 根据酸碱质子理论,酸给出质子变成碱,碱接受质子变成酸,酸和碱不是孤立的。酸碱的对应关系可表示为:

$$酸 \rightleftharpoons 质子 + 碱$$
$$HAc \rightleftharpoons H^+ + Ac^-$$
$$NH_4^+ \rightleftharpoons H^+ + NH_3$$
$$H_2CO_3 \rightleftharpoons H^+ + HCO_3^-$$
$$HCO_3^- \rightleftharpoons H^+ + CO_3^{2-}$$
$$H_2O \rightleftharpoons H^+ + OH^-$$
$$H_3O^+ \rightleftharpoons H^+ + H_2O$$

酸给出质子后形成的碱,称为该酸的共轭碱(如 Ac^- 是 HAc 的共轭碱);碱接受质子后形成的酸,称为该碱的共轭酸(如 HAc 是 Ac^- 的共轭酸)。通常在组成上仅差 1 个质子的一对酸碱称为共轭酸碱对。酸和碱之间的这种相互依存、相互转化的关系称为酸碱共轭关系。

有些物质既能给出质子又能接受质子,这些物质称为两性物质。例如 HPO_4^{2-}、HCO_3^-、H_2O 等。

从上述酸、碱的对应关系可以看出:①酸碱质子理论中的酸和碱既可以是分子,也可以是阴、阳离子;②酸碱是相对的,例如 HCO_3^-,在 H_2CO_3-HCO_3^- 共轭酸碱对中是碱,而在 HCO_3^--CO_3^{2-} 共轭酸碱对中是酸,HCO_3^- 是两性物质;③酸碱质子理论中没有盐的概念了。例如,NH_4Ac 中的 NH_4^+ 是质子酸,Ac^- 是质子碱。

(二)酸碱的强度

酸越强,给出质子的能力越强,其共轭碱接受质子的能力越弱。化合物酸碱性的强弱与物质的本性有关,也与溶剂有关。同一种酸碱在不同的溶剂中,由于溶剂接受(或给出)质子的能力不同,显示不同的酸性(或碱性)。如 HAc 在水中为弱酸,而在液氨中为强酸;HNO_3 在水中的酸性强于在醋酸中的酸性。

知识链接

溶剂的两种效应

1. 拉平效应 因溶剂的作用,不同强度的酸或碱显示同等强度的现象称为拉平效应;具有拉平效应的溶剂称为拉平溶剂。如 $HClO_4$、H_2SO_4、HCl、HNO_3 在水溶液中,酸的强度相同。水是这 4 种酸的拉平溶剂。溶剂的碱性越强,对酸的拉平效应越大。如果用液氨作溶剂,则 HAc 和 HCl、HNO_3 一样都是强酸。

2. 区分效应 因溶剂作用,使酸或碱的强度得以区分的效应称为溶剂的区分效应;具有区分效应的溶剂称为区分溶剂。如 $HClO_4$、H_2SO_4、HCl、HNO_3 在水中的强度没有差别,但在冰醋酸中就显现出差异,其酸性顺序是 $HClO_4 > H_2SO_4 > HCl > HNO_3$,所以冰醋酸是这 4 种酸的区分溶剂。

一般来讲,酸性溶剂是碱的拉平溶剂,是酸的区分溶剂;碱性溶剂是酸的拉平溶剂,是碱的区分溶剂。

二、酸碱反应的实质

质子不能单独存在,酸给出的质子必须为另一碱所接受,碱只能从其他酸得到质子。酸在反应中给出质子转化为它的共轭碱,碱得到质子转化为它的共轭酸。例如,HAc 和 NH_3 的反应:

$$HAc + NH_3 \rightleftharpoons NH_4^+ + Ac^-$$

酸$_1$　　碱$_2$　　　　酸$_2$　　碱$_1$

上述反应 HAc 将质子传递给 NH_3,而分别转化为 Ac^- 和 NH_4^+。HAc 和生成的 Ac^- 组成一对共轭酸碱对,NH_3 和生成的 NH_4^+ 组成另一对共轭酸碱对。所以,酸碱反应的实质是两对共轭酸碱对之间的质子传递反应。

酸碱质子理论将酸碱的范围扩大了,同时也将酸碱反应的范围扩大了,它不仅包括通常所说的中和反应,还包括酸碱在水溶液中的解离反应、水解反应等。这些反应的实质都是两对共轭酸碱对之间的质子传递反应。例如:

$$HAc+OH^- \rightleftharpoons H_2O+Ac^-$$

$$H_2O+NH_3 \rightleftharpoons NH_4^+ +OH^-$$

$$HCN+H_2O \rightleftharpoons H_3O^+ +CN^-$$

$$H_2O+Ac^- \rightleftharpoons HAc+OH^-$$

$$NH_4^+ +H_2O \rightleftharpoons H_3O^+ +NH_3$$

总之,酸碱反应总是由较强的酸与较强的碱作用,向生成较弱的酸和较弱的碱的方向进行。相互作用的酸、碱越强,反应进行得就越完全。

点滴积累

1. 凡能给出质子的物质称为酸,凡能接受质子的物质称为碱。既能给出质子又能接受质子的物质称为两性物质。
2. 在组成上仅差 1 个质子的一对酸碱称为共轭酸碱对。
3. 酸碱质子理论中,酸碱反应的实质是两对共轭酸碱对之间的质子传递反应。

第二节 水溶液中的质子转移平衡

一、水的质子自递反应和水溶液的酸碱性

(一) 水的质子自递反应

按照酸碱质子理论,水是两性物质,既能给出质子,也能接受质子。水分子之间能发生质子的传递。

$$H_2O + H_2O \rightleftharpoons H_3O^+ + OH^-$$

这种在同种分子之间所发生的质子传递反应称为质子自递反应。

一定温度下,水的质子自递反应达平衡时,其平衡常数表达式为:

$$K = \frac{[H_3O^+][OH^-]}{[H_2O]^2}$$

纯水中,$[H_2O]$为常数,所以$[H_3O^+]$与$[OH^-]$的乘积在一定温度下为常数:

$$[H_3O^+] \cdot [OH^-] = K_w \qquad\qquad 式(5\text{-}1)$$

K_w称为水的离子积常数,简称水的离子积。

水的质子自递反应是吸热反应,K_w随温度的升高而增大。不同温度下水的离子积常数见表5-1。

表 5-1　不同温度下水的离子积常数

T/K	K_w	T/K	K_w
273	1.03×10^{-15}	303	1.89×10^{-14}
283	3.60×10^{-15}	313	3.80×10^{-14}
291	7.40×10^{-15}	323	5.60×10^{-14}
293	8.60×10^{-15}	333	1.26×10^{-13}
295	1.00×10^{-14}	353	3.40×10^{-13}
298	1.27×10^{-14}	373	7.40×10^{-13}

从表5-1中可以看出,温度对水的离子积常数有着显著的影响。室温范围内,K_w值变化不大,常采用$K_w = 1.0 \times 10^{-14}$进行有关计算。

(二) 水溶液的酸碱性

水的离子积适用于纯水或以水为溶剂的稀溶液体系。H_3O^+与OH^-共存于同一个水溶液体系,两者浓度的乘积为K_w,可相互换算。对于$[H_3O^+]$和$[OH^-]$都比较小的溶液,常用 pH 表示溶液的酸碱性。

$$pH = -\lg[H_3O^+] \qquad\qquad 式(5\text{-}2)$$

室温下,水溶液的酸碱性与$[H_3O^+]$、$[OH^-]$及 pH 的关系如下:

中性溶液:$[H_3O^+] = [OH^-] = 1.0 \times 10^{-7} \text{mol/L}$,pH = 7

酸性溶液：$[H_3O^+] > [OH^-]$，pH<7

碱性溶液：$[H_3O^+] < [OH^-]$，pH>7

溶液中的$[H_3O^+]$越大，$[OH^-]$越小，pH 越小，说明溶液的酸性越强；反之，$[H_3O^+]$越小，则$[OH^-]$越大，pH 越大，碱性越强。

pH 的常用范围为 0～14，适用于$[H_3O^+]$和$[OH^-]$在 $1.0～1.0×10^{-14}$ mol/L 的酸碱溶液。当$[H_3O^+]$或$[OH^-] \geqslant 1.0$ mol/L 时，用浓度表示溶液的酸碱性。

溶液的酸碱性也可用 pOH 表示：

$$pOH = -\lg[OH^-] \qquad 式(5-3)$$

$$pH + pOH = pK_w \qquad 式(5-4)$$

$$pH + pOH = 14$$

课 堂 活 动

计算下列各组溶液的 pH：

(1)0.001mol/L NaOH 溶液　(2)0.1mol/L HCl 溶液

二、水溶液中弱酸弱碱的解离平衡

（一）一元弱酸弱碱的解离

弱电解质在水溶液中的解离过程，实质上是弱电解质与溶剂水分子间的质子传递反应，分子与离子间存在可逆平衡。

1. 解离平衡和平衡常数　以一元弱酸(HA)为例：

$$HA + H_2O \Longrightarrow H_3O^+ + A^-$$

在一定条件下，当弱电解质分子解离成离子的速率与离子结合成分子的速率相等时，溶液中弱电解质的分子浓度和离子浓度均不再随时间而改变，解离达到平衡状态。解离平衡常数表达式为：

$$K = \frac{[H_3O^+][A^-]}{[H_2O][HA]}$$

稀水溶液中$[H_2O]$可视为常数，将其与 K 合并，用常数 K_a 表示：

$$K_a = \frac{[H_3O^+][A^-]}{[HA]} \qquad 式(5-5)$$

K_a 为弱酸的解离平衡常数，简称酸常数；弱碱的解离平衡常数用 K_b 表示，简称碱常数。附录一中列出了常见弱酸、弱碱的标准解离常数(298K)。

K_a 和 K_b 的大小表示弱酸、弱碱在水溶液中的解离程度。K_a(或 K_b)越大，说明弱酸(或弱碱)的解离程度越高，对应的酸(或碱)越强。

K_a 和 K_b 具有平衡常数的一般属性，取决于电解质的本性，而且与温度、溶剂有关，但与电解质的浓度无关。

2. 解离度（α） 解离度是弱电解质解离程度的另一种表示方法。一定温度下,弱电解质在溶液中达到解离平衡时,已解离的弱电解质分子数与弱电解质分子总数之比称为该电解质的解离度,用 α 表示。

$$\alpha = \frac{已解离的弱电解质分子数}{弱电解质分子总数} \times 100\% \qquad 式(5\text{-}6)$$

或

$$\alpha = \frac{已解离的弱电解质浓度}{弱电解质起始浓度} \times 100\%$$

例如,在 298K 时,0.1mol/L HAc 溶液中,每 10 000 个 HAc 分子中有 133 个解离成离子,HAc 的解离度为 1.33%。

弱电解质的解离常数和解离度都可以用来表示弱电解质的相对强弱,但解离常数不受浓度影响,而解离度随浓度变化而改变。弱电解质的解离常数和解离度之间的关系式:

$$\alpha = \sqrt{\frac{K_a}{c}} \qquad 式(5\text{-}7)$$

由式(5-7)可知,当 K_a 一定时,溶液越稀,解离度就越大。

3. 共轭酸碱对 K_a 与 K_b 的关系 共轭酸碱对 $HA\text{-}A^-$ 在溶液中存在如下解离平衡:

$$HA + H_2O \rightleftharpoons H_3O^+ + A^- \qquad K_a = \frac{[H_3O^+][A^-]}{[HA]}$$

$$A^- + H_2O \rightleftharpoons HA + OH^- \qquad K_b = \frac{[HA][OH^-]}{[A^-]}$$

$$K_a \cdot K_b = \frac{[H_3O^+][A^-]}{[HA]} \cdot \frac{[HA][OH^-]}{[A^-]} = [H_3O^+][OH^-] = K_w$$

$$K_a \cdot K_b = K_w \qquad 式(5\text{-}8)$$

因此,知道弱酸的 K_a（或弱碱的 K_b）,可以利用式(5-8)求出其共轭碱的 K_b（或共轭酸的 K_a）。

例 5-1 已知 298K 时 HCN 的 K_a 为 4.93×10^{-10},计算 CN^- 的 K_b。

解:CN^- 是 HCN 的共轭碱。

$$K_b = \frac{K_w}{K_a} = \frac{1.0 \times 10^{-14}}{4.93 \times 10^{-10}} = 2.03 \times 10^{-5}$$

(二) 多元弱酸弱碱的解离

能在水溶液中释放出两个或更多质子的弱酸称为多元弱酸,如 H_2CO_3、H_2S、$H_2C_2O_4$、H_3PO_4 等。多元弱酸在水溶液中的解离是逐级进行的,每一级解离都有对应的解离常数。以 298K 下 H_3PO_4 的解离为例:

第一步　$H_3PO_4 + H_2O \rightleftharpoons H_3O^+ + H_2PO_4^- \qquad K_{a1} = 7.52 \times 10^{-3}$

第二步　$H_2PO_4^- + H_2O \rightleftharpoons H_3O^+ + HPO_4^{2-} \qquad K_{a2} = 6.23 \times 10^{-8}$

第三步　$HPO_4^{2-} + H_2O \rightleftharpoons H_3O^+ + PO_4^{3-} \qquad K_{a3} = 2.2 \times 10^{-13}$

多元弱酸的解离常数都是 $K_{a1} \geqslant K_{a2} \geqslant K_{a3}$,一般相差 10^4 倍以上,表明多元弱酸的下一级解离比上一级难得多,溶液中的 H_3O^+ 主要来自第一步解离,多元弱酸酸性的强弱取决于 K_{a1} 的大小。K_{a1} 越大,多元弱酸的酸性越强。

同理,多元弱碱也是逐级解离的,碱性的强弱取决于 K_{b1} 的大小。K_{b1} 越大,多元弱碱的碱性越强。

以磷酸及相关离子为例,说明多元弱酸与对应的多元弱碱间的各级解离常数的关系。

$$H_3PO_4 \underset{K_{b3}}{\overset{K_{a1}}{\rightleftharpoons}} H_2PO_4^- \underset{K_{b2}}{\overset{K_{a2}}{\rightleftharpoons}} HPO_4^{2-} \underset{K_{b1}}{\overset{K_{a3}}{\rightleftharpoons}} PO_4^{3-}$$

$$K_{a1} \cdot K_{b3} = K_{a2} \cdot K_{b2} = K_{a3} \cdot K_{b1} = K_w$$

(三)同离子效应和盐效应

弱电解质在水溶液中的解离平衡也是暂时的、相对的平衡状态。当外界条件改变时,平衡发生移动,弱电解质的解离程度有所改变。

1. 同离子效应　在弱电解质溶液中加入一种与弱电解质具有相同离子的强电解质,弱电解质的解离度降低的现象称为同离子效应。

例如向 0.10mol/L HAc 溶液中加入 NaAc 使其浓度为 0.10mol/L,HAc 的解离度将由原来的 1.33% 下降至 0.018%。可见,同离子效应非常显著。同样,在 $NH_3 \cdot H_2O$ 中加入 NH_4Cl,$NH_3 \cdot H_2O$ 的解离度显著降低。

2. 盐效应　在弱电解质溶液中加入不含相同离子的强电解质,弱电解质的解离度略有增大的现象称为盐效应。

如向 0.10mol/L HAc 溶液中加入固体 NaCl,使其浓度为 0.10mol/L,则 HAc 的解离度由 1.33% 增大到 1.68%。

盐效应的产生是由于强电解质的加入增大了溶液的离子强度,离子活度系数减小,使有关离子的活度降低,弱电解质的解离平衡右移,从而导致解离度增大。

同离子效应与盐效应的作用相反。在产生同离子效应的同时,必然伴随着盐效应的发生,但因同离子效应远远大于盐效应,在离子浓度较小的溶液中常常忽略盐效应的影响。

案例分析

案例: 苯甲酸钠为白色颗粒,无臭或微带安息香气味,味微甜,有收敛性,易溶于水。它有杀菌、抑菌作用,是内服液体药剂的防腐剂,还有防止变质、延长保质期的效果,常作为食品的添加剂使用。

分析: 苯甲酸钠是弱酸强碱盐,在水中部分水解生成苯甲酸。苯甲酸分子易透过细胞膜进入细胞内,干扰霉菌和细菌等微生物细胞膜的通透性,阻碍细胞膜对氨基酸的吸收,同时,细胞内的苯甲酸通过酸化细胞内的储碱,抑制微生物细胞内的呼吸酶系的活性,从而起到防腐作用。酸性环境能抑制苯甲酸的解离,所以其防腐最佳 pH 是 $2.5 \sim 4.0$。作为食品防腐剂时,其用量要严格按照《食品安全国家标准 食品添加剂使用标准》(GB 2760—2024)执行,因为用量过多会对人体肝脏产生危害,甚至致癌。

点滴积累

1. 常温下,中性溶液的 pH=7,酸性溶液的 pH<7,碱性溶液的 pH>7。

2. 常温下的溶液:pH+pOH=14。

3. 共轭酸碱对 K_a 与 K_b 的关系:$K_a \cdot K_b = K_w$。

4. 多元弱酸(弱碱)是逐级解离的,溶液的酸碱性主要取决于弱酸(弱碱)的第一步解离。

5. 同离子效应使弱电解质的解离度显著下降,盐效应使弱电解质的解离度增大。

第三节　弱酸弱碱溶液的 pH 计算

一、一元弱酸弱碱溶液的 pH 计算

1. 一元弱酸溶液　在一元弱酸 HA(c_a mol/L)水溶液中,存在以下两个质子转移平衡:

$$HA + H_2O \rightleftharpoons H_3O^+ + A^-$$

$$H_2O + H_2O \rightleftharpoons H_3O^+ + OH^-$$

弱酸和水的解离对 H_3O^+ 的浓度都有贡献。由于水的解离程度很低,弱酸解离产生的 H_3O^+ 又抑制了水的解离。所以当弱酸的 $K_a \cdot c_a \geq 20K_w$ 时,忽略水的解离对 H_3O^+ 浓度的影响,溶液中 $[H_3O^+] \approx [A^-]$、$[HA] \approx c_a - [H_3O^+]$。当 $c_a/K_a \geq 500$ 时,弱酸的解离度小于 5%,此时 $c_a - [H_3O^+] \approx c_a$,一元弱酸水溶液 $[H_3O^+]$ 计算公式为:

$$[H_3O^+] = \sqrt{K_a \cdot c_a} \qquad\qquad 式(5\text{-}9)$$

式(5-9)是一元弱酸溶液 $[H_3O^+]$ 计算的最简式,适用条件是 $K_a \cdot c_a \geq 20K_w$ 且 $c_a/K_a \geq 500$。

例 5-2　计算 298K 时 0.10mol/L HAc 的 pH 和 α(已知 HAc 的 $K_a = 1.76 \times 10^{-5}$)。

解:已知 $c_a = 0.10$mol/L,$K_a = 1.76 \times 10^{-5}$

因 $K_a \cdot c_a = 1.76 \times 10^{-6} > 20K_w$ 且 $c_a/K_a = \dfrac{0.10}{1.76 \times 10^{-5}} > 500$,用最简式计算:

$$[H_3O^+] = \sqrt{K_a \cdot c_a} = \sqrt{1.76 \times 10^{-5} \times 0.10} = 1.33 \times 10^{-3}(mol/L)$$

$$pH = -lg[H_3O^+] = -lg(1.33 \times 10^{-3}) = 2.88$$

$$\alpha = \frac{[H_3O^+]}{c_a} \times 100\% = \frac{1.33 \times 10^{-3}}{0.10} \times 100\% = 1.33\%$$

例 5-3　计算常温下 0.10mol/L NH_4Cl 溶液的 pH(已知 $NH_3 \cdot H_2O$ 的 $K_b = 1.76 \times 10^{-5}$)。

解:NH_4^+ 是 $NH_3 \cdot H_2O$ 的共轭酸,按一元弱酸计算。

$$K_a = \frac{K_w}{K_b} = \frac{1.0 \times 10^{-14}}{1.76 \times 10^{-5}} = 5.68 \times 10^{-10}$$

因 $K_a \cdot c_a = 5.68 \times 10^{-11} > 20K_w$，$c_a/K_a = \dfrac{0.10}{5.68 \times 10^{-10}} > 500$，用最简式计算：

$$[H_3O^+] = \sqrt{K_a \cdot c_a} = \sqrt{5.68 \times 10^{-10} \times 0.10} = 7.5 \times 10^{-6}(\text{mol/L})$$

$$pH = -\lg[H_3O^+] = -\lg(7.5 \times 10^{-6}) = 5.12$$

2. 一元弱碱溶液　对于浓度为 c_b 的一元弱碱溶液，类似于一元弱酸的处理方法，得出计算 $[OH^-]$ 的最简式。

当 $K_b \cdot c_b \geq 20K_w$ 且 $c_b/K_b \geq 500$ 时：

$$[OH^-] = \sqrt{K_b \cdot c_b} \qquad\qquad 式(5\text{-}10)$$

例 5-4　计算常温下 0.10mol/L $NH_3 \cdot H_2O$ 的 pH（已知 $NH_3 \cdot H_2O$ 的 $K_b = 1.76 \times 10^{-5}$）。

解：已知 $c_b = 0.10$mol/L，$K_b = 1.76 \times 10^{-5}$

因 $K_b \cdot c_b = 1.76 \times 10^{-6} > 20K_w$，$c_b/K_b = \dfrac{0.10}{1.76 \times 10^{-5}} > 500$，用最简式计算：

$$[OH^-] = \sqrt{K_b \cdot c_b} = \sqrt{1.76 \times 10^{-5} \times 0.10} = 1.33 \times 10^{-3}(\text{mol/L})$$

$$pOH = -\lg[OH^-] = -\lg(1.33 \times 10^{-3}) = 2.88$$

$$pH = 14 - pOH = 14 - 2.88 = 11.12$$

例 5-5　计算常温下 0.10mol/L NaAc 溶液的 pH（已知 HAc 的 $K_a = 1.76 \times 10^{-5}$）。

解：NaAc 是强电解质，在溶液中完全解离，因 Na^+ 不参与酸碱平衡，溶液的酸碱性主要取决于 Ac^-。

$$K_b = \frac{K_w}{K_a} = \frac{1.0 \times 10^{-14}}{1.76 \times 10^{-5}} = 5.68 \times 10^{-10}$$

因 $K_b \cdot c_b = 5.68 \times 10^{-11} > 20K_w$，$c_b/K_b = \dfrac{0.10}{5.68 \times 10^{-10}} > 500$，用最简式计算：

$$[OH^-] = \sqrt{K_b \cdot c_b} = \sqrt{5.68 \times 10^{-10} \times 0.10} = 7.5 \times 10^{-6}(\text{mol/L})$$

$$pOH = -\lg[OH^-] = -\lg(7.5 \times 10^{-6}) = 5.12$$

$$pH = 14 - pOH = 14 - 5.12 = 8.88$$

二、多元弱酸弱碱溶液的 pH 计算

多元弱酸在溶液中的解离分步进行，一般 $K_{a1} \gg K_{a2} \gg K_{a3}$，溶液中的 H_3O^+ 主要来自第一步解离。当 $K_{a1}/K_{a2} > 100$ 时，可忽略第二步及以后的解离，近似用一级解离 $[H_3O^+]$ 代替多元弱酸溶液的 $[H_3O^+]$，按一元弱酸处理。

同理，多元弱碱的碱性主要取决于第一级解离，可按一元弱碱处理。

例 5-6　计算常温下，0.040mol/L H_2CO_3 水溶液的 pH 及 $[HCO_3^-]$、$[CO_3^{2-}]$。

解：

$$H_2CO_3 + H_2O \rightleftharpoons H_3O^+ + HCO_3^- \qquad K_{a1} = 4.3 \times 10^{-7}$$

$$HCO_3^- + H_2O \rightleftharpoons H_3O^+ + CO_3^{2-} \qquad K_{a2} = 5.6 \times 10^{-11}$$

因 $K_{a1}/K_{a2} > 100$，$K_{a1} \cdot c_a = 4.3 \times 10^{-7} \times 0.040 > 20K_w$ 且 $c_a/K_{a1} = \dfrac{0.040}{4.3 \times 10^{-7}} > 500$，用最简式计算：

$$[H_3O^+] = \sqrt{K_{a1} \cdot c_a} = \sqrt{4.3 \times 10^{-7} \times 0.040} = 1.3 \times 10^{-4}(mol/L)$$

$$pH = -lg[H_3O^+] = -lg(1.3 \times 10^{-4}) = 3.89$$

$$[HCO_3^-] = [H_3O^+] = 1.3 \times 10^{-4}(mol/L)$$

$$K_{a2} = \frac{[H_3O^+][CO_3^{2-}]}{[HCO_3^-]}$$

$$[CO_3^{2-}] = K_{a2}\frac{[HCO_3^-]}{[H_3O^+]} = K_{a2} = 5.6 \times 10^{-11}(mol/L)$$

例 5-7 计算 $0.10mol/L$ Na_2CO_3 溶液的 pH。

解：Na_2CO_3 溶液的质子转移平衡：

$$CO_3^{2-} + H_2O \rightleftharpoons HCO_3^- + OH^- \qquad K_{b1} = \frac{K_w}{K_{a2}} = \frac{1.0 \times 10^{-14}}{5.6 \times 10^{-11}} = 1.8 \times 10^{-4}$$

$$HCO_3^- + H_2O \rightleftharpoons H_2CO_3 + OH^- \qquad K_{b2} = \frac{K_w}{K_{a1}} = \frac{1.0 \times 10^{-14}}{4.3 \times 10^{-7}} = 2.3 \times 10^{-8}$$

因 $K_{b1}/K_{b2} > 100$，按一元弱碱处理。由于 $K_{b1} \cdot c_b = 1.8 \times 10^{-5} > 20K_w$ 且 $c_b/K_{b1} = \dfrac{0.10}{1.8 \times 10^{-4}} > 500$，用最简公式计算：

$$[OH^-] = \sqrt{K_{b1} \cdot c_b} = \sqrt{1.8 \times 10^{-4} \times 0.10} = 4.2 \times 10^{-3}(mol/L)$$

$$pOH = -lg[OH^-] = -lg(4.2 \times 10^{-3}) = 2.38$$

$$pH = 14 - pOH = 14 - 2.38 = 11.62$$

课 堂 活 动

计算下列各组溶液的 pH。

(1) $0.05mol/L$ HAc（$K_a = 1.76 \times 10^{-5}$）

(2) $0.05mol/L$ 氨水（$K_b = 1.76 \times 10^{-5}$）

三、两性物质溶液的 pH 计算

两性物质在水中的质子转移平衡比较复杂。常用的两性物质有下列两种类型，下面介绍近似计算其水溶液 pH 的方法。

1. 两性阴离子溶液 HCO_3^-、$H_2PO_4^-$、HPO_4^{2-} 等阴离子型的两性物质，其水溶液的酸碱性取决于其给出质子与接受质子能力的相对强弱。用式(5-11)计算溶液的酸度：

$$[H_3O^+] = \sqrt{K_{a1} \cdot K_{a2}} \qquad \qquad 式(5-11)$$

式中，K_{a2}为两性物质作为酸的解离常数；K_{a1}为两性物质作为碱对应的共轭酸的解离常数。

例 5-8 定性分析 NaH_2PO_4、HPO_4^{2-} 溶液的$[H_3O^+]$的计算公式。

解：NaH_2PO_4 的酸碱性取决于 $H_2PO_4^-$。$H_2PO_4^-$ 作为酸时解离常数为 K_{a2}；$H_2PO_4^-$ 作为碱时，其共轭酸为 H_3PO_4，解离常数为 K_{a1}。计算公式为：

$$[H_3O^+] = \sqrt{K_{a1} \cdot K_{a2}}$$

同理，HPO_4^{2-} 水溶液中，HPO_4^{2-} 作为酸解离常数为 K_{a3}；HPO_4^{2-} 作为碱其共轭酸为 $H_2PO_4^-$，解离常数为 K_{a2}。计算公式为：

$$[H_3O^+] = \sqrt{K_{a2} \cdot K_{a3}}$$

例 5-9 计算 $0.10mol/L$ $NaHCO_3$ 溶液的 pH。已知 H_2CO_3 的 $K_{a1} = 4.3 \times 10^{-7}$，$K_{a2} = 5.6 \times 10^{-11}$。

解：可用式(5-11)计算如下：

$$[H_3O^+] = \sqrt{K_{a1} \cdot K_{a2}} = \sqrt{4.3 \times 10^{-7} \times 5.6 \times 10^{-11}} = 4.9 \times 10^{-9} (mol/L)$$

$$pH = -\lg[H_3O^+] = -\lg(4.9 \times 10^{-9}) = 8.31$$

例 5-10 计算 $0.10mol/L$ NaH_2PO_4、Na_2HPO_4 溶液的 pH。已知 H_3PO_4 的 $K_{a1} = 7.52 \times 10^{-3}$，$K_{a2} = 6.23 \times 10^{-8}$，$K_{a3} = 2.2 \times 10^{-13}$。

解：NaH_2PO_4：

$$[H_3O^+] = \sqrt{K_{a1} \cdot K_{a2}} = \sqrt{7.52 \times 10^{-3} \times 6.23 \times 10^{-8}} = 2.16 \times 10^{-5} (mol/L)$$

$$pH = -\lg[H_3O^+] = -\lg(2.16 \times 10^{-5}) = 4.67$$

Na_2HPO_4：

$$[H_3O^+] = \sqrt{K_{a2} \cdot K_{a3}} = \sqrt{6.23 \times 10^{-8} \times 2.2 \times 10^{-13}} = 1.2 \times 10^{-10} (mol/L)$$

$$pH = -\lg[H_3O^+] = -\lg(1.2 \times 10^{-10}) = 9.94$$

2. 由阳离子酸和阴离子碱组成的两性溶液 NH_4Ac、$HCOONH_4$ 和 NH_4CN 都属于这类两性物质。

$$pH = \frac{1}{2}(pK_a + pK_a') \qquad \qquad 式(5-12)$$

式中，阳离子酸酸常数为 K_a（其共轭碱碱常数为 K_b）；阴离子碱共轭酸酸常数为 K_a'。

例 5-11 计算 $0.10mol/L$ $HCOONH_4$ 溶液的 pH（已知甲酸的 $K_a' = 1.77 \times 10^{-4}$，氨水的 $K_b = 1.76 \times 10^{-5}$）。

解：$pH = \frac{1}{2} \times (pK_a + pK_a') = \frac{1}{2} \times (9.25 + 3.75) = 6.50$

第四节　缓冲溶液

人体内的各种化学反应需要在一定的 pH 范围才能正常进行。人体的许多生理和病理现象与酸碱平衡有关,尽管人体在代谢过程中不断产生酸性、碱性物质,但人体血液的 pH 始终在 7.35 ~ 7.45 之间,基本不受体内复杂的代谢过程影响而保持相对恒定,这说明血液具有调节 pH 的能力。

一、缓冲溶液的概念、组成

(一) 缓冲溶液的概念

在 HAc 和 NaAc 混合溶液中加入少量强酸、强碱或水后,溶液的 pH 基本保持不变。溶液能抵抗少量外来强酸、强碱及水的稀释而保持其 pH 基本不变的作用称为缓冲作用。具有缓冲作用的溶液称为缓冲溶液。

(二) 缓冲溶液的组成

缓冲溶液具有缓冲作用,因为缓冲溶液中含有相当数量的抗酸和抗碱成分,将这两种成分称为缓冲对或缓冲系。常见缓冲对的类型有弱酸及其盐($HAc\text{-}Ac^-$)、弱碱及其盐($NH_3\text{-}NH_4^+$)、多元酸的酸式盐及其次级盐($H_2PO_4^-\text{-}HPO_4^{2-}$)等。

二、缓冲作用的原理

以 $HA\text{-}A^-$ 缓冲体系为例,说明共轭酸碱对如何发挥其抗酸作用和抗碱作用。HA 与 A^- 的质子转移平衡如下:

$$HA + H_2O \Longrightarrow H_3O^+ + A^-$$

因 A^- 的同离子效应,HA 的解离度很小,溶液中 HA 和 A^- 的浓度比较大,而 H_3O^+ 的浓度较小。在 $HA\text{-}A^-$ 溶液中加入少量强酸时,H_3O^+ 的浓度瞬间增大,平衡向左移动,A^- 接受 H_3O^+ 给出的质子生成 HA。由于加入的强酸量比较小,大量的 A^- 仅少部分与 H_3O^+ 反应。达成新的平衡时,A^- 的浓度略有减小,HA 的浓度略有增大,而 H_3O^+ 的浓度几乎没有增加,溶液的 pH 基本保持不变。可见,缓冲对中的共轭碱 A^- 发挥了抵抗外来强酸的作用,是抗酸成分。

在 HA-A^- 溶液中加入少量强碱时,OH^- 浓度瞬间增加,导致溶液中的 H_3O^+ 浓度瞬间减小,使平衡向右移动,HA 解离以补充强碱消耗掉的 H_3O^+。建立新的平衡时,溶液中 HA 的浓度略有减小,A^- 的浓度略有增大,而 H_3O^+ 的浓度几乎没有降低,溶液的 pH 基本保持不变。所以,缓冲对中的共轭酸 HA 发挥了抵抗外来强碱的作用,是抗碱成分。

HA-A^- 溶液适当稀释时,H_3O^+ 的浓度因稀释有所降低,但 A^- 与 HA 的浓度同时降低,同离子效应减弱,HA 的解离度增加,H_3O^+ 的浓度得以弥补,溶液的 pH 基本不变。

总之,缓冲溶液中含有一定量的抗酸和抗碱成分,加入少量强酸、强碱或水后,通过质子转移维持溶液的 pH 基本不变。

三、缓冲溶液的 pH 计算

缓冲溶液是由共轭酸碱对组成的溶液,缓冲作用通过质子转移平衡移动完成。用 HA-A^- 代表任一缓冲系,其质子转移平衡关系为:

$$HA + H_2O \rightleftharpoons H_3O^+ + A^-$$

$$K_a = \frac{[H_3O^+][A^-]}{[HA]}$$

$$[H_3O^+] = K_a \cdot \frac{[HA]}{[A^-]}$$

上式两边取负对数,则有:

$$pH = pK_a + \lg \frac{[A^-]}{[HA]}$$

缓冲溶液中的共轭酸为弱酸,解离程度较低,而共轭碱的浓度较大,由于同离子效应,共轭酸的解离程度更低,所以共轭酸、共轭碱的平衡浓度基本等于它们的配制浓度,即[共轭碱]$\approx c_b$、[共轭酸]$\approx c_a$。由此得到:

$$pH = pK_a + \lg \frac{c_b}{c_a} \qquad \qquad \text{式}(5-13)$$

式(5-13)是计算缓冲溶液 pH 的最简公式。由此式可知:

(1)缓冲溶液的 pH 主要取决于缓冲对的本性,不同的缓冲对具有不同的 pK_a;其次是缓冲比(共轭碱与共轭酸的浓度之比)。当缓冲溶液的缓冲对确定后,缓冲溶液的 pH 只取决于缓冲比。改变缓冲比,溶液的 pH 随之改变。因此,改变缓冲比可以配制一定 pH 范围内的不同缓冲溶液。

(2)对缓冲溶液进行适当稀释时,共轭碱与共轭酸的浓度同时降低,但缓冲比不变,故缓冲溶液的 pH 也基本不变。

例 5-12 200ml 0.10mol/L HAc 溶液和 300ml 0.10mol/L NaAc 溶液混合配成 500ml 缓冲溶液。

(1)计算缓冲溶液的 pH。

（2）若此缓冲溶液分别加入 10ml 0.10mol/L HCl 溶液和 10ml 0.10mol/L NaOH 溶液，计算溶液 pH 的变化值（HAc 的 $pK_a=4.75$）。

解：（1）缓冲系为 $HAc\text{-}Ac^-$，HAc 的 $pK_a=4.75$

$$c_a=\frac{n_a}{V}=\frac{0.10\times200\times10^{-3}}{500\times10^{-3}}=0.040(mol/L)$$

$$c_b=\frac{n_b}{V}=\frac{0.10\times300\times10^{-3}}{500\times10^{-3}}=0.060(mol/L)$$

$$pH=pK_a+\lg\frac{c_b}{c_a}=4.75+\lg\frac{0.060}{0.040}=4.93$$

（2）加入 10ml 0.10mol/L HCl 溶液：$n_{HCl}=0.10\times10\times10^{-3}=1.0\times10^{-3}(mol)$

总体积是 0.51L，缓冲溶液中：

$$n_a=0.020+1.0\times10^{-3}=0.021(mol)$$

$$n_b=0.030-1.0\times10^{-3}=0.029(mol)$$

$$pH=pK_a+\lg\frac{c_b}{c_a}=4.75+\lg\frac{0.029/0.51}{0.021/0.51}=4.89$$

$$\Delta pH=4.89-4.93=-0.04$$

即加入 HCl 后，缓冲溶液的 pH 仅下降了 0.04 个单位。

加入 10ml 0.10mol/L NaOH 溶液：$n_{NaOH}=0.10\times10\times10^{-3}=1.0\times10^{-3}(mol)$

总体积是 0.51L，缓冲溶液中：

$$n_a=0.020-1.0\times10^{-3}=0.019(mol)$$

$$n_b=0.030+1.0\times10^{-3}=0.031(mol)$$

$$pH=pK_a+\lg\frac{c_b}{c_a}=4.75+\lg\frac{0.031/0.51}{0.019/0.51}=4.96$$

$$\Delta pH=4.96-4.93=0.03$$

即加入 NaOH 后，缓冲溶液的 pH 仅上升了 0.03 个单位。

例 5-13 将 100ml 0.10mol/L 盐酸与 300ml 0.10mol/L 氨水混合，求混合后溶液的 pH（$NH_3\cdot H_2O$ 的 $pK_b=4.75$）。

解：盐酸与氨水混合后，由于 $n_{NH_3}>n_{HCl}$，所以加入的 HCl 完全与 NH_3 反应生成 NH_4Cl，剩余的 NH_3 与生成的 NH_4Cl 组成缓冲对。

	HCl	+	NH_3	$=$	NH_4Cl
始态 n(mmol)	0.10×100		0.10×300		0
终态 n(mmol)	0		$0.10\times300-0.10\times100$		0.10×100

所以，$n_a=10mmol$，$n_b=20mmol$，总体积是 400ml。

$NH_3\cdot H_2O$ 的 $pK_b=4.75$，则 NH_4^+ 的 $pK_a=pK_w-pK_b=14-4.75=9.25$

$$pH=pK_a+\lg\frac{c_b}{c_a}=9.25+\lg\frac{20/400}{10/400}=9.55$$

四、缓冲容量和缓冲范围

缓冲溶液缓冲能力的大小可用缓冲容量 β 来衡量。

(一) 缓冲容量

单位体积缓冲溶液的 pH 改变 1 个单位时,加入的一元强酸或一元强碱的物质的量称为缓冲容量。其数学表达式为:

$$\beta = \frac{n}{V \cdot |\Delta pH|} \qquad\qquad 式(5\text{-}14)$$

式中,β 为缓冲容量[mol/(L·pH)];n 为加入一元强酸或一元强碱的物质的量(mol);$|\Delta pH|$ 为缓冲溶液 pH 改变的绝对值;V 为缓冲溶液的体积(L)。

从式(5-14)可知,一定体积的缓冲溶液改变 1 个 pH 单位所需加入的强酸或强碱的量越多,β 值越大,溶液的缓冲能力越强。

(二) 影响缓冲容量的因素

同一缓冲对组成的缓冲溶液,缓冲容量的大小取决于缓冲溶液的总浓度($c_总 = c_a + c_b$)和缓冲比(c_b/c_a)。

1. $c_总$ 的影响 当 c_b/c_a 一定时,$c_总$ 越大,即溶液中的抗酸成分和抗碱成分浓度越大,缓冲容量越大。

2. c_b/c_a 的影响 当 $c_总$ 一定时,c_b/c_a 越接近于 1,缓冲容量越大;当 $c_b/c_a = 1$ 时,缓冲容量最大,此时 pH = pK_a;c_b/c_a 越偏离 1,共轭酸与共轭碱的量相差越多,pH 越偏离 pK_a,缓冲容量越小。

(三) 缓冲范围

当 c_b/c_a 在 0.1~10 时,缓冲溶液具有较强的缓冲能力,此时 pH 在 pK_a-1 至 pK_a+1 之间,该 pH 范围称为缓冲范围。如 HAc-Ac$^-$ 缓冲系的缓冲范围为 3.75~5.75。

不同的缓冲系,共轭酸的 pK_a 不同,缓冲溶液的缓冲范围也不同。表 5-2 列出了几种常用缓冲溶液的缓冲范围及其共轭酸的 pK_a。

表 5-2 常用的缓冲溶液及其缓冲范围

缓冲系	pK_a	缓冲范围
$H_2C_8H_4O_4$(邻苯二甲酸)-NaOH	2.89	2.2~4.0
HAc-NaAc	4.75	3.7~5.6
$KHC_8H_4O_4$(邻苯二甲酸氢钾)-NaOH	5.51	4.0~5.8
KH_2PO_4-Na_2HPO_4	7.21	5.8~8.0
巴比妥酸-巴比妥酸钠	7.43	7.0~9.0
TrisH$^+$-Tris(三羟甲基甲胺)	8.21	7.2~9.0
H_3BO_3-NaOH	9.24	8.0~10.0
$NH_3 \cdot H_2O$-NH_4^+	9.25	8.3~10.2
$NaHCO_3$-Na_2CO_3	10.25	9.2~11.0

五、缓冲溶液的配制

实际工作中,常常需要配制一定 pH 的缓冲溶液。配制缓冲溶液的原则和步骤如下。

1. 选择合适的缓冲对 配制缓冲溶液的 pH 应在所选缓冲对的缓冲范围之内,并且尽量接近 pK_a。

2. 选择适当的总浓度 通常将溶液的总浓度控制在 $0.05 \sim 0.20 mol/L$。

3. 计算各缓冲成分所需要的量 为方便计算和配制,常使用相同浓度的共轭酸、共轭碱溶液,分别量取所需的体积后混合。溶液的 pH 用式(5-15)计算:

$$pH = pK_a + \lg \frac{V_b}{V_a} \qquad\qquad 式(5-15)$$

式中,V_a、V_b 分别为共轭酸、共轭碱溶液的体积。

4. 用酸度计进行校正 按上述方法配制完成后,需用酸度计精确测定溶液的 pH,并加以校正。

例 5-14 如何配制 100ml pH 为 4.95 的缓冲溶液?

解:HAc 的 pK_a 为 4.75,与配制溶液的 pH 4.95 接近,故选用 HAc-NaAc 缓冲对,用 0.10mol/L HAc 和 0.10mol/L NaAc 溶液来配制。

设:需 HAc 溶液为 V_a ml,则需 NaAc 溶液 $V_b = (100-V_a)$ ml,则有:

$$pH = pK_a + \lg \frac{V_b}{V_a}$$

$$4.95 = 4.75 + \lg \frac{100-V_a}{V_a}$$

解得:$V_a = 38.7(ml)$,$V_b = 61.3(ml)$。

将 38.7ml 0.10mol/L HAc 溶液和 61.3ml 0.10mol/L NaAc 溶液混合,即可配制 100ml pH 为 4.95 的缓冲溶液。如果要求严格,用酸度计进行校正。

例 5-15 欲配制 pH 为 5.05 的缓冲溶液 500ml,若用 100ml 0.20mol/L NaOH 溶液,计算需加入 0.20mol/L HAc 溶液的体积(HAc 的 $pK_a = 4.75$)。

解:设需加入 HAc 的体积为 V ml,由于配制的是缓冲溶液,所以 $n_{HAc} > n_{NaOH}$,反应中生成的 NaAc 与剩余的 HAc 形成缓冲溶液。得:

	HAc	+	NaOH	==	NaAc	+	H_2O
始态 n(mmol)	$0.20 \times V$		0.20×100		0		
终态 n(mmol)	$0.20 \times V - 0.20 \times 100$		0		0.20×100		

$$5.05 = 4.75 + \lg \frac{20}{0.20V - 20}$$

解得:$V = 150(ml)$。

将 150ml 0.20mol/L HAc 溶液与 100ml 0.20mol/L NaOH 溶液混合,再用水稀释至 500ml,配制出所要求的缓冲溶液。

实际应用中,常常不需要计算,而是按照缓冲溶液的经验配方进行配制。经验配制方法可以在相关化学手册中查阅。

六、血液中的缓冲系

人体内的各种体液需要保持较稳定的 pH,组织、细胞才能进行正常的物质代谢和生理活动。人体血液的正常 pH 为 7.35~7.45,如果改变 0.1 个单位以上,会出现酸中毒或碱中毒而危及生命。

知识链接

人体血液的 pH

正常人体血液的 pH 范围为 7.35~7.45。当 pH 低于 7.35,人体会发生酸中毒;当 pH 高于 7.45 时,人体会发生碱中毒。发生酸中毒或碱中毒时,细胞的生理活动会减弱,废物不易排出,肾脏、肝脏的负担就会加重,造成新陈代谢减慢,各种器官的功能减弱,产生重大疾病甚至死亡。

食物消化与吸收或组织新陈代谢都会产生大量的酸性物质或碱性物质,但进入正常人血液后并没有引起其 pH 发生明显变化,说明血液具有足够的缓冲作用。

血液是由多个缓冲对组成的缓冲体系。其中血浆内的主要缓冲对有 H_2CO_3-$NaHCO_3$、NaH_2PO_4-Na_2HPO_4、血浆蛋白-血浆蛋白钠;红细胞内的主要缓冲对有 H_2CO_3-$KHCO_3$、KH_2PO_4-K_2HPO_4、血红蛋白-血红蛋白钾、氧合血红蛋白-氧合血红蛋白钾。这些缓冲系中,H_2CO_3-HCO_3^- 缓冲系在血浆中的浓度最高,缓冲能力最强,对维持血液的正常 pH 最重要。

案例分析

案例:临床检验测得甲、乙两人血浆中 HCO_3^- 和 H_2CO_3 的浓度分别为:

甲:$[HCO_3^-] = 21.0$mmol/L,$[H_2CO_3] = 1.40$mmol/L

乙:$[HCO_3^-] = 54.0$mmol/L,$[H_2CO_3] = 1.35$mmol/L

分析:甲:$pH = 6.10 + lg\dfrac{21.0}{1.40} = 7.28$,乙:$pH = 6.10 + lg\dfrac{54.0}{1.35} = 7.70$,甲属于酸中毒,乙属于碱中毒。

当人体内的各种组织和细胞在代谢中产生的酸进入血浆时,缓冲对中 H_2CO_3 的量增多,HCO_3^- 的量减少,机体通过加快呼吸将增多的 H_2CO_3 以 CO_2 的形式呼出,同时通过肾脏调节,延长 HCO_3^- 的停留时间,使血浆中的 HCO_3^- 和 H_2CO_3 浓度保持稳定,从而维持血浆的 pH 基本不变。当体内的碱性物质增多并进入血浆时,缓冲对中 H_2CO_3 减少的量及 HCO_3^- 增多的量通过机体降低肺部 CO_2 的呼出量及加快肾脏对 HCO_3^- 的排泄来调节,使血浆中的 HCO_3^- 和 H_2CO_3 浓度基本不变,进而维持血浆 pH 正常。

在红细胞中,主要以血红蛋白缓冲对和氧合血红蛋白缓冲对的缓冲作用为主。机体代谢过程

中产生的 CO_2 进入静脉血液,绝大部分与血红蛋白钾反应,生成 HCO_3^- 并由血液运输至肺,与氧合血红蛋白作用产生 CO_2,释放出的 CO_2 由肺呼出。另一部分 CO_2 溶于血液生成 H_2CO_3,与血浆中的 HCO_3^- 形成 H_2CO_3-HCO_3^- 缓冲系。

总之,体内各种缓冲系的缓冲作用及肺的呼吸作用和肾脏的调节功能等使正常人体血液的 pH 维持在 7.35~7.45。当机体发生某种疾病导致体内积聚的酸或碱过多,超出体内的缓冲极限时,就会发生酸中毒或碱中毒。临床上常用碳酸氢钠溶液或乳酸钠溶液来纠正代谢性酸中毒,用氯化铵溶液来治疗代谢性碱中毒。

> **点滴积累**
>
> 1. 缓冲溶液能抵抗少量外加强酸、强碱及水的稀释而保持溶液的 pH 基本不变。
>
> 2. 缓冲溶液的 pH 计算公式:$pH = pK_a + \lg \dfrac{c_b}{c_a}$。
>
> 3. 缓冲溶液的 pH 主要取决于缓冲对和缓冲比。

目标检测

一、简答题

1. 按照酸碱质子理论,下列各种物质哪些可为酸,哪些可为碱? 请写出其共轭碱或共轭酸。

   H_2O、H_3O^+、Ac^-、H_2CO_3、HCO_3^-、CO_3^{2-}、HPO_4^{2-}、PO_4^{3-}、NH_4^+、S^{2-}

2. 在氨水中加入下列物质时,$NH_3 \cdot H_2O$ 的解离度和溶液的 pH 将如何变化?

   (1)NH_4Cl (2)$NaOH$ (3)HCl (4)$NaCl$ (5)H_2O

3. HAc 溶液中也同时含有 HAc 和 Ac^-,它为何不属于缓冲溶液?

4. 酒石酸氢钾和邻苯二甲酸氢钾都是常用的标准缓冲溶液,它们都是由单一化合物配制而成的,却为何具有缓冲作用?

二、计算题

1. 计算 298K 时下列溶液的 pH。

   (1)0.10mol/L NaCN

   (2)0.20mol/L NaH_2PO_4

   (3)0.10mol/L $NH_3 \cdot H_2O$ 和 0.10mol/L HAc 等体积混合

   (4)100.0ml 0.20mol/L $NH_3 \cdot H_2O$ 中加入 1.07g 固体 NH_4Cl

   (5)50ml 0.10mol/L HAc 和 25ml 0.10mol/L NaOH 混合

   (6)0.50mol/L $NH_3 \cdot H_2O$ 和 0.10mol/L HCl 各 100ml 混合

2. 将 0.40mol/L 乳酸($K_a = 1.37 \times 10^{-4}$)溶液 100.0ml 加水稀释至 500.0ml,求稀释后溶液的 pH。

习题

复习导图

3. 配制 pH 为 5.00 的缓冲溶液,需称取多少克结晶醋酸钠(NaAc·3H₂O,摩尔质量为 136g/mol)溶于 300ml 0.50mol/L HAc 中(忽略体积变化)?

4. 欲配制 pH 为 5.23 的缓冲溶液,计算应在 100ml 0.10mol/L HAc 溶液中加入 0.10mol/L NaOH 溶液多少毫升(假设溶液的总体积为两者之和)?

(王英玲)

实训四　醋酸解离常数的测定

【实训目的】

1. 掌握 pH 计法测定醋酸解离常数的原理和方法。
2. 通过实验数据计算醋酸的解离常数,以加深对解离常数的理解。
3. 学会 pH 计的使用。

【实训内容】

(一)实训用品

1. **仪器**　pH 计、移液管(25ml、10ml 和 5ml)、容量瓶(50ml)、烧杯(50ml)。

2. **试剂和材料**　0.100 0mol/L HAc、蒸馏水、标准缓冲溶液。

(二)实训步骤

1. **配制不同浓度的 HAc 溶液**　用移液管分别量取 5.00ml、10.00ml 和 25.00ml 已标定过的 HAc 溶液于 3 个 50ml 容量瓶中,加蒸馏水至刻度,摇匀,备用。

2. **测定 HAc 溶液的 pH**　将上述 3 种不同浓度的 HAc 溶液和未经稀释的 HAc 原液分别加入 4 个干燥的 50ml 烧杯中,按由稀到浓的顺序用 pH 计分别测定它们的 pH,记录实验数据和温度,算出不同浓度 HAc 的 K_a。

【实训注意】

1. 配制不同浓度的 HAc 溶液时,接近容量瓶刻度时改用滴管滴加。

2. 醋酸是一元弱酸,当解离度 $\alpha < 5\%$ 时, $K_a \approx \dfrac{[H_3O^+]^2}{c_a}$。

通过测定已知浓度醋酸溶液的 pH,计算出 $[H_3O^+]$,继而求出 K_a。为获得较为准确的实验结果,可测定一系列不同浓度醋酸溶液的 pH,求出对应的 K_a,取其平均值。

【实训检测】

1. 改变醋酸溶液的浓度或温度，K_a有无变化？若有变化，如何改变？

2. 对醋酸来说，溶液越稀，解离度越大，酸度越大，这种说法对吗？为什么？

【实训记录】

见表5-3。

表5-3　实训四的实训记录

温度：

溶液编号	$c_a/(mol \cdot L^{-1})$	pH	$[H_3O^+]/(mol \cdot L^{-1})$	K_a 测定值	平均值
1					
2					
3					
4					

（王英玲）

第六章　沉淀-溶解平衡

学习目标

1. **掌握**　溶度积常数和溶度积规则。
2. **熟悉**　溶度积与溶解度的关系、影响沉淀-溶解平衡的因素。
3. **了解**　同离子效应和盐效应。

导学情景

情景描述：

　　一名9岁男孩因腹痛难忍被家人送医院救治。检查发现，男孩的双侧肾脏密密麻麻地分布着大小不等的结石，不但造成了尿路堵塞，还导致了右肾中度积水。经手术治疗，医师从男孩双侧肾脏取出整整56颗结石。

学前导语：

　　肾结石是由晶体类物质在肾脏的异常聚积所致，其中草酸钙结石最常见。结石的形成过程与沉淀-溶解平衡密切相关。本章将学习沉淀-溶解平衡的相关知识。

　　沉淀的生成或溶解是常见的化学现象，反应过程中总是伴随着物相的形成或消失。生物体内结石的形成、龋齿的发生等都与沉淀的生成或溶解有关。

第一节　溶度积原理

一、溶度积常数

　　某些电解质在水中的溶解度很小，溶解在水中的部分全部解离，这种电解质称为难溶强电解质。如 $CaCO_3$、$AgCl$、$BaSO_4$ 都是常见的难溶强电解质。

　　将难溶性固体 $BaSO_4$ 放入水中，固体表面的一部分 Ba^{2+} 和 SO_4^{2-} 受极性溶剂水分子的吸引脱离固体，成为水合离子进入溶液的过程即是溶解。与此同时，溶液中不断运动着的水合 Ba^{2+} 和 SO_4^{2-} 接近固体时，受到固体表面上 Ba^{2+} 或 SO_4^{2-} 的吸引，重新回到固体表面，这个过程就是沉淀。由此可见，难溶强电解质的溶解和沉淀是两个同时发生的可逆过程。在一定条件下，当溶解与沉淀的速率相等时，固体难溶强电解质与溶液中离子间的两相达到平衡。

$$BaSO_4(s) \Longrightarrow Ba^{2+}(aq) + SO_4^{2-}(aq)$$

根据化学平衡原理：

$$K = \frac{[Ba^{2+}][SO_4^{2-}]}{[BaSO_4]}$$

将上式变形可得 $K[BaSO_4] = [Ba^{2+}][SO_4^{2-}]$，$BaSO_4$ 固体的浓度视为常数，所以，一定温度下 $K[BaSO_4]$ 也是常数，将其用 K_{sp} 表示。

$$K_{sp} = [Ba^{2+}][SO_4^{2-}]$$

K_{sp} 称为溶度积常数，简称溶度积。它反映了难溶强电解质在水中的溶解能力。

对于 A_mB_n 型难溶强电解质：

$$A_mB_n(s) \Longrightarrow mA^{a+}(aq) + nB^{b-}(aq)$$

$$K_{sp} = [A^{a+}]^m \cdot [B^{b-}]^n \qquad \text{式(6-1)}$$

式(6-1)表明，在一定温度下，难溶强电解质达到沉淀与溶解平衡时，溶液中有关离子浓度幂的乘积为一常数。K_{sp} 取决于难溶强电解质的本性，并随着温度的升高而增大，与难溶强电解质沉淀的量及溶液中离子浓度的变化无关。附录二中列出了一些难溶电解质的标准溶度积常数(298K)。

二、溶度积常数与溶解度的关系

溶度积常数和溶解度均反映电解质在水中的溶解能力，两者之间存在一定的关系。溶解度是指在一定温度下，一定量的饱和溶液中所含溶质的量，常用单位有 mol/L 或 g/L。

对于溶解度为 s 的 A_mB_n 型难溶强电解质：

$$A_mB_n(s) \Longrightarrow mA^{a+}(aq) + nB^{b-}(aq)$$

平衡时的浓度(mol/L)：$\qquad\qquad ms \qquad\qquad ns$

根据式(6-1)，有 $K_{sp} = [A^{a+}]^m[B^{b-}]^n = (ms)^m \cdot (ns)^n$，整理可得：

$$s = \sqrt[(m+n)]{\frac{K_{sp}}{m^m n^n}} \qquad \text{式(6-2)}$$

例 6-1 已知 298K 时，Ag_2CrO_4 和 $BaSO_4$ 的溶度积分别为 1.1×10^{-12} 和 1.1×10^{-10}，试求 Ag_2CrO_4 和 $BaSO_4$ 在水中的溶解度。

解：Ag_2CrO_4 的溶解度为：

$$s_{Ag_2CrO_4} = \sqrt[(m+n)]{\frac{K_{sp}}{m^m n^n}} = \sqrt[3]{\frac{1.1 \times 10^{-12}}{4}} = 6.5 \times 10^{-5}(\text{mol/L})$$

$BaSO_4$ 的溶解度为：

$$s_{BaSO_4} = \sqrt{K_{sp}} = \sqrt{1.1 \times 10^{-10}} = 1.05 \times 10^{-5}(\text{mol/L})$$

计算结果表明，虽然 Ag_2CrO_4 的溶度积常数小于 $BaSO_4$，但 Ag_2CrO_4 的溶解度却大于 $BaSO_4$。

相同类型的难溶强电解质，溶度积越小，溶解度也越小；不同类型的难溶强电解质，不能用溶度积直接比较溶解度的大小,必须通过计算溶解度来进行比较。

三、溶度积规则

难溶强电解质的沉淀-溶解平衡是一种动态平衡。在任意状态下,难溶强电解质溶液中离子浓度幂的乘积定义为离子积,用符号 Q 表示。即:

$$A_mB_n(s) \rightleftharpoons mA^{a+}(aq) + nB^{b-}(aq)$$

$$Q_{A_mB_n} = c_{A^{a+}}^m \cdot c_{B^{b-}}^n \qquad \qquad 式(6\text{-}3)$$

Q 与 K_{sp} 的表达形式相似,但含义不同。K_{sp} 表示难溶强电解质在沉淀-溶解平衡状态下的离子浓度幂的乘积,Q 则表示任一状态下离子浓度幂的乘积。

对于某一给定的溶液,K_{sp} 与 Q 的关系有下列 3 种情况。

(1) $Q = K_{sp}$,为饱和溶液,沉淀与溶解达到平衡状态。此时,既无沉淀析出,又无沉淀溶解。

(2) $Q > K_{sp}$,为过饱和溶液。体系处于非平衡状态,将有沉淀析出,直至形成饱和溶液。

(3) $Q < K_{sp}$,为不饱和溶液。体系处于非平衡状态,将有沉淀溶解,直至全部溶解或形成饱和溶液。

以上 3 点称为溶度积规则,运用此规则可以判断沉淀的生成或溶解。

例6-2 在 100ml 0.10mol/L $MgSO_4$ 溶液中加入 100ml 0.10mol/L NaOH,有无 $Mg(OH)_2$ 沉淀生成?[已知 $Mg(OH)_2$ 的 $K_{sp} = 5.6 \times 10^{-12}$]

解:溶液等体积混合后,浓度变为原来的一半,即:

$$c_{Mg^{2+}} = c_{OH^-} = 0.05(mol/L)$$

难溶强电解质 $Mg(OH)_2$ 的沉淀-溶解平衡:

$$Mg(OH)_2(s) \rightleftharpoons Mg^{2+}(aq) + 2OH^-(aq)$$

根据 $Q = c_{Mg^{2+}} \cdot c_{OH^-}^2 = 0.05 \times (0.05)^2 = 1.25 \times 10^{-4}$

显然 $Q > K_{sp}$,所以有 $Mg(OH)_2$ 沉淀生成。

溶度积规则在药物分析、分离中有广泛的应用。药物含量分析时常用的沉淀滴定法,就是利用溶度积规则将待测药物配成溶液,再加入沉淀剂与被测药物中的某种离子反应生成沉淀,最后根据消耗的沉淀剂体积和浓度,计算出被测药物中某种离子的含量。

点滴积累

1. 溶度积和溶解度均能反映电解质在水中的溶解能力。溶度积只适用于同类型难溶强电解质溶解能力的比较。
2. 溶度积规则：$Q=K_{sp}$，平衡状态；$Q>K_{sp}$，有沉淀析出；$Q<K_{sp}$，有沉淀溶解。

第二节　沉淀的生成与溶解

一、沉淀的生成

根据溶度积规则，难溶强电解质溶液中离子浓度增大时，使 $Q>K_{sp}$，反应向沉淀生成的方向进行。

例 6-3　将等体积的 1.0×10^{-3} mol/L $AgNO_3$ 和 1.0×10^{-4} mol/L NaCl 混合，能否析出 AgCl 沉淀？（AgCl 的 $K_{sp}=1.8\times10^{-10}$）

解：混合后

$$c_{Ag^+}=\frac{1.0\times10^{-3}}{2}=5.0\times10^{-4}(\text{mol/L})$$

$$c_{Cl^-}=\frac{1.0\times10^{-4}}{2}=5.0\times10^{-5}(\text{mol/L})$$

$$Q=c_{Ag^+}\cdot c_{Cl^-}=2.5\times10^{-8}$$

因为 $Q>K_{sp}$，所以有 AgCl 沉淀析出。

二、沉淀的溶解

根据溶度积规则，难溶强电解质溶解的必要条件是 $Q<K_{sp}$。因此，凡是能有效地降低平衡体系中有关离子浓度的因素，都能使平衡向沉淀溶解的方向移动。常用的使沉淀物溶解的方法有 3 种。

1. 生成弱电解质　难溶弱酸盐一般都溶于强酸。因为这些难溶弱酸盐解离出的弱酸根离子与强酸解离的 H^+ 结合生成难解离的弱酸，使 $Q<K_{sp}$，所以会导致沉淀溶解。

知识链接

钡餐

医学上常用 $BaSO_4$ 作为内服造影剂“钡餐”，而不用 $BaCO_3$。这是因为人体内胃液的酸性较强（pH 为 0.9~1.5），如果服下 $BaCO_3$，胃酸与 CO_3^{2-} 反应生成 CO_2 和水，使 CO_3^{2-} 浓度降低，致使 $Q<K_{sp}$，造成 $BaCO_3$ 溶解，使体内的 Ba^{2+} 浓度增大而引起人体中毒。而 SO_4^{2-} 与 H^+ 不能结合生成弱电解质，胃酸中的 H^+ 对

$BaSO_4$ 的溶解平衡没有影响,Ba^{2+} 保持在安全浓度以下。因此,$BaSO_4$ 可以用作"钡餐",而 $BaCO_3$ 不能作为内服造影剂。

一些难溶氢氧化物如 $Fe(OH)_3$、$Al(OH)_3$、$Cu(OH)_2$ 等可以溶于强酸,是因其与 H^+ 生成弱电解质 H_2O。

$$Fe(OH)_3(s) \rightleftharpoons Fe^{3+}(aq) + 3OH^-(aq)$$

平衡右移　　　　　　　　$\Big\downarrow H^+$

$$H_2O$$

$BaCO_3$ 能溶于盐酸,是因为它与盐酸反应生成弱电解质 H_2CO_3,H_2CO_3 会继续分解生成 CO_2。

$$BaCO_3(s) \rightleftharpoons Ba^{2+}(aq) + CO_3^{2-}(aq)$$

平衡右移　　　　　　　　$\Big\downarrow H^+$

$$H_2O + CO_2\uparrow$$

知识链接

认识龋齿

龋齿是口腔的常见病,也是人类最普遍的疾病之一,世界卫生组织已将其与癌症、心血管疾病并列为人类三大重点防治疾病。它是由口腔中的细菌和食物残渣产生的酸性物质腐蚀牙齿而引起的,因此,预防龋齿的关键在于保持口腔的酸碱平衡。常见的预防措施有刷牙、漱口、定期检查等。

牙齿的主要成分是羟基磷灰石,化学式为 $Ca_5(PO_4)_3OH$,其在口腔中存在沉淀-溶解平衡。如果口腔环境酸性增强,羟基磷灰石会逐渐溶解,导致牙齿的疏松和腐蚀,产生龋齿。经常使用含氟牙膏,F^- 会与牙釉质中的 Ca^{2+} 生成 CaF_2,从而形成高结晶度的氟羟基磷灰石,增强牙齿的硬度和稳定性,达到预防和治疗龋齿的目的。所以我们要养成良好的口腔卫生习惯,经常使用含氟牙膏,保护牙齿的健康。

2. 发生氧化还原反应　通过氧化还原反应降低难溶强电解质溶液中离子的浓度,使沉淀溶解。例如 CuS 因 K_{sp} 太小而不溶于盐酸,但能溶于具有氧化性的稀硝酸。

$$3CuS(s) + 2NO_3^- + 8H^+ =\!=\!= 3Cu^{2+} + 3S\downarrow + 2NO\uparrow + 4H_2O$$

这是因为溶液中的 S^{2-} 被 HNO_3 氧化为 S,使 $Q < K_{sp}$。

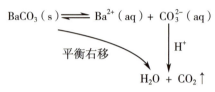

3. 形成难解离的配离子　向某些难溶强电解质溶液(如 CaC_2O_4、$AgCl$、$AgBr$ 等)中加入适当的配体,形成难解离的配离子,降低溶液中金属离子的浓度,使沉淀溶解。

例如 $AgBr$ 溶于 $Na_2S_2O_3$ 溶液,PbI_2 溶于 KI 溶液中。

$$AgBr(s) + 2S_2O_3^{2-} =\!=\!= [Ag(S_2O_3)_2]^{3-} + Br^-$$

$$PbI_2(s) + 2I^- \Longrightarrow [PbI_4]^{2-}$$

对于 K_{sp} 极小的难溶强电解质,常采用既发生氧化还原反应又生成配合物的方法使其溶解。如 HgS 不溶于硝酸,但能溶于王水,因为王水中的硝酸可以氧化 S^{2-},而盐酸则与 Hg^{2+} 形成配合物,溶液中 Hg^{2+} 和 S^{2-} 的浓度同时降低,使 $Q < K_{sp}$,导致沉淀溶解。

$$3HgS(s) + 2NO_3^- + 8H^+ + 12Cl^- \Longrightarrow 3[HgCl_4]^{2-} + 3S\downarrow + 2NO\uparrow + 4H_2O$$

案例分析

案例: 用蘸有擦铜水(主要是氨水)的棉花擦拭有铜锈的铜器,铜器立即变亮,这是为什么呢?

分析: 铜锈的主要成分是碱式碳酸铜,化学式为 $Cu_2(OH)_2CO_3$。因为氨水能与铜锈发生化学反应生成易溶的蓝色铜氨配合物。蓝色配合物溶解后从铜器上脱落,所以擦拭过的铜器立即变亮了。

三、沉淀的转化

在某种难溶强电解质溶液中加入适当的沉淀剂,可以将其转化为另一种难溶强电解质的过程称为沉淀的转化。例如向难溶的 $PbCl_2$ 白色沉淀中加入 KI,发现沉淀变为黄色;再加入 Na_2CO_3,黄色沉淀变为白色;继续加入 Na_2S,白色沉淀变为黑色。沉淀转化的过程如下:

$$PbCl_2\downarrow \xrightarrow{KI} PbI_2\downarrow \xrightarrow{Na_2CO_3} PbCO_3\downarrow \xrightarrow{Na_2S} PbS\downarrow$$

	白色	黄色	白色	黑色
K_{sp}	1.2×10^{-5}	8.5×10^{-9}	1.5×10^{-13}	8.0×10^{-28}

其中 $PbCO_3$ 转化为 PbS 的反应方程式和平衡常数分别为:

$$PbCO_3(s) + S^{2-}(aq) \Longrightarrow PbS(s) + CO_3^{2-}(aq)$$

$$K = \frac{[CO_3^{2-}]}{[S^{2-}]} = \frac{[CO_3^{2-}]}{[S^{2-}]} \times \frac{[Pb^{2+}]}{[Pb^{2+}]} = \frac{K_{sp}(PbCO_3)}{K_{sp}(PbS)} = \frac{1.5 \times 10^{-13}}{8.0 \times 10^{-28}} = 1.9 \times 10^{14}$$

因上述沉淀转化反应的平衡常数均较大,故沉淀转化进行得比较完全。沉淀的转化一般是由溶解度大的向溶解度小的方向进行。同一类型的难溶强电解质,两个 K_{sp} 相差越大,沉淀的转化越彻底。

四、分步沉淀

如果溶液中同时含有多种离子,这些离子可能与某一沉淀剂生成不同的难溶强电解质。通过控制沉淀剂的用量,使溶液中的离子按先后顺序生成沉淀析出的现象称为分步沉淀。

例 6-4 在含有 0.10mol/L Cl^- 和 0.10mol/L I^- 的溶液中逐滴加入 $AgNO_3$,哪种离子先沉淀?能否用分步沉淀将两者分离?($AgCl$ 的 $K_{sp} = 1.8 \times 10^{-10}$,$AgI$ 的 $K_{sp} = 8.5 \times 10^{-17}$)

解: 根据溶度积规则计算 $AgCl$ 和 AgI 达到饱和溶液时需要的 $[Ag^+]$。

AgCl 饱和时：$[Ag^+] = \dfrac{K_{sp}(AgCl)}{[Cl^-]} = \dfrac{1.8 \times 10^{-10}}{0.10} = 1.8 \times 10^{-9}(mol/L)$

AgI 饱和时：$[Ag^+] = \dfrac{K_{sp}(AgI)}{[I^-]} = \dfrac{8.5 \times 10^{-17}}{0.10} = 8.5 \times 10^{-16}(mol/L)$

根据计算结果，如果使 I^- 沉淀，银离子浓度需要大于 8.5×10^{-16} mol/L；如果使 Cl^- 沉淀，银离子浓度需要大于 1.8×10^{-9} mol/L。显然，沉淀 I^- 所需的银离子浓度比沉淀 Cl^- 所需的银离子浓度低得多，所以 AgI 沉淀先析出。

当 AgCl 达到饱和溶液时，$[Ag^+] = 1.8 \times 10^{-9}$ mol/L，此时：

$$[I^-] = \dfrac{K_{sp}(AgI)}{[Ag^+]} = \dfrac{8.5 \times 10^{-17}}{1.8 \times 10^{-9}} = 4.7 \times 10^{-8}(mol/L)$$

所以，当 AgCl 开始沉淀时，溶液中的碘离子浓度已经小于 4.7×10^{-8} mol/L，故沉淀完全（$< 1.0 \times 10^{-5}$ mol/L）。利用分步沉淀，可以使两种离子分离。

对于同一类型的难溶强电解质来说，当被沉淀的各离子浓度相同时，可以直接用 K_{sp} 来判断沉淀析出的先后顺序；K_{sp} 较小的先沉淀，K_{sp} 较大的后沉淀；溶度积差别越大，分离效果越好。不同类型的难溶强电解质必须通过计算确定。

课堂活动

在 AgBr 饱和溶液中加入 $AgNO_3$ 溶液，达到新平衡时，溶液中 Br^- 浓度和 AgBr 的溶度积常数如何变化？

五、同离子效应与盐效应

（一）同离子效应

向难溶强电解质溶液中加入与该电解质具有相同离子的易溶强电解质，难溶强电解质的溶解性降低的现象称为同离子效应。例如向 AgCl 饱和溶液中加入固体 NaCl，溶液中 Cl^- 的浓度增大，平衡向沉淀生成的方向移动，AgCl 的溶解度降低。

例 6-5 计算 298K 时，Ag_2CrO_4 在 0.10mol/L K_2CrO_4 溶液中的溶解度，并与其在纯水中的溶解度相比较。（Ag_2CrO_4 的 $K_{sp} = 1.1 \times 10^{-12}$）

解：若 Ag_2CrO_4 在 0.10mol/L K_2CrO_4 溶液中的溶解度为 s，Ag_2CrO_4 在 K_2CrO_4 溶液中存在下列沉淀溶解平衡：

$$Ag_2CrO_4(s) \rightleftharpoons 2Ag^+(aq) + CrO_4^{2-}(aq)$$

平衡时的浓度（mol/L）：　　　　　　　　　$2s$　　　　$s + 0.10 \approx 0.10$

代入溶度积表达式：　　　　　　$K_{sp} = [Ag^+]^2 \cdot [CrO_4^{2-}]$

$$1.1 \times 10^{-12} = (2s)^2 \times 0.10$$

$$s = 1.66 \times 10^{-6}(mol/L)$$

由上述计算的结果可知，Ag_2CrO_4 在 0.10mol/L K_2CrO_4 溶液中的溶解度比在纯水中的溶解度小。因为 CrO_4^{2-} 对 Ag_2CrO_4 产生了同离子效应，使 Ag_2CrO_4 的溶解度降低。

在实际工作中常利用同离子效应，通过加入过量沉淀剂的方法使某种离子沉淀更加完全。由于沉淀溶解平衡是动态的，这种多相动态平衡体系中的离子不会 100% 被沉淀；因此，当离子浓度小于 $1.0×10^{-5}$ mol/L 时，可以认为沉淀基本完全。

(二)盐效应

向难溶强电解质溶液中加入与该电解质不具有相同离子的易溶强电解质，难溶强电解质溶解性增大的现象称为盐效应。例如向 AgCl 饱和溶液中加入固体 $NaNO_3$，溶液的离子强度增大，Ag^+ 和 Cl^- 的活度系数减小，活度降低，难溶强电解质 AgCl 的沉淀-溶解平衡右移，从而导致 AgCl 溶解度增大。

同离子效应和盐效应对难溶强电解质溶解度的影响是相反的，在产生同离子效应时，也伴有盐效应，但同离子效应远大于盐效应的影响，所以二者同时存在时通常忽略盐效应。

点滴积累

1. 增大难溶强电解质溶液中离子的浓度，使 $Q>K_{sp}$，反应向沉淀生成的方向进行。

2. 同一类型的难溶强电解质，可以直接用 K_{sp} 来判断沉淀析出的先后顺序；K_{sp} 较小的先沉淀，K_{sp} 较大的后沉淀。

3. 难溶强电解质溶解的必要条件是 $Q<K_{sp}$；生成弱电解质、发生氧化还原反应、形成难解离的配离子等都能促使沉淀溶解。

4. 沉淀的转化一般是由溶解度大的向溶解度小的方向进行。相同类型的难溶强电解质，K_{sp} 相差越大，沉淀转化越彻底。

目标检测

习题

复习导图

一、简答题

1. 溶度积常数的意义是什么？离子积与溶度积有何区别？

2. PbI_2 和 $PbSO_4$ 的溶度积常数非常接近，两者饱和溶液中的 $[Pb^{2+}]$ 是否也非常接近？

3. 在草酸($H_2C_2O_4$)溶液中加入 $CaCl_2$ 溶液，得到白色的草酸钙(CaC_2O_4)沉淀。为什么在沉淀滤出后，向滤液中加入氨水又会有沉淀析出？

二、计算题

1. 在 0.010mol/L $MgCl_2$ 溶液中，pH 控制在什么范围内才不会有 $Mg(OH)_2$ 沉淀产生？[已知 $Mg(OH)_2$ 的 $K_{sp}=5.6×10^{-12}$]

2. 硬水中的 Ca^{2+} 可通过加入 Na_2CO_3，使其生成 $CaCO_3$ 沉淀的方法除去。试计算 Ca^{2+} 沉淀完全时，

需要 Na_2CO_3 的最低浓度。（已知 $CaCO_3$ 的 $K_{sp}=5.0×10^{-9}$）

3. 通过计算说明：

(1) 在 100ml 自来水中（Cl^- 浓度约为 $1×10^{-5}mol/L$）加入 1 滴 $1.0mol/L$ $AgNO_3$（1 滴按 0.05ml 计），能否产生 AgCl 沉淀？（已知 AgCl 的 $K_{sp}=1.8×10^{-10}$）

(2) 在 10ml $0.010mol/L$ $MnSO_4$ 溶液中加入 5ml $0.10mol/L$ $NH_3·H_2O$，是否能产生 $Mn(OH)_2$ 沉淀？［已知 $Mn(OH)_2$ 的 $K_{sp}=2.1×10^{-13}$］

（李伟娜）

实训五　解离平衡和沉淀反应

【实训目的】

1. 加深理解电解质解离的特点及解离平衡的移动，巩固 pH 的概念。
2. 学会缓冲溶液的配制，了解缓冲溶液的缓冲原理。
3. 通过沉淀的生成和溶解，掌握溶度积规则。
4. 学会广泛 pH 试纸和精密 pH 试纸的正确使用。

【实训内容】

(一) 实训用品

1. 仪器　试管、烧杯(50ml)、量筒、点滴板、玻璃棒。

2. 试剂和材料　$0.1mol/L$ HCl 溶液、$2mol/L$ HCl 溶液、$0.1mol/L$ HAc 溶液、$0.1mol/L$ NaOH 溶液、$0.1mol/L$ $NH_3·H_2O$、$0.1mol/L$ Na_2CO_3 溶液、$0.1mol/L$ NH_4Cl 溶液、$0.1mol/L$ NH_4Ac 溶液、$0.1mol/L$ NaH_2PO_4 溶液、$0.1mol/L$ Na_2HPO_4 溶液、$0.1mol/L$ $AgNO_3$ 溶液、$0.1mol/L$ NaCl 溶液、$0.1mol/L$ KI 溶液、$0.1mol/L$ K_2CrO_4 溶液，固体 NaAc、NH_4Cl、$CaCO_3$，溴甲酚绿、酚酞指示剂，蒸馏水，pH 试纸、精密 pH 试纸。

(二) 实训步骤

1. 电解质溶液 pH 的测定　用 pH 试纸测定浓度均为 $0.1mol/L$ 的 HCl、HAc、NaOH、$NH_3·H_2O$、Na_2CO_3、NH_4Cl 和 NH_4Ac 的 pH，并与计算值相比较。

2. 同离子效应

(1) 在试管中加入 2ml $0.1mol/L$ HAc 溶液、2 滴溴甲酚绿指示剂（变色范围为 3.8~5.4，pH=3.8 时呈黄色，pH=5.4 时呈蓝绿色），观察溶液颜色；再加入少量 NaAc 固体，振荡，观察溶液颜色的变化。

(2)在试管中加入 2ml 0.1mol/L $NH_3 \cdot H_2O$ 溶液和 1 滴酚酞指示剂,观察溶液颜色;再加入少量 NH_4Cl 固体,振荡,观察溶液颜色的变化。

3. 缓冲溶液

(1)取 0.1mol/L NaH_2PO_4 和 0.1mol/L Na_2HPO_4 各 15ml 混合均匀,用精密 pH 试纸测定溶液的 pH,并与计算值相比较。

(2)将上述混合溶液分成两份,一份加入 2 滴 0.1mol/L HCl 溶液,另一份加入 2 滴 0.1mol/L NaOH 溶液,分别测其 pH,与原溶液的 pH 进行比较。解释上述实验现象。

4. 沉淀的生成与溶解

(1)沉淀的生成与转化:在试管中加入 3 滴 0.1mol/L $AgNO_3$ 溶液,加水稀释至 1ml,滴加 0.1mol/L NaCl 溶液,观察现象;再滴加 0.1mol/L KI 溶液,充分振荡,观察沉淀颜色有无变化,解释原因。

(2)沉淀的溶解:取绿豆大小的 $CaCO_3$ 固体放入试管中,加入 1ml 蒸馏水,观察 $CaCO_3$ 是否溶解;再滴加 2mol/L HCl 溶液,观察有无反应现象发生。

(3)分级沉淀:取 1 支试管,加入 2 滴 0.1mol/L NaCl 溶液和 1 滴 0.1mol/L K_2CrO_4 溶液,加水稀释到 4ml。向其中逐滴加入 0.1mol/L $AgNO_3$ 溶液,每加 1 滴都要充分振荡,离心分离溶液与沉淀。观察沉淀的生成及沉淀颜色的变化,解释原因。

【实训注意】

测定溶液的 pH 时,切勿将 pH 试纸插入待测溶液中,以免污染待测溶液。应用玻璃棒蘸取少量待测溶液,点滴到 pH 试纸中部,显色后与比色卡相比较。

【实训检测】

1. 相同浓度的醋酸和盐酸溶液的 pH 是否相同?
2. 已知 $K_{sp}(AgCl) > K_{sp}(Ag_2CrO_4)$,分级沉淀时为什么 AgCl 比 Ag_2CrO_4 先沉淀?

【实训记录】

1. 电解质溶液 pH 的测定(表 6-1)

表 6-1 电解质溶液 pH 的测定

电解质	HCl	HAc	NaOH	$NH_3 \cdot H_2O$	Na_2CO_3	NH_4Cl	NH_4Ac
pH 计算值							
pH 测定值							

2. 同离子效应

(1)醋酸+溴甲酚绿:溶液呈_____色;加 NaAc 后:溶液呈_____色。

(2)氨水+酚酞:溶液呈_____色;加 NH₄Cl 后:溶液呈_____色。

3. 缓冲溶液

4. 沉淀的生成与溶解（表 6-2）

表 6-2　沉淀生成与溶解的实验现象及离子反应方程式

编号	项目内容	反应试剂	现象	离子反应方程式
1	沉淀的生成与转化	$AgNO_3$+NaCl		
		继续加 KI		
2	沉淀的溶解	$CaCO_3$+H_2O		
		继续加 HCl		
3	分级沉淀	NaCl+K_2CrO_4		
		逐滴加 $AgNO_3$		

（李伟娜）

第七章　化学热力学基础

ER 7-1

第七章
化学热力学
基础（课件）

学习目标

1. **掌握**　热力学第一定律及第二定律、盖斯定律的意义及数学表达；热力学中重要状态函数的概念、特点；焓变、熵变、自由能变，判断化学反应自发进行的方向。
2. **熟悉**　热力学的基本概念和常用术语；热力学的标准态及热化学方程式；$\Delta U = Q_V$、$\Delta H = Q_p$ 的成立条件。
3. **了解**　可逆过程的定义及特点。

导学情景

情景描述：

　　盛夏正午，操场边的铁钉悄然生锈，手中的冰棍逐渐融化……这些看似平常的现象背后，隐藏着能量流动与物质变化的深层规律，为何反应能够自发进行？是什么力量在悄然指引化学反应的方向？

学前导语：

　　本章将揭开化学热力学的神秘面纱。通过探究焓变（ΔH）、熵变（ΔS）与吉布斯自由能变（ΔG）的关联，你将学会用科学原理解释冰雪消融的必然性、铁钉锈蚀的驱动力。准备好化身"能量侦探"，破解化学反应背后的秩序密码吧！

　　热力学是研究物理变化和化学变化中能量相互转化规律的一门科学。应用热力学的基本理论和方法来研究化学现象即形成了化学热力学。化学热力学主要研究化学反应中的能量变化和化学反应的方向等问题。

　　化学热力学是化学领域的重要理论，本章只介绍化学热力学的基本概念和基本理论。

第一节　热力学第一定律

一、基本概念和常用术语

（一）体系和环境

　　1. 基本概念　在热力学中，体系是指人为选定的、作为研究对象的一部分物质或空间，环境是指体系之外的、与体系有密切联系的其他物质或空间。体系是为了研究问题方便人为取定的，指定体系以后,环境自然就确定了。体系具有明确的边界,这个边界可以是实际的物理界面,也可以是假设的界面。例如研究烧杯中的生理盐水,生理盐水就是体系,除生理盐水之外的一切物质,如烧杯、溶液上方的空气等都是环境。

根据体系与环境之间物质和能量的交换情况不同,将体系分为以下 3 类。

(1)敞开体系:体系与环境之间既有物质交换,又有能量交换。

(2)封闭体系:体系与环境之间没有物质交换,只有能量交换。

(3)孤立体系:体系与环境之间既没有物质交换,也没有能量交换。

例如上述烧杯中的生理盐水,生理盐水作为研究体系,则为敞开体系;若将生理盐水放入密闭的玻璃瓶中,则为封闭体系;若将生理盐水放入一个理想的保温瓶中,则为孤立体系。

在上述 3 种体系中,封闭体系是常见的体系。在没有特别说明时,习惯将化学反应作为封闭体系研究。

2. 体系的性质　用来描述体系状态的宏观物理量称为体系的性质,如温度、体积、压强、质量、浓度、密度是体系的性质,本章要学习的热力学能、焓、熵、吉布斯自由能等也是体系的性质。按照与物质的量是否成正比,体系的性质可分为广度性质和强度性质。

(1)广度性质:广度性质的数值与体系中物质的量成正比,具有加和性,如体积、质量、焓、熵等。

(2)强度性质:其数值取决于体系中物质的本性,与体系中物质的量无关,不具有加和性,如温度、压强、密度等。

例如温度为 300K 的两杯水混合,混合后的体积等于两杯水的体积之和,但温度仍为 300K,故体积是广度性质、温度是强度性质。

(二)状态和状态函数

描述体系性质的物理量如温度、压强、体积、质量、浓度、密度等都有确定的数值时,称体系处于一定的状态;反之,当体系的状态确定后,各宏观性质的数值也就确定了。体系的状态是体系各种宏观性质的综合表现。当体系的一种或几种性质发生改变时,体系的状态也就随之而变,体系也就从一种状态变到另一种状态。热力学上,将这些能够确定体系状态的性质称为体系的状态函数。

状态函数的特征是体系的状态确定,则体系的状态函数就有确定的值;当体系的状态发生变化时,状态函数的变化值只取决于体系的始态和终态,而与变化的途径无关;体系如果恢复到始态,即经历循环后,状态函数即恢复为原来的数值。

化学热力学中有一些很重要的状态函数,如热力学能、焓、熵、吉布斯自由能等。利用这些状态函数的变化量可以解决化学变化过程中的能量交换、反应的方向等问题。

(三)过程和途径

体系从一个状态(始态)到另一个状态(终态)的变化称为过程。体系由始态到终态,完成一个变化过程,经历的具体步骤称为途径。根据过程发生时的条件,常见的过程有如下几种。

1. 恒温过程　温度恒定时,体系状态发生的变化过程,即体系的始态温度与终态温度相同,并等于环境温度($T_1 = T_2 = T_环, \Delta T = 0$)。

2. 恒压过程　压强恒定时,体系状态发生的变化过程,即体系的始态压强与终态压强相同,并等于环境压强（$p_1 = p_2 = p_外, \Delta p = 0$）。

3. 恒容过程　体积恒定时,体系状态发生的变化过程,即体系的始态体积与终态体积相同（$V_1 = V_2, \Delta V = 0$）。

4. 绝热过程　体系与环境之间没有热交换时,体系状态发生的变化过程。

过程和途径是密不可分的两个概念,有过程发生,必然存在途径,过程侧重于始、终态的变化,而途径着重于具体方式。体系由同一始态变到同一终态,可以采取不同的具体步骤。例如一定量的理想气体,由始态（30℃,100kPa）变到终态（80℃,200kPa）,可经途径Ⅰ一步完成,也可经途径Ⅱ分两步完成（图7-1）。无论是通过途径Ⅰ还是通过途径Ⅱ,状态函数 T 和 p 的变化值 ΔT 和 Δp 是相同的,即 $\Delta T = 50℃$、$\Delta p = 100kPa$。

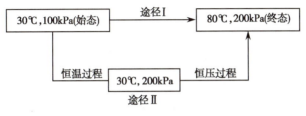

图 7-1　过程与途径的关系

（四）热和功

当体系的状态发生变化时,往往要与环境交换能量,所交换的能量有热和功两种形式。由于体系与环境之间的温度不同,而在体系与环境间所传递的能量称为热,用符号 Q 表示;除热之外其他形式的能量统称为功,用符号 W 表示。功通常分为两类,即体积功和非体积功。体积功（也称膨胀功）是指当体系的体积变化时抵抗环境压力所做的功;非体积功（也称有用功）是指除体积功以外所有其他形式的功（如电功、机械功、表面功等）。化学反应过程中常涉及的是体积功。

为避免在计算中发生混乱,规定如下。

体系从环境吸热,$Q>0$;体系向环境放热,$Q<0$。

体系对环境做功,$W<0$;环境对体系做功,$W>0$。

热和功的 SI 单位为 J,常用单位为 kJ。热和功都是体系状态变化过程中与环境交换的能量形式,只有在能量传递过程中才能表现出来,没有过程就没有热和功,因此热和功不是体系固有的性质,其数值的大小和正负均与变化的途径有关,因而不是状态函数。

（五）热力学能

热力学能又称内能,用符号 U 表示。热力学能通常是指整个体系内部所有微观形式的动能和势能的总和（不包括体系整体运动的动能和在外力场中的势能）。热力学能是体系自身的性质,是状态函数。热力学能的绝对值目前尚无法测定或计算,但其变化值 ΔU 可以通过体系与环境间热和功的传递来确定。

二、能量守恒定律

实践证明,自然界中的一切物质都有能量,能量既不会凭空产生,也不会凭空消失,只能从一种形式转化为另一种形式,或者从一个物体传递给另一个物体,在转化和传递过程中能量的总值不变,这一规律称为能量守恒定律。

在化学热力学中,通常是研究宏观静止的体系,无整体运动,而且一般无特殊的外力场存在(如电磁场、离心力场等),故只考虑体系的热力学能。

如果某一体系由状态 I 变到状态 II 时,其热力学能由 U_1 变为热力学能 U_2,其热力学能的变化 $\Delta U = U_2 - U_1$,设此过程体系从环境吸收热量 Q,同时环境对体系做功 W,根据能量守恒定律,应有下列关系:

$$U_2 = U_1 + Q + W$$

故 $$\Delta U = Q + W \qquad\qquad 式(7-1)$$

式(7-1)就是热力学第一定律的数学表达式,适用于封闭体系的任何过程。该式表明,体系的状态发生变化时,其热力学能的改变量(ΔU)等于体系从环境吸收的热量加上环境对体系所做的功。

例 7-1 某体系从始态变到终态:

(1)从环境吸热 700kJ,同时对环境做功 450kJ。

(2)向环境放热 150kJ,同时环境对体系做功 400kJ。试计算上述两种途径下体系热力学能的变化 ΔU。

解:(1)已知 $Q = 700kJ$,$W = -450kJ$,由式(7-1)得:

$$\Delta U = Q + W = 700 - 450 = 250(kJ)$$

(2)已知 $Q = -150kJ$,$W = 400kJ$,由式(7-1)得:

$$\Delta U = Q + W = -150 + 400 = 250(kJ)$$

计算可知,该体系的始态和终态相同,虽然变化途径不同,但 ΔU 仍然相同,而 Q 和 W 却可以分别具有不同的数值。可见,热力学能 U 是状态函数,热力学能的改变只与始态、终态有关,与实现过程的途径无关;而热(Q)和功(W)不是体系的状态函数,其大小与实现过程的途径有关。

第二节　化学反应的热效应

化学反应总是伴随着吸热或放热。在恒温、恒压或恒温、恒容且不做非体积功的反应过程中，体系吸收或放出的热称为化学反应的热效应，简称反应热。应用热力学第一定律研究化学反应热效应的科学称为热化学。研究化学变化过程中的热效应具有重要的理论意义和实际意义。

一、恒容反应热和恒压反应热

由于反应热与化学反应过程有关，在恒容条件下的反应热称为恒容反应热，以符号 Q_V 表示；在恒压条件下的反应热称为恒压反应热，以符号 Q_p 表示。

化学反应在不做非体积功的条件下进行时，根据热力学第一定律：

$$\Delta U = Q + W$$

式中，$W = -p_外 \Delta V$，为体积功。在恒容反应过程中 $\Delta V = 0$，故 $W = 0$，得：

$$\Delta U = Q_V \qquad\qquad 式(7\text{-}2)$$

式(7-2)说明，在不做非体积功的条件下，恒容反应热等于体系内能的改变量。

而化学反应一般是在恒压、不做非体积功的条件下进行的，根据热力学第一定律：

$$\Delta U = Q_p - p\Delta V$$

由上式得：

$$Q_p = \Delta U + p\Delta V = U_2 - U_1 + p(V_2 - V_1) = (U_2 + pV_2) - (U_1 + pV_1)$$

由于 U、p、V 都是体系的状态函数，因此 $(U+pV)$ 就是体系的状态函数，为了便于研究，将这一新的状态函数定义为焓，用符号 H 表示，常用单位为 kJ，具有加和性。即：

$$H = U + pV$$

$$Q_p = H_2 - H_1$$

$$Q_p = \Delta H \qquad\qquad 式(7\text{-}3)$$

式(7-3)中，H_2、H_1 分别表示体系终态和始态的焓，ΔH 是焓的变化，简称焓变。

由式(7-3)可知，在只做体积功的情况下，恒压反应热等于体系的焓变。当 $\Delta H > 0$ 时，则 $Q_p > 0$，为吸热反应；当 $\Delta H < 0$ 时，则 $Q_p < 0$，为放热反应。

通常所说的反应热,如果不特别注明,是指恒压反应热。

二、热化学方程式

表示化学反应与热效应关系的化学反应方程式称为热化学方程式。例如:

$$H_2(g) + \frac{1}{2}O_2(g) = H_2O(l) \qquad \Delta_r H_m^{\ominus}(298K) = -285.8kJ/mol$$

$$N_2(g) + 3H_2(g) = 2NH_3(g) \qquad \Delta_r H_m^{\ominus}(298K) = -92.2kJ/mol$$

$\Delta_r H_m^{\ominus}$ 称为化学反应的标准摩尔焓变,在数值上等于恒压反应热。r 表示化学反应(reaction),m 表示摩尔,"$\ominus$"表示标准状态。热化学规定,气态物质的标准状态为 100kPa;溶液的标准状态是指活度(可近似看作浓度)为 1mol/L;液体或固体的标准状态是指标准压强下的纯物质。随温度不同,可有无数个标准状态,通常选择温度为 298K。

由于反应的焓变与反应进行时的条件(如温度、压强等)有关,也与反应物和生成物的状态及物质的量有关。因此,书写热化学反应方程式必须注意以下几点:

(1)应标明各物质的状态,分别用 g、l、s 表示气体、液体、固体。

(2)注明反应时的温度和压强。在 298K 和 100kPa 时,可不再予以注明。

(3)化学反应的标准摩尔焓变必须与反应式相对应,其数值大小与方程式中各物质的计量系数成正比。例如:

$$H_2(g) + \frac{1}{2}O_2(g) = H_2O(l) \qquad \Delta_r H_m^{\ominus} = -285.8kJ/mol$$

$$2H_2(g) + O_2(g) = 2H_2O(l) \qquad \Delta_r H_m^{\ominus} = -571.6kJ/mol$$

(4)在相同条件下,正向反应和逆向反应的标准摩尔焓变的绝对值相等、符号相反。例如:

$$N_2(g) + 3H_2(g) = 2NH_3(g) \qquad \Delta_r H_m^{\ominus} = -92.2kJ/mol$$

$$2NH_3(g) = N_2(g) + 3H_2(g) \qquad \Delta_r H_m^{\ominus} = +92.2kJ/mol$$

三、热效应的计算

化学反应的热效应可以通过实验测定,也可以通过热化学的方法计算。

(一)盖斯定律

1840 年,瑞士籍俄国化学家盖斯在大量实验的基础上,总结出一条规律"一个化学反应无论是一步完成还是分几步完成,该反应的热效应总是相同的",称为盖斯定律。换句话说,一个化学反应若能分为几步进行,则总反应的反应热等于各分步反应的反应热的代数和。

在使用该定律处理具体问题时应注意,反应必须是在不做非体积功,而且是在恒容或恒压的条件下进行的。

盖斯定律奠定了热化学的基础,其重要意义在于利用易于测定的反应热,来计算难以测定或不能测定的某些反应的反应热。至于反应是否按照设计的途径进行则无关紧要,因为它不影响 $\Delta_r H_m^\ominus$ 的计算值。

例7-2 已知298K时,

$$C(石墨)+O_2(g)=CO_2(g) \qquad \Delta_r H_{m,1}^\ominus=-393.51kJ/mol \qquad (1)$$

$$CO(g)+\frac{1}{2}O_2(g)=CO_2(g) \qquad \Delta_r H_{m,3}^\ominus=-283.0kJ/mol \qquad (2)$$

根据盖斯定律计算难以测定的反应式 $C(石墨)+\frac{1}{2}O_2(g)=CO(g)(3)$ 在298K时的标准摩尔焓变 $\Delta_r H_{m,2}^\ominus$,并判断该反应为吸热还是放热反应。

解:根据盖斯定律,途径Ⅰ的反应热等于途径Ⅱ的反应热(图7-2)。即:

$$\Delta_r H_{m,1}^\ominus=\Delta_r H_{m,2}^\ominus+\Delta_r H_{m,3}^\ominus$$

上述关系体现在热化学方程式上,反应式(1)=反应式(2)+反应式(3),根据盖斯定律得:

$$\Delta_r H_{m,2}^\ominus=\Delta_r H_{m,1}^\ominus-\Delta_r H_{m,3}^\ominus$$

$$\Delta_r H_{m,2}^\ominus=-393.51-(-283.0)=-110.51(kJ/mol)$$

$\Delta_r H_{m,2}^\ominus<0$,该反应为放热反应。

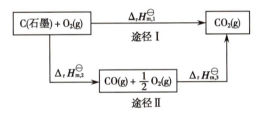

图7-2 C(石墨)生成 CO_2(g)的两条途径

(二)标准摩尔生成焓

在标准状态下,由最稳定的单质生成1mol某物质时的焓变称为该物质的标准摩尔生成焓,用符号 $\Delta_f H_m^\ominus$ 表示,常用单位为 kJ/mol。例如298K时:

$$C(石墨)+O_2(g)=CO_2(g) \qquad \Delta_r H_m^\ominus=-393.51kJ/mol$$

$$\frac{1}{2}H_2(g)+\frac{1}{2}Cl_2(g)=HCl(g) \qquad \Delta_r H_m^\ominus=-92.5kJ/mol$$

298K时,C(石墨)和 O_2(g)都是最稳定的单质,它们化合生成1mol CO_2(g)时的标准摩尔焓变,即为 CO_2(g)的标准摩尔生成焓 $\Delta_f H_{m,CO_2(g)}^\ominus=-393.51kJ/mol$。同理,HCl(g)的标准摩尔生成焓 $\Delta_f H_{m,HCl(g)}^\ominus=-92.5kJ/mol$。

按上述定义,最稳定单质的标准摩尔生成焓 $\Delta_f H_m^\ominus=0$。例如常温常压下碳的最稳定单质是石墨,C(石墨)的标准摩尔生成焓 $\Delta_f H_m^\ominus=0$;而金刚石不是碳的最稳定单质,C(金刚石)的标准摩尔生成焓 $\Delta_f H_m^\ominus=1.89kJ/mol$。一些常见物质在298K时的标准摩尔生成焓见附录四。

根据盖斯定律,可以利用标准摩尔生成焓 $\Delta_f H_m^\ominus$ 方便地计算任一反应的标准摩尔焓变 $\Delta_r H_m^\ominus$。设有任一化学反应:

$$aA+bB=dD+eE$$

反应途径设计见图7-3。

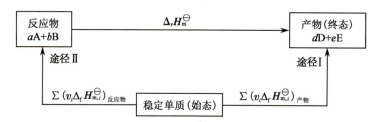

图7-3 用标准摩尔生成焓计算反应的标准摩尔焓变示意图

将反应的产物作为终态,将有关的稳定单质作为始态。从稳定单质到产物有两种途径:途径I是由始态直接到终态;途径II是由始态先生成反应物,再由反应物转化为产物。由盖斯定律可推出:

$$\Delta_r H_m^\ominus = \sum (\nu_i \Delta_f H_{m,i}^\ominus)_{产物} - \sum (\nu_i \Delta_f H_{m,i}^\ominus)_{反应物} \qquad 式(7-4)$$

式中,ν_i 为反应方程式中 i 物质的计量系数。由此可见,化学反应的标准摩尔焓变等于产物的标准摩尔生成焓总和减去反应物的标准摩尔生成焓总和。

例7-3 根据标准摩尔生成焓计算下列反应在298K下的标准摩尔焓变。

$$CH_4(g) + 2O_2(g) = CO_2(g) + 2H_2O(l)$$

解:查附录四可知 $CH_4(g)$、$CO_2(g)$ 和 $H_2O(l)$ 的标准摩尔生成焓分别为 $-74.8kJ/mol$、$-393.51kJ/mol$ 和 $-285.83kJ/mol$。根据式(7-4)得:

$$\Delta_r H_m^\ominus = [\Delta_f H_{m,CO_2(g)}^\ominus + 2\Delta_f H_{m,H_2O(l)}^\ominus] - [\Delta_f H_{m,CH_4(g)}^\ominus + 2\Delta_f H_{m,O_2(g)}^\ominus]$$

$$= [(-393.51) + 2 \times (-285.83)] - [(-74.8) + 0]$$

$$= -890.37(kJ/mol)$$

引入标准摩尔生成焓的意义在于利用少量数据,可以计算出大量化学反应的标准摩尔焓变。

(三)标准摩尔燃烧焓

多数无机物的标准摩尔生成焓可以通过实验来测定,而有机物很难由单质直接合成,因而大多数有机物的标准摩尔生成焓难以测定。但有机物大多数能在氧气或空气中完全燃烧生成 CO_2 和 H_2O,其标准摩尔燃烧焓可以直接测定,故常用标准摩尔燃烧焓计算有机反应的标准摩尔焓变。

标准状态下,1mol 纯物质完全燃烧时的标准摩尔焓变称为该物质的标准摩尔燃烧焓,用符号 $\Delta_c H_m^\ominus$ 表示,下标 c 代表燃烧,常用单位为 kJ/mol。

所谓完全燃烧,是指 C 氧化为 $CO_2(g)$、H 氧化为 $H_2O(l)$、N 氧化为 $N_2(g)$、S 氧化为 $SO_2(g)$ 等,并规定氧气和这些完全燃烧产物的标准摩尔燃烧焓为 0。附录三中列出了一些常见有机物在298K时的标准摩尔燃烧焓。

利用标准摩尔燃烧焓,同样可以计算任一反应的标准摩尔焓变。反应途径设计见图7-4。

对于一个燃烧反应,从反应物开始,可经由以下两个途径进行而得到相同的燃烧产物:途径I是反应物直接燃烧生成燃烧产物;途径II是反应物先进行化学反应得到产物,再将产物燃烧得到燃烧产物。

根据盖斯定律,同样可推出:

$$\Delta_r H_m^\ominus = \sum (\nu_i \Delta_c H_{m,i}^\ominus)_{反应物} - \sum (\nu_i \Delta_c H_{m,i}^\ominus)_{产物} \qquad 式(7-5)$$

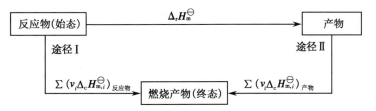

图 7-4 用标准摩尔燃烧焓计算反应的标准摩尔焓变示意图

式(7-5)表明,化学反应的标准摩尔焓变等于反应物的标准摩尔燃烧焓的总和减去产物的标准摩尔燃烧焓的总和。

应当注意,式(7-4)和式(7-5)相比较,其相减次序恰恰相反,这是因为对化合物来说,生成反应与燃烧反应的反应方向恰好相反。

知识链接

新能源

1980 年,联合国召开的"联合国新能源和可再生能源会议"对新能源的定义为:以新技术和新材料为基础,使传统的可再生能源得到现代化的开发和利用,以取之不尽、周而复始的可再生能源取代资源有限的、对环境有污染的化石能源,重点开发太阳能、风能、生物质能、潮汐能、地热能、氢能和核能。随着常规能源的有限性以及环境问题的日益突出,以环保和可再生为特质的新能源越来越得到各国的重视。

例 7-4 利用标准摩尔燃烧焓计算下列反应的标准摩尔焓变,并判断该反应是吸热反应还是放热反应。

$$3C_2H_2(g) = C_6H_6(l)$$

解:查附录三可知 $C_2H_2(g)$ 和 $C_6H_6(l)$ 的标准摩尔燃烧焓分别为 $-1\,300kJ/mol$ 和 $-3\,268kJ/mol$。

根据式(7-5)得:

$$\Delta_r H_m^\ominus = 3 \times \Delta_c H_{m,C_2H_2(g)}^\ominus - \Delta_c H_{m,C_6H_6(l)}^\ominus$$
$$= 3 \times (-1\,300) - (-3\,268)$$
$$= -632(kJ/mol)$$

由于 $\Delta_r H_m^\ominus < 0$,所以该反应为放热反应。

点滴积累

化学反应的热效应有 3 种计算方式:

(1)利用盖斯定律:$\Delta_r H_{m,1}^\ominus = \Delta_r H_{m,2}^\ominus + \Delta_r H_{m,3}^\ominus$

(2)利用标准摩尔生成焓:$\Delta_r H_m^\ominus = \sum (\nu_i \Delta_f H_{m,i}^\ominus)_{产物} - \sum (\nu_i \Delta_f H_{m,i}^\ominus)_{反应物}$

(3)利用标准摩尔燃烧焓:$\Delta_r H_m^\ominus = \sum (\nu_i \Delta_c H_{m,i}^\ominus)_{反应物} - \sum (\nu_i \Delta_c H_{m,i}^\ominus)_{产物}$

第三节　热力学第二定律

热力学第一定律用于处理过程发生时的能量变化。但过程是否发生，即过程发生的方向，要用热力学第二定律来解决。

一、自发过程

自然界中有很多自动发生的过程，如水从高处自动流向低处、热量自动地从高温物体传递给低温物体。在指定条件下不需要消耗外力而能够自动进行的过程称为自发过程。

自发过程的逆过程是非自发过程。非自发过程是不能自动进行的。

需要指出的是，自发过程有两个显著的特点：一是自发过程都有确定的方向，并有一定的限度。如热自动从高温物体传给低温物体，直到两物体温度相等为止。二是自发过程可用来做有用功（非体积功），如从高处流下的水可以推动水轮机转动而发电。

为什么有些过程能自发进行，而有些过程却不能自发进行？人们在大量现象中发现有两个基本规律控制着所有自发过程的方向：一是过程向体系能量降低的方向进行；二是过程向体系混乱度增大的方向进行。

二、熵与熵变

混乱度是指体系内部质点运动的无序程度，质点的运动越无秩序，其混乱度就越大。室温下自发进行的吸热反应发生后，系统的混乱度就增大了。系统混乱度的增大，是吸热反应自发进行的推动力。

热力学上混乱度用熵来标度，符号为 S，单位为 J/K。体系的熵越大，其混乱度就越大；体系的熵越小，其混乱度就越小。当体系内质点的聚集状态发生改变时，其熵值就会改变。熵与热力学能、焓一样，是体系的状态函数，具有广度性质。

热力学规定，在 0K 时，任何纯物质完美晶体的熵值为 0。若将一种纯物质从 0K 升温到任一温度 T，并测量出这个过程的熵变，就可得到这种纯物质在温度 T 时的熵值。在标准压强下，1mol 某纯物质的熵值称为标准摩尔熵，用符号 $S_m^\ominus$ 表示，一些物质在 298K 时的标准摩尔熵可从附录四中查得。

利用反应物和产物的标准摩尔熵可计算化学反应的标准摩尔熵变 $\Delta_r S_m^\ominus$。计算公式为：

$$\Delta_r S_m^\ominus = \sum (v_i S_{m,i}^\ominus)_{产物} - \sum (v_i S_{m,i}^\ominus)_{反应物} \qquad 式(7\text{-}6)$$

例7-5 计算298K时下列反应的标准摩尔熵变：

$$2HCl(g) = H_2(g) + Cl_2(g)$$

解：查附录四可知 HCl（g）、H₂（g）和 Cl₂（g）的标准摩尔熵分别为 186.7J/（K·mol）、130.68J/（K·mol）和223.07J/（K·mol）。

根据式(7-6)，298K时反应的标准摩尔熵变为：

$$\Delta_r S_m^\ominus = S_{m,H_2(g)}^\ominus + S_{m,Cl_2(g)}^\ominus - 2S_{m,HCl(g)}^\ominus$$

$$= 130.68 + 223.07 - 2 \times 186.7$$

$$= -19.65 \left[J/(K \cdot mol) \right]$$

三、吉布斯自由能与自发过程

（一）吉布斯-亥姆霍兹公式

通过前面的学习我们已经知道，能量降低和熵增加是自发过程的两个推动力。当两个推动力的方向一致时，过程自发，但在许多情况下，两个推动力的方向并不一致，此时必须综合考虑比较两个推动力的大小来判断过程能否自发。为此，热力学又定义了一个新的函数"吉布斯自由能"，用符号 G 表示，其 SI 单位为 J，常用单位为 kJ。

$$G = H - TS \qquad 式(7\text{-}7)$$

由于 H、T 和 S 均为状态函数，因此吉布斯自由能也是状态函数，其变化值 ΔG 只与体系的始态和终态有关，而与变化途径无关。在恒温恒压条件下，

$$\Delta G = \Delta H - T\Delta S \qquad 式(7\text{-}8)$$

式(7-8)称为吉布斯-亥姆霍兹公式，这是热力学中最重要的公式之一。对于封闭体系，在恒温、恒压、不做非体积功的条件下，利用 ΔG 可以判断过程的自发方向。

$$\Delta G < 0 \quad 过程正向自发$$

$$\Delta G > 0 \quad 过程逆向自发$$

$$\Delta G = 0 \quad 过程处于平衡状态$$

上述关系称为吉布斯自由能判据。这个判据表述为"封闭体系在恒温、恒压和不做非体积功的条件下，其自发过程总是向吉布斯自由能降低的方向进行，当吉布斯自由能降低到最低值时就达到平衡"，也是热力学第二定律的一种表述。

在标准状态下，利用 $\Delta G^\ominus < 0$，判断过程自发进行的方向。

知识链接

第二类永动机

人们梦想制造另一种永动机，直接从海洋中吸取热量，使之完全变为机械功，因而可永不停息地运转

做功,这就是第二类永动机。从能量的观点看来,第二类永动机不违反热力学第一定律,只是从单一热源吸取能量。这一类永动机在设计循环过程时,都要让热量从低温物体传到高温物体,或让热能完全转化成机械能,这违背了热力学第二定律,是不可能制造成功的。科学理论的形成与发展往往源于生产和生活,因此在学习理论的同时,同学们也要加强实践,观察生活、总结归纳,做到知行合一。

(二)标准摩尔生成吉布斯自由能

为了方便计算化学反应的标准摩尔吉布斯自由能变,热力学定义了标准摩尔生成吉布斯自由能。标准状态下,由稳定单质生成1mol某化合物时的吉布斯自由能改变称为该化合物在此温度下的标准摩尔生成吉布斯自由能,用符号 $\Delta_f G_m^\ominus$ 表示。由定义可知,稳定单质的标准摩尔生成吉布斯自由能为0。298K 时一些化合物的标准摩尔生成吉布斯自由能可在附录四中查到。

吉布斯自由能与焓一样,也是状态函数,同计算反应的标准摩尔焓变类似,反应的标准摩尔吉布斯自由能变等于产物的标准摩尔生成吉布斯自由能的总和减去反应物的标准摩尔生成吉布斯自由能的总和。计算公式如下:

$$\Delta_r G_m^\ominus = \sum (\nu_i \Delta_f G_{m,i}^\ominus)_{产物} - \sum (\nu_i \Delta_f G_{m,i}^\ominus)_{反应物} \qquad 式(7\text{-}9)$$

例 7-6 计算 298K 时下列反应的标准摩尔吉布斯自由能变,并判断反应在 298K、标准状态时能否自发进行。

$$Cl_2(g) + 2HBr(g) = Br_2(l) + 2HCl(g)$$

解:查附录四得 $\Delta_f G_{m,HBr(g)}^\ominus = -53.6 kJ/mol$,$\Delta_f G_{m,HCl(g)}^\ominus = -95.4 kJ/mol$。

由式(7-9)得:

$$\Delta_r G_m^\ominus = [\Delta_f G_{m,Br_2(l)}^\ominus + 2\Delta_f G_{m,HCl(g)}^\ominus] - [\Delta_f G_{m,Cl_2(g)}^\ominus + 2\Delta_f G_{m,HBr(g)}^\ominus]$$

$$= [0 + 2\times(-95.4)] - [0 + 2\times(-53.6)]$$

$$= -83.6(kJ/mol)$$

$\Delta_r G_m^\ominus < 0$,反应在 298K、标准状态时能自发进行。

由于书后的附录四中只给出了一些物质在 298K 时的标准摩尔生成吉布斯自由能,因此利用式(7-9)只能计算 298K 时化学反应的标准摩尔吉布斯自由能变。下面推导其他温度下化学反应的标准摩尔吉布斯自由能变的计算公式。

依据式(7-8),其他温度下反应的标准摩尔吉布斯自由能变计算公式为:

$$\Delta_r G_m^\ominus(T) = \Delta_r H_m^\ominus(T) - T\Delta_r S_m^\ominus(T) \qquad 式(7\text{-}10)$$

式中,$\Delta_r G_m^\ominus(T)$、$\Delta_r H_m^\ominus(T)$ 和 $\Delta_r S_m^\ominus(T)$ 分别为温度 T 时化学反应的标准摩尔吉布斯自由能变、标准摩尔焓变和标准摩尔熵变。

由于温度对化学反应的标准摩尔焓变和标准摩尔熵变的影响较小,温度 T 时反应的标准摩尔焓变 $\Delta_r H_m^\ominus(T)$ 和标准摩尔熵变 $\Delta_r S_m^\ominus(T)$ 可以近似用 298K 时的标准摩尔焓变 $\Delta_r H_m^\ominus$ 和标准摩尔熵变 $\Delta_r S_m^\ominus$ 代替。式(7-10)可改写为:

$$\Delta_r G_m^\ominus(T) = \Delta_r H_m^\ominus - T\Delta_r S_m^\ominus \qquad 式(7\text{-}11)$$

例 7-7 利用有关物质的标准摩尔生成焓和标准摩尔熵,根据下列反应:

$$CaCO_3(s) = CaO(s) + CO_2(g)$$

(1)计算在 1 000K 时该反应的标准摩尔吉布斯自由能变,并判断在此条件下反应能否自发进行。

(2)计算标准状态下反应能自发进行的最低温度。

解:(1)查附录四得,298K 时 $CaCO_3(s)$、$CaO(s)$ 和 $CO_2(g)$ 的标准摩尔生成焓分别为 $-1\ 206.92kJ/mol$、$-635.1kJ/mol$ 和 $-393.51kJ/mol$,标准摩尔熵分别为 $92.9J/(K \cdot mol)$、$39.7J/(K \cdot mol)$ 和 $213.74J/(K \cdot mol)$。

根据式(7-4),298K 时反应的标准摩尔焓变为:

$$\Delta_r H_m^\ominus = \Delta_f H_{m,CaO(s)}^\ominus + \Delta_f H_{m,CO_2(g)}^\ominus - \Delta_f H_{m,CaCO_3(s)}^\ominus$$

$$= (-635.1) + (-393.51) - (-1\ 206.92)$$

$$= 178.31(kJ/mol)$$

根据式(7-6),298K 时反应的标准摩尔熵变为:

$$\Delta_r S_m^\ominus = S_{m,CaO(s)}^\ominus + S_{m,CO_2(g)}^\ominus - S_{m,CaCO_3(s)}^\ominus$$

$$= 39.7 + 213.74 - 92.9$$

$$= 160.54\ [J/(K \cdot mol)]$$

根据式(7-11),1 000K 时该反应的标准摩尔吉布斯自由能变为:

$$\Delta_r G_m^\ominus(1\ 000K) = \Delta_r H_m^\ominus - 1\ 000\Delta_r S_m^\ominus$$

$$= 178.31 - 1\ 000 \times 160.54 \times 10^{-3}$$

$$= 17.77(kJ/mol)$$

因 $\Delta_r G_m^\ominus(1\ 000K) > 0$,故在 1 000K 时该反应不能自发进行。

(2)由热力学第二定律知,当 $\Delta_r G_m^\ominus < 0$ 时反应才能自发进行,设在温度 T 时反应可自发进行,则:

$$\Delta_r H_m^\ominus - T\Delta_r S_m^\ominus < 0$$

$$178.31 - T \times 160.54 \times 10^{-3} < 0$$

$$T > 1\ 111K$$

即温度高于 1 111K 时,该反应才能自发进行。

点滴积累

1. 自发过程是向体系能量降低的方向进行,向体系混乱度增大的方向进行。

2. 吉布斯自由能判据:利用 ΔG 判断过程的自发方向。

3. 标准摩尔吉布斯自由能变的计算

$(1)\Delta_r G_m^\ominus = \sum(\nu_i \Delta_f G_{m,i}^\ominus)_{产物} - \sum(\nu_i \Delta_f G_{m,i}^\ominus)_{反应物}$

$(2)\Delta_r G_m^\ominus(T) = \Delta_r H_m^\ominus - T\Delta_r S_m^\ominus$

目标检测

习题

复习导图

一、简答题

1. 下列公式成立的条件是什么?

   (1) $\Delta H = Q_p$　　(2) $\Delta_r G_m < 0$ 的反应自发进行

2. 在 298K、100kPa 下,反应 C(石墨)$+O_2(g)=CO_2(g)$ 的标准摩尔焓变 $\Delta_r H_m^{\ominus} = -395.5kJ/mol$,它的另外两层含义是什么?

二、计算题

1. 已知下列热化学方程式:

   $$Fe_2O_3(s)+3CO(g)=2Fe(s)+3CO_2(g) \qquad \Delta_r H_m^{\ominus}(298K)=-27.6kJ/mol$$

   $$3Fe_2O_3(s)+CO(g)=2Fe_3O_4(s)+CO_2(g) \qquad \Delta_r H_m^{\ominus}(298K)=-58.6kJ/mol$$

   $$Fe_3O_4(s)+CO(g)=3FeO(s)+CO_2(g) \qquad \Delta_r H_m^{\ominus}(298K)=+38.1kJ/mol$$

   试计算下列反应在 298K 时的标准摩尔焓变:

   $$FeO(s)+CO(g)=Fe(s)+CO_2(g)$$

2. 已知:$Cu_2O(s)+\dfrac{1}{2}O_2(g)=2CuO(s)$;$\Delta_r H_m^{\ominus}(298K)=-143.7kJ/mol$

   $$CuO(s)+Cu(s)=Cu_2O(s)$$;$\Delta_r H_m^{\ominus}(298K)=-11.5kJ/mol$

   计算 298K 时 CuO(s) 的标准摩尔生成焓。

3. 已知 $Na_2O(s)$ 和 $Na_2O_2(s)$ 在 298K 时的标准摩尔生成焓分别为 $-415.9kJ/mol$ 和 $-504.6kJ/mol$,求下列反应的标准摩尔焓变。

   $$2Na_2O_2(s)=2Na_2O(s)+O_2(g)$$

4. 利用有关物质的标准摩尔生成焓和标准摩尔熵计算在 400K、标准状态时反应 $NH_4Cl(s)=NH_3(g)+HCl(g)$ 的标准摩尔吉布斯自由能变,并判断 NH_4Cl 的分解反应在 400K 标准状态时能否自发进行。

5. 利用有关物质的热力学数据,计算 298K 时反应 $H_2O(g)+CO(g)=H_2(g)+CO_2(g)$ 的 $\Delta_r H_m^{\ominus}$、$\Delta_r G_m^{\ominus}$ 和 $\Delta_r S_m^{\ominus}$,并指出反应能否自发进行。

6. 已知在 298K 时,$CO_2(g)$、$NH_3(g)$、$(NH_2)_2CO(s)$ 和 $H_2O(l)$ 的标准摩尔生成吉布斯自由能分别为 $-394.4kJ/mol$、$-16.45kJ/mol$、$-197.33kJ/mol$ 和 $-237.2kJ/mol$。计算下列反应:

   $$CO_2(g)+2NH_3(g)=(NH_2)_2CO(s)+H_2O(l)$$

   在 298K 时的标准摩尔吉布斯自由能变,并判断反应在给定条件下能否自发进行。

（张　杰）

第八章　氧化还原与电极电势

ER 8-1

第八章
氧化还原与
电极电势
（课件）

学习目标

1. **掌握**　氧化还原反应的基本概念；能斯特方程、电极电势的影响因素及其应用。
2. **熟悉**　原电池的组成、表示方法，电极反应与电池反应的关系；标准电极电势及其应用。
3. **了解**　电极电势产生的原因；离子选择电极的构造和氢离子浓度的测定。

导学情景

情景描述：

　　一些注射液或液体药物在生产过程中常加入 Na_2SO_3、$Na_2S_2O_3$ 或 $NaHSO_3$ 等辅料，比如维生素 C 注射液和葡萄糖注射液中加入了 $NaHSO_3$ 辅料。

学前导语：

　　注射液或液体药物长时间贮存，会发生缓慢的氧化降解反应，影响主药发挥治疗作用，甚至增加不良反应。为了保证药品的质量，需要选择合适的抗氧剂，以保证药物制剂的稳定性，对易氧化的药物起到保护作用。Na_2SO_3、$Na_2S_2O_3$ 和 $NaHSO_3$ 是药物中常用的抗氧剂。本章学习氧化还原反应的基本知识和基本理论。

　　氧化还原反应是一类重要的化学反应，与医药学的关系十分密切。例如常用消毒剂和漂白粉的杀菌原理，维生素 C 含量分析所采用的碘量法都属于氧化还原反应。氧化还原反应是一类涉及电子得失或元素氧化数发生变化的反应。本章以电极电势为核心，介绍氧化还原反应的基本原理及其应用。

第一节　基本概念

一、氧化数

　　氧化数是指某元素一个原子的形式电荷数，这种电荷数是假设将每个化学键中的电子指定给电负性较大的原子而求得的。例如：在 HCl 中 Cl 的电负性大于 H，所以 Cl 的氧化数为-1，H 的氧化数为+1。确定元素氧化数的规则如下：

　　（1）单质中，元素的氧化数为 0。例如 O_2，N_2 等单质中，O、N 的氧化数均为 0。

(2)单原子离子中,元素的氧化数等于离子的电荷数。例如,Ca^{2+}中 Ca 的氧化数为+2;Br^-中 Br 的氧化数为-1。多原子离子中,各元素氧化数的代数和等于离子的电荷数。

(3)化合物中各元素氧化数的代数和为0。

(4)化合物中,氟元素的氧化数总是-1,碱金属的氧化数为+1,碱土金属的氧化数为+2。通常,氢元素的氧化数为+1,氧元素的氧化数为-2;但在活泼金属氢化物(如 NaH)中,氢元素的氧化数为-1;在过氧化物(如 H_2O_2)中,氧元素的氧化数为-1。

根据以上原则,可以计算出化合物中各元素的氧化数。例如,在 $K_2Cr_2O_7$ 中,Cr 的氧化数可以由下式求得:

$$2\times(+1)+2\times x+7\times(-2)=0 \qquad x=+6$$

> **课堂活动**
>
> 指出 Fe_3O_4 中 Fe 的氧化数,$Na_2S_2O_3$ 中 S 的氧化数。

二、氧化还原反应的实质

氧化还原反应的实质是反应物之间发生了电子的转移或者偏移,从而导致元素的氧化数发生了改变。元素氧化数升高的过程称为氧化,而氧化数升高的物质称为还原剂;元素氧化数降低的过程称为还原,而氧化数降低的物质称为氧化剂。

在一个氧化还原反应中,氧化与还原总是同时发生,并且氧化剂氧化数降低的总数等于还原剂氧化数升高的总数。

氧化剂与还原剂是同一物质的反应称为自身氧化还原反应。例如:

$$2KClO_3 \xrightarrow{\triangle} 2KCl+3O_2\uparrow$$

在有些氧化还原反应中,同一物质中的同一元素部分被氧化,部分被还原,这类反应称为歧化反应。例如:

$$Cl_2+2NaOH = NaCl+NaClO+H_2O$$

三、氧化还原电对

氧化还原反应是由氧化和还原两个"半反应"组成的。一个是氧化反应(元素氧化数升高的半反应);另一个是还原反应(元素氧化数降低的半反应)。例如:

$$Zn+Cu^{2+} \rightleftharpoons Zn^{2+}+Cu$$

可以写成如下两个半反应:

$$Zn-2e^- \rightleftharpoons Zn^{2+}(氧化反应)$$

$$Cu^{2+}+2e^- \rightleftharpoons Cu(还原反应)$$

两个半反应同时发生才能组成上述氧化还原反应。半反应中,氧化数较高的物质称为氧化态或氧化型,以 Ox 表示;氧化数较低的物质称为还原态或还原型,以 Red 表示。半反应中的氧化态和还原态相互依存并相互转化,这种关系称为氧化还原共轭关系,表示为:

$$Ox(氧化态)+ne^- \Longleftrightarrow Red(还原态)$$

Ox/Red 称为共轭氧化还原电对,简称共轭电对或电对。书写电对时,通常氧化数较高的物质写在左侧,氧化数较低的物质写在右侧,中间用斜线"/"隔开。例如:$Cu^{2+}/Cu,Zn^{2+}/Zn$。因此,氧化还原反应的实质又可理解为两个共轭电对之间的电子转移。

> **点滴积累**
>
> 1. 氧化数是指某元素一个原子的形式电荷数。
> 2. 氧化还原反应的实质是反应物之间发生了电子的转移或者偏移。
> 3. 氧化还原反应是由氧化和还原两个半反应组成的。
> 4. Ox/Red 称为共轭氧化还原电对,简称共轭电对或电对。

第二节　电极电势

原电池(视频)

一、原电池

氧化还原反应中虽然发生了电子的转移,但氧化剂与还原剂直接接触时,电子的转移是没有方向的,因此无法产生电流。若设计一个装置,使氧化还原反应中电子的移动变成电子的定向移动,可以将化学能转变为电能,这种装置称为原电池,见图 8-1。

在盛有 $ZnSO_4$ 溶液的烧杯中插入锌片,盛有 $CuSO_4$ 溶液的烧杯中插入铜片,将两个烧杯中的溶液用盐桥(U 形管中填入 KCl 饱和溶液和琼脂制成)连接起来。用导线将检流计和两个金属片串联起来,检流计指针发生偏转。同时,锌片开始溶解,而铜片上有铜沉积。盐桥起到构成通路的作用,上述装置简称为铜锌原电池。原电池中,电子流出的一端为负极,发生氧化反应;电子流入的一端为正极,发生还原反应。电极反应分别为:

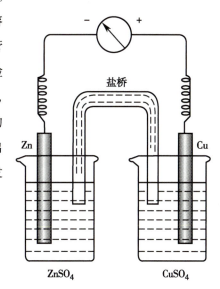

图 8-1　铜锌原电池

负极　　$Zn-2e^- \Longleftrightarrow Zn^{2+}$(氧化反应)

正极　　$Cu^{2+}+2e^- \Longleftrightarrow Cu$(还原反应)

将两个电极反应相加得到总反应,称为电池反应:

$$Zn+Cu^{2+} \Longleftrightarrow Zn^{2+}+Cu$$

原电池是由两个半反应构成的。原电池装置可用简单的符号表示,称为电池符号,例如,铜锌原电池可用符号表示为:

$$(-)Zn(s)\,|\,ZnSO_4(c_1)\,\|\,CuSO_4(c_2)\,|\,Cu(s)(+)$$

书写电池符号时,将发生氧化反应的负极写在左边,发生还原反应的正极写在右边,c 为浓度;单垂线"$|$"表示相界面,将不同相的物质分开;不存在相界面的两种物质用逗号","分开;双垂线"$\|$"表示盐桥;若电极中没有金属导体时,可选用惰性金属 Pt 或石墨作电极导体。例如:

$$(-)Pt\,|\,Sn^{2+}(c_1),Sn^{4+}(c_2)\,\|\,Fe^{3+}(c_3),Fe^{2+}(c_4)\,|\,Pt(+)$$

二、电极电势的产生

原电池可产生电流,说明两电极之间存在电势差。那么,单个电极的电势是如何产生的?为什么不同的电极具有不同的电势?

金属是由金属原子、金属离子和自由移动的电子以金属键构成的,把金属插入含该金属离子的盐溶液中,金属与其盐溶液接触的界面上发生两个相反的过程。一方面,金属晶体表面的金属离子受到水分子的作用,脱离金属晶体进入溶液,并把电子留在金属上,金属越活泼,溶液越稀,这种金属溶解倾向越大;另一方面,溶液中的金属离子从金属表面获得电子后会沉积在金属上,金属越不活泼,溶液浓度越大,离子沉积的倾向越大。这两个过程最终达到平衡:

$$M^{n+} + ne^- \underset{溶解}{\overset{沉积}{\rightleftharpoons}} M$$

若金属溶解倾向大于沉积倾向,金属表面会积累过多的电子而带负电荷,溶液中的金属离子受到金属表面负电荷的吸引而较多地分布于金属表面附近,在两相之间的界面层就会形成一个双电层,如图 8-2(a)所示。若金属离子沉积的倾向大于金属溶解的倾向,将使金属表面带正电荷,溶液中阴离子受到金属表面正电荷的吸引而较多地分布于金属表面附近,两相之间的界面层也形成一个双电层,如图 8-2(b)所示。这种产生在双电层之间的电势差称为金属电极的电极电势(φ),单位为 V。电极电势的大小取决于电极的本性,并受温度、浓度等外界条件的影响。若外界条件一定时,电极电势的大小取决于电极的本性。不同的电极具有不同的电极电势。

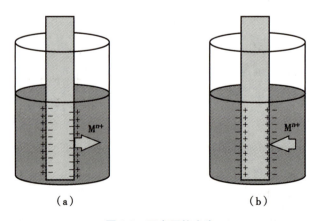

(a)   (b)

图 8-2　双电层的产生

三、标准电极电势

（一）标准氢电极

至今电极电势的绝对值还无法测定。国际纯粹与应用化学联合会（International Union of Pure and Applied Chemistry, IUPAC）采用标准氢电极作为基准电极，其构造如图8-3所示。在298.15K下，将镀有铂黑的铂片浸入 H^+ 浓度为 1mol/L 的酸溶液中，并不断通入压强为 100kPa 的纯净 H_2，使铂片上吸附的 H_2 达到饱和，构成了标准氢电极。并规定在 298.15K 时，标准氢电极的电极电势为零，即 $\varphi^{\ominus}_{H^+/H_2}$ = 0.000 0V。式中，φ 的右下角注明了参加电极反应物质的共轭电对；φ 的右上角的"$\ominus$"代表标准状态。其电极反应为：

$$2H^+ + 2e^- \rightleftharpoons H_2$$

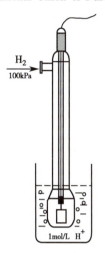

图 8-3　标准氢电极

（二）标准电极电势表

某电极在标准状态下（298.15K、100kPa，溶液离子浓度为 1mol/L）的电极电势称为该电极的标准电极电势。标准电极电势用符号 $\varphi^{\ominus}$ 表示，单位为 V。测定某电极的标准电极电势时，标准状态下待测电极与标准氢电极组成原电池，测出该原电池的电动势，即可求出待测电极的标准电极电势。例如，标准铜电极与标准氢电极组成原电池：

$$(-)Pt \mid H_2(100kPa) \mid H^+(1mol/L) \parallel Cu^{2+}(1mol/L) \mid Cu(s)(+)$$

测得原电池的标准电动势 $E^{\ominus}$ = +0.341 9V。

$$E^{\ominus} = \varphi^{\ominus}_+ - \varphi^{\ominus}_- = \varphi^{\ominus}_{Cu^{2+}/Cu} - \varphi^{\ominus}_{H^+/H_2} = \varphi^{\ominus}_{Cu^{2+}/Cu} - 0.000 0$$

$$\varphi^{\ominus}_{Cu^{2+}/Cu} = +0.341 9V$$

利用上述方法，可以计算各种电极的标准电极电势。将各电极的标准电极电势按递增的顺序排列成表，称为标准电极电势表。标准状态下，$\varphi^{\ominus}$ 越大，电对中氧化态的氧化能力越强；$\varphi^{\ominus}$ 越小，电对中还原态的还原能力越强。

应用标准电极电势时，应注意以下几点。

1. $\varphi^{\ominus}$ 的大小是衡量氧化剂的氧化能力和还原剂的还原能力强弱的标度，取决于物质的本性，与电极反应中物质的计量系数无关。

2. $\varphi^{\ominus}$ 的符号和大小与电极反应的书写方法无关。

3. $\varphi^{\ominus}$ 是在标准状态时水溶液中测定的，不适用于非水溶液。

4. 标准电极电势表分酸表（$\varphi^{\ominus}_A$）和碱表（$\varphi^{\ominus}_B$）。若电极反应在酸性或中性溶液中进行，则在酸表中查阅其标准电极电势；如在碱性溶液中进行，则在碱表中查阅。

点滴积累

1. 原电池使氧化还原反应中得失的电子产生了定向移动,将化学能转变为电能。

2. 在 298.15K 时,标准氢电极的电极电势为零,即 $\varphi^{\ominus}_{H^+/H_2} = 0.000\ 0V$。

3. 标准状态下,$\varphi^{\ominus}$ 越大,电对中氧化态的氧化能力越强;$\varphi^{\ominus}$ 越小,电对中还原态的还原能力越强。

第三节　影响电极电势的因素

一、能斯特方程式

电极电势的大小取决于电极的本性,并受温度、浓度等外界条件的影响,电极电势与它们之间的定量关系用能斯特方程式表示。

对于电极反应 $Ox+ne^- \rightleftharpoons Red$,电极电势与温度、浓度之间有如下关系:

$$\varphi = \varphi^{\ominus} + \frac{RT}{nF}\ln\frac{c_{Ox}}{c_{Red}} \qquad 式(8-1)$$

式中,φ 为电极电势;$\varphi^{\ominus}$为标准电极电势;R 为气体常数 8.314J/(mol·K);T 为热力学温度;n 为电极反应中得(失)电子数;F 为法拉第常数 96 487C/mol;c_{Ox}代表电极反应中氧化态一侧物质浓度幂的乘积;c_{Red}代表还原态一侧物质浓度幂的乘积,各物质浓度的幂指数等于电极反应式中相应物质的计量系数。

若 $T=298K$,将自然对数换算为常用对数,再将 R、T、F 值代入式(8-1):

$$\varphi = \varphi^{\ominus} + \frac{0.059\ 2}{n}\lg\frac{c_{Ox}}{c_{Red}} \qquad 式(8-2)$$

使用能斯特方程式时,如果电极反应中某物质是固体、纯液体或稀溶液中的溶剂时,则不出现在能斯特方程式中;气体则用相对分压($p/p^{\ominus}$)表示;c_{Ox} 和 c_{Red}并非专指氧化数有变化的物质,而是参加电极反应的所有物质。

例如,电极反应:$O_2+4H^++4e^- \rightleftharpoons 2H_2O$

298K 时,能斯特方程式为:

$$\varphi_{O_2/H_2O} = \varphi^{\ominus}_{O_2/H_2O} + \frac{0.059\ 2}{4}\lg\frac{c_{H^+}^4 \cdot p_{O_2}/p^{\ominus}}{1}$$

二、能斯特方程式的应用

从能斯特方程式可以看出,电极反应中各物质的浓度对电极电势有着显著的影响。

(一)浓度对电极电势的影响

由能斯特方程式可知,增大氧化态的浓度或减小还原态的浓度,电极电势增大;增大还原态的浓度或减小氧化态的浓度,电极电势减小。

例 8-1 已知 298K 时 $\varphi^{\ominus}_{Fe^{3+}/Fe^{2+}} = 0.771V$,求当 $c_{Fe^{3+}}/c_{Fe^{2+}}$ 分别是 10^2、10、1、10^{-1} 和 10^{-2} 时的电极电势。

解:电极反应:$Fe^{3+} + e^- \rightleftharpoons Fe^{2+}$

$$\varphi_{Fe^{3+}/Fe^{2+}} = \varphi^{\ominus}_{Fe^{3+}/Fe^{2+}} + \frac{0.059\,2}{1}\lg\frac{c_{Fe^{3+}}}{c_{Fe^{2+}}}$$

当 $c_{Fe^{3+}}/c_{Fe^{2+}} = 10^2$ 时

$$\varphi_{Fe^{3+}/Fe^{2+}} = 0.771 + \frac{0.059\,2}{1}\lg(10^2) = 0.889(V)$$

同样可求出比值为 10、1、10^{-1} 和 10^{-2} 时,$\varphi_{Fe^{3+}/Fe^{2+}}$ 分别是 $0.830V$、$0.771V$、$0.712V$ 和 $0.653V$。

(二)酸度对电极电势的影响

当 H^+ 或 OH^- 参与电极反应时,溶液酸度的改变能引起电对的电极电势的变化。

例 8-2 已知 298K 时 $\varphi^{\ominus}_{MnO_4^-/Mn^{2+}} = 1.507V$,试计算 pH 为 2 时电对的电极电势。(假设 $c_{MnO_4^-} = c_{Mn^{2+}} = 1mol/L$)

解:电极反应:$MnO_4^- + 8H^+ + 5e^- \rightleftharpoons Mn^{2+} + 4H_2O$

$$\varphi_{MnO_4^-/Mn^{2+}} = \varphi^{\ominus}_{MnO_4^-/Mn^{2+}} + \frac{0.059\,2}{5}\lg\frac{c_{MnO_4^-} \cdot c^8_{H^+}}{c_{Mn^{2+}}}$$

$$= 1.507 + \frac{0.059\,2}{5}\lg\frac{1 \times (10^{-2})^8}{1}$$

$$= 1.318(V)$$

点滴积累

1. 能斯特方程定量描述了温度、浓度对电极电势的影响。

2. 298K 时,能斯特方程式 $\varphi = \varphi^{\ominus} + \dfrac{0.059\,2}{n}\lg\dfrac{c_{Ox}}{c_{Red}}$。

第四节 电极电势的应用

一、比较氧化剂与还原剂的强弱

标准状态下氧化剂和还原剂的相对强弱与电对的标准电极电势的关系前面已经学习。如果比较非标准状态下氧化剂和还原剂的相对强弱,首先用能斯特方程式计算出各电对的电极电势,然后再进行比较。

例 8-3 298K 时,分别将银片插入 0.010mol/L $AgNO_3$ 溶液中,铂片插入 Fe^{3+} 和 Fe^{2+} 的浓度分别为 0.10mol/L 和 0.001 0mol/L 溶液中组成两个电极,比较在此条件下 Ag^+ 和 Fe^{3+} 的氧化能力的相对强弱。

$$(\varphi_{Ag^+/Ag}^{\ominus} = 0.799\ 6V, \varphi_{Fe^{3+}/Fe^{2+}}^{\ominus} = 0.771V)$$

解:电极反应:$Ag^+ + e^- \Longrightarrow Ag$

$$\varphi_{Ag^+/Ag} = \varphi_{Ag^+/Ag}^{\ominus} + \frac{0.059\ 2}{1}\lg c_{Ag^+}$$

$$= 0.799\ 6 + \frac{0.059\ 2}{1}\lg 0.010 = 0.681\ 2(V)$$

电极反应:$Fe^{3+} + e^- \Longrightarrow Fe^{2+}$

$$\varphi_{Fe^{3+}/Fe^{2+}} = \varphi_{Fe^{3+}/Fe^{2+}}^{\ominus} + \frac{0.059\ 2}{1}\lg \frac{c_{Fe^{3+}}}{c_{Fe^{2+}}}$$

$$= 0.771 + \frac{0.059\ 2}{1}\lg \frac{0.10}{0.001\ 0} = 0.889(V)$$

由于 $\varphi_{Fe^{3+}/Fe^{2+}} > \varphi_{Ag^+/Ag}$,此条件下,$Fe^{3+}$ 的氧化性比 Ag^+ 的氧化性强。

二、判断氧化还原反应进行的方向

将两个电对组成氧化还原反应,电极电势较大的电对中,氧化态物质氧化能力较强,反应中作氧化剂;电极电势较小的电对中,还原态物质还原能力较强,反应中作还原剂。

在氧化还原反应 $Ox_2 + Red_1 \Longrightarrow Red_2 + Ox_1$ 中,若 $\varphi_{Ox_2/Red_2} > \varphi_{Ox_1/Red_1}$,反应正向自发进行;若 $\varphi_{Ox_2/Red_2} < \varphi_{Ox_1/Red_1}$,则反应逆向自发进行。

例 8-4 (1)试判断下列反应在标准状态下能否自发进行。

$$MnO_2(s) + 4HCl(aq) \Longrightarrow MnCl_2(aq) + Cl_2(g) + 2H_2O(l)$$

(2)$MnO_2(s)$ 与浓盐酸(12mol/L)反应是否可以制取 Cl_2?

解:(1)查附表 5-1 可知:$\varphi_{MnO_2/Mn^{2+}}^{\ominus} = 1.229V, \varphi_{Cl_2/Cl^-}^{\ominus} = 1.360V$

由于 $\varphi_{MnO_2/Mn^{2+}}^{\ominus} < \varphi_{Cl_2/Cl^-}^{\ominus}$,所以标准状态下,将两电对组成氧化还原反应时,$Cl_2$ 作氧化剂,Mn^{2+} 作还原剂,上述氧化还原反应逆向自发进行。

(2)假定 $c_{H^+} = c_{Cl^-} = 12mol/L, c_{Mn^{2+}} = 1mol/L, p_{Cl_2} = 100kPa$,两个电对的电极电势分别为:

$$MnO_2 + 4H^+ + 2e^- \Longrightarrow Mn^{2+} + 2H_2O$$

$$\varphi_{MnO_2/Mn^{2+}} = \varphi_{MnO_2/Mn^{2+}}^{\ominus} + \frac{0.059\ 2}{2}\lg \frac{c_{H^+}^4}{c_{Mn^{2+}}}$$

$$= 1.229 + \frac{0.059\ 2}{2}\lg \frac{(12)^4}{1} = 1.36(V)$$

$$Cl_2 + 2e^- \rightleftharpoons 2Cl^-$$

$$\varphi_{Cl_2/Cl^-} = \varphi_{Cl_2/Cl^-}^{\ominus} + \frac{0.059\,2}{2}\lg\frac{p_{Cl_2}/p^{\ominus}}{c_{Cl^-}^2}$$

$$= 1.360 + \frac{0.059\,2}{2}\lg\frac{100/100}{(12)^2} = 1.30\,(V)$$

由于 $\varphi_{MnO_2/Mn^{2+}} > \varphi_{Cl_2/Cl^-}$，将两电对组成氧化还原反应时，$MnO_2$ 作氧化剂，Cl^- 作还原剂。上述氧化还原反应正向自发进行。所以，$MnO_2(s)$ 与浓盐酸反应可以制取 Cl_2。

知识链接

氧化还原反应的标准平衡常数与标准电动势的关系

对于反应 $Zn + Cu^{2+} \rightleftharpoons Zn^{2+} + Cu$，达到平衡时 $E = 0$。

$$\varphi_{Zn^{2+}/Zn} = \varphi_{Zn^{2+}/Zn}^{\ominus} + \frac{0.059\,2}{2}\lg c_{Zn^{2+}_{平衡}}, \quad \varphi_{Cu^{2+}/Cu} = \varphi_{Cu^{2+}/Cu}^{\ominus} + \frac{0.059\,2}{2}\lg c_{Cu^{2+}_{平衡}}$$

$$E = \varphi_{Cu^{2+}/Cu} - \varphi_{Zn^{2+}/Zn} = E^{\ominus} + \frac{0.059\,2}{2}\lg\frac{c_{Cu^{2+}_{平衡}}}{c_{Zn^{2+}_{平衡}}}$$

$$E = E^{\ominus} - \frac{0.059\,2}{2}\lg K^{\ominus} = 0, \text{可导出：} \lg K^{\ominus} = \frac{2E^{\ominus}}{0.059\,2}$$

因此，标准电动势与标准平衡常数的关系为：$\lg K^{\ominus} = \dfrac{nE^{\ominus}}{0.059\,2}$。反应的标准平衡常数越大，即该反应 $E^{\ominus}$ 值也越大，则氧化还原反应进行得越彻底。

三、计算原电池的电动势

将两个电极组成原电池时，电极电势较大的电极是原电池的正极，电极电势较小的电极是负极，原电池的电动势等于正极的电极电势减去负极的电极电势。

$$E = \varphi_+ - \varphi_- \qquad\qquad 式(8-3)$$

式中，E 为原电池的电动势；φ_+ 为正极的电极电势；φ_- 为负极的电极电势。

例 8-5 298K 时，锡片插入 0.10mol/L $SnCl_2$ 溶液中，铅片插入 0.001 0mol/L $Pb(NO_3)_2$ 溶液中组成原电池，计算该原电池的电动势。（$\varphi_{Sn^{2+}/Sn}^{\ominus} = -0.136V$，$\varphi_{Pb^{2+}/Pb}^{\ominus} = -0.126\,2V$）

解：两个电对的电极电势分别为：

$$Sn^{2+} + 2e^- \rightleftharpoons Sn$$

$$\varphi_{Sn^{2+}/Sn} = \varphi_{Sn^{2+}/Sn}^{\ominus} + \frac{0.059\,2}{2}\lg c_{Sn^{2+}}$$

$$= -0.136 + \frac{0.059\,2}{2}\lg 0.10 = -0.166\,(V)$$

$$Pb^{2+} + 2e^- \rightleftharpoons Pb$$

$$\varphi_{Pb^{2+}/Pb} = \varphi^{\ominus}_{Pb^{2+}/Pb} + \frac{0.059\ 2}{2}\lg c_{Pb^{2+}}$$

$$= -0.126\ 2 + \frac{0.059\ 2}{2}\lg 0.001\ 0 = -0.215(V)$$

由于 $\varphi_{Sn^{2+}/Sn} > \varphi_{Pb^{2+}/Pb}$，将两个电极组成原电池时，$Sn^{2+}/Sn$ 电极是正极，Pb^{2+}/Pb 电极是负极，原电池的电动势为：

$$E = \varphi_+ - \varphi_- = \varphi_{Sn^{2+}/Sn} - \varphi_{Pb^{2+}/Pb}$$

$$= -0.166 - (-0.215) = 0.049(V)$$

四、元素电势图及应用

当某种元素可以形成三种或三种以上氧化数的物质时，这些氧化数不同的物质可以组成多个不同的电对，若将各电对的标准电极电势用图的形式表示出来，这种图称为元素电势图。在元素电势图中，按元素氧化数由高到低的顺序将不同氧化数的物质的化学式从左到右写出来，各种不同氧化数物质之间用直线连接，在直线上标明两种不同氧化数物质所组成电对的标准电极电势。例如，溴元素在酸性和碱性介质中的电势图分别为：

$$\varphi^{\ominus}_A/V$$

$$BrO_4^- \xrightarrow{+1.76} BrO_3^- \xrightarrow{+1.50} HBrO \xrightarrow{+1.59} Br_2 \xrightarrow{+1.065} Br^-$$

$$\underbrace{\qquad\qquad\qquad}_{+1.52}$$

$$\varphi^{\ominus}_B/V$$

$$BrO_4^- \xrightarrow{+0.93} BrO_3^- \xrightarrow{+0.54} BrO^- \xrightarrow{+0.45} Br_2 \xrightarrow{+1.065} Br^-$$

$$\underbrace{\qquad\qquad\qquad}_{+0.61}$$

元素电势图的应用介绍如下。

（一）计算电对的标准电极电势

根据元素电势图，从已知电对的标准电极电势计算出另一电对的标准电极电势。假设有一元素电势图：

$$A_0 \xrightarrow[n_1]{\varphi^{\ominus}_1} A_1 \xrightarrow[n_2]{\varphi^{\ominus}_2} A_2 \xrightarrow[n_3]{\varphi^{\ominus}_3} A_3 \cdots \xrightarrow[n_i]{\varphi^{\ominus}_i} A_i \cdots$$

$$\underbrace{\qquad\qquad\qquad\qquad\qquad\qquad}_{\varphi^{\ominus}_x}$$

可导出以下公式：

$$\varphi^{\ominus}_x = \frac{n_1\varphi^{\ominus}_1 + n_2\varphi^{\ominus}_2 + \cdots + n_i\varphi^{\ominus}_i}{n_1 + n_2 + \cdots + n_i} \qquad\qquad 式(8-4)$$

式中，n_1、n_2、n_3、$\cdots\cdots$、n_i 为相邻电对转移电子数。

例 8-6 根据下列元素电势图：

$$\overset{\displaystyle\varphi^{\ominus}_{NO_3^-/NO}}{\overbrace{NO_3^- \xrightarrow{+0.798} NO_2 \xrightarrow{+1.08} NO_2^- \xrightarrow{+1.04} NO \xrightarrow{+1.582} N_2O}}$$
$$\underset{\displaystyle\varphi^{\ominus}_{NO_3^-/N_2O}}{\underbrace{\phantom{NO_3^- \xrightarrow{+0.798} NO_2 \xrightarrow{+1.08} NO_2^- \xrightarrow{+1.04} NO \xrightarrow{+1.582} N_2O}}}$$

试分别计算相关电对的标准电极电势（$\varphi^{\ominus}_{NO_3^-/NO}$ 和 $\varphi^{\ominus}_{NO_3^-/N_2O}$）。

解：电对 $\varphi^{\ominus}_{NO_3^-/NO}$ 和 $\varphi^{\ominus}_{NO_3^-/N_2O}$ 的标准电极电势分别为：

$$\varphi^{\ominus}_{NO_3^-/NO} = \frac{n_1 \times \varphi^{\ominus}_{NO_3^-/NO_2} + n_2 \times \varphi^{\ominus}_{NO_2/NO_2^-} + n_3 \times \varphi^{\ominus}_{NO_2^-/NO}}{n_1 + n_2 + n_3}$$

$$= \frac{1 \times 0.798 + 1 \times 1.08 + 1 \times 1.04}{1+1+1} = 0.973(V)$$

$$\varphi^{\ominus}_{NO_3^-/N_2O} = \frac{n_1 \times \varphi^{\ominus}_{NO_3^-/NO_2} + n_2 \times \varphi^{\ominus}_{NO_2/NO_2^-} + n_3 \times \varphi^{\ominus}_{NO_2^-/NO} + n_4 \times \varphi^{\ominus}_{NO/N_2O}}{n_1 + n_2 + n_3 + n_4}$$

$$= \frac{1 \times 0.798 + 1 \times 1.08 + 1 \times 1.04 + 1 \times 1.582}{1+1+1+1} = 1.125(V)$$

（二）判断处于中间氧化数的元素能否发生歧化反应

例如某元素的电势图为：

$$A_0 \xrightarrow{\varphi^{\ominus}_{左}} A_1 \xrightarrow{\varphi^{\ominus}_{右}} A_2$$

处于中间氧化数物质 A_1 在电对 A_0/A_1 中是还原态物质，在电对 A_1/A_2 中是氧化态物质。显然，若 $\varphi^{\ominus}_{右} > \varphi^{\ominus}_{左}$，则 A_1 在两个电对中分别以最强的还原剂和最强的氧化剂出现，必然发生歧化反应，所以 A_1 在溶液中不能稳定存在。

例 8-7 下列是溴元素的电势图，试判断哪些物质在碱性介质中能发生歧化反应。

$$\overset{+0.76}{\overbrace{}}$$
$$BrO_4^- \xrightarrow{+0.93} BrO_3^- \xrightarrow{+0.54} BrO^- \xrightarrow{+0.45} Br_2 \xrightarrow{+1.065} Br^-$$
$$\underset{+0.61}{\underbrace{}}$$

解：根据歧化反应条件 $\varphi^{\ominus}_{右} > \varphi^{\ominus}_{左}$ 可以判断，3 种处于中间氧化数的物质中，Br_2 和 BrO^- 在碱性溶液中能发生歧化反应。歧化反应方程式分别为：

$$Br_2 + 2OH^- \rightleftharpoons Br^- + BrO^- + H_2O$$

$$3BrO^- \rightleftharpoons 2Br^- + BrO_3^-$$

知识链接

··

燃料电池

H_2、CO、CH_4 等燃料的氧化还原反应在电池中发生，直接将化学能转变为电能，这样的电池称为燃料电池。

阿波罗号宇宙飞船用的就是氢燃料电池，其负极是多孔镍电极，正极为覆盖氧化镍的镍电极，用 KOH 溶液作为电解质溶液。在负极通入 H_2，正极通入 O_2，电极反应如下：

负极：$H_2 + 2OH^- - 2e^- \rightleftharpoons 2H_2O$

正极：$O_2+2H_2O+4e^- \rightleftharpoons 4OH^-$

燃料电池理论效率可达到100%，实际的燃料电池效率现已达75%，可极大地减少由电力生产带来的热污染。燃料电池就是一种成功的、无污染的新能源。

点滴积累

1. 电极电势的应用：比较氧化剂与还原剂的强弱；判断氧化还原反应的方向；计算原电池的电动势。
2. 元素电势图的应用：计算电对的标准电极电势；判断中间氧化数的元素能否发生歧化反应。

第五节　电势法的应用

一、离子选择电极

离子选择电极是以原电池原理为基础，对特定离子产生电势响应的一种传感器。离子选择性膜是电势型离子传感器的核心组件，被膜分离的两相溶液由于浓度差异产生跨膜电势，其大小取决于待测离子浓度，并遵循能斯特方程（图 8-4、图 8-5）。

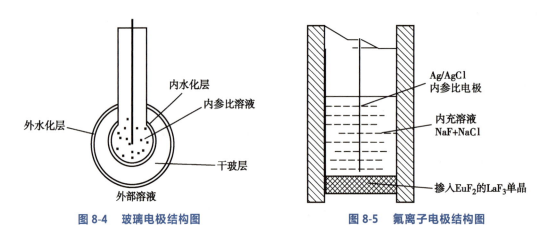

图 8-4　玻璃电极结构图　　　　图 8-5　氟离子电极结构图

pH 玻璃电极是最早的离子选择电极，底部敏感膜是对 H^+ 有选择性响应的玻璃膜。298K 时，玻璃电极的电极电势与溶液中 H^+ 浓度的关系为：

$$\varphi = K + 0.059\ 2\lg c_{H^+}$$

二、电势法测定溶液 pH

电势法测定溶液的 pH 时，以玻璃电极（GE）作指示电极，以饱和甘汞电极（SCE）作参比电极，浸入待测溶液中组成原电池。原电池符号表示为：

$$(-)\,GE\,|\,待测溶液\,\|\,SCE(+)$$

298K 时，该原电池的电动势为：

$$E = K' + 0.059\ 2pH \qquad\qquad 式(8\text{-}5)$$

两次测定法：先测定标准 pH_s 缓冲溶液的电动势 E_s，再测定未知 pH_x 溶液的电动势 E_x。标准缓冲溶液和待测溶液的电动势分别为：

$$E_s = K' + 0.059\ 2pH_s$$

$$E_x = K' + 0.059\ 2pH_x$$

由以上两式可得：

$$pH_x = pH_s + \frac{E_x - E_s}{0.059\ 2} \qquad\qquad 式(8\text{-}6)$$

点滴积累

电势法测定溶液 pH 是利用电极电势与溶液中 H^+ 浓度的定量关系，对溶液进行定量分析。

目标检测

一、简答题

1. 解释下列现象

（1）配制 $SnCl_2$ 溶液时，常需加入锡粒。

（2）Na_2SO_3 溶液或 $FeSO_4$ 溶液久置后失效。

2. 已知下列各电对的标准电极电势：

$\varphi^\ominus_{NO_3^-/HNO_2} = 0.934V$，$\varphi^\ominus_{Br_2/Br^-} = 1.065V$，$\varphi^\ominus_{Co^{3+}/Co^{2+}} = 1.83V$，$\varphi^\ominus_{H^+/H_2} = 0.000\ 0V$，$\varphi^\ominus_{O_2/H_2O} = 1.229V$，$\varphi^\ominus_{HBrO/Br_2} = 1.59V$，$\varphi^\ominus_{As/AsH_3} = -0.60V$

（1）Br_2 在标准状态下能否发生歧化反应？说明原因。

（2）哪些电对的电极电势与 H^+ 浓度无关？

（3）在 pH = 10 的溶液（其他物质均为 1mol/L）中，Br_2 能否发生歧化反应？

二、计算题

1. 298K 时，$\varphi^\ominus_{MnO_4^-/Mn^{2+}} = 1.507V$，$\varphi^\ominus_{Cl_2/Cl^-} = 1.360V$，标准状态下将电对 MnO_4^-/Mn^{2+} 和 Cl_2/Cl^- 组成原电池，用电池符号表示该电池的组成，并计算原电池的电动势。

2. 在 298K 时，已知 $\varphi^\ominus_{Sn^{4+}/Sn^{2+}} = 0.151V$，$\varphi^\ominus_{I_2/I^-} = 0.535\ 5V$。在标准状态下，计算电池反应 $Sn^{2+} + I_2 \rightleftharpoons Sn^{4+} + 2I^-$ 的电动势。

（王英玲）

习题

复习导图

实训六　氧化还原反应

【实训目的】

1. 了解原电池的组成及其电动势的粗略测定。

2. 了解电极电势与氧化还原反应的关系以及浓度、介质的酸碱性对电极电势、氧化还原反应的影响。

3. 了解一些氧化还原电对的氧化还原性。

【实训内容】

（一）实训用品

1. **仪器**　2 个 50ml 烧杯、电位计、锌棒、铜棒、盐桥、试管。

2. **试剂和材料**　0.1mol/L $CuSO_4$ 溶液、0.1mol/L $ZnSO_4$ 溶液、浓 HNO_3、0.5mol/L HNO_3 溶液、0.2mol/L $FeSO_4$ 溶液、锌粒、0.1mol/L $KClO_3$ 溶液、0.1mol/L KI 溶液、3mol/L H_2SO_4 溶液、0.1mol/L $KMnO_4$ 溶液、6mol/L NaOH 溶液、0.1mol/L Na_2SO_3 溶液、0.1mol/L KBr 溶液、0.1mol/L $FeCl_3$ 溶液、CCl_4、碘水、溴水、30g/L H_2O_2 溶液、1% 淀粉溶液、蒸馏水。

（二）实训步骤

1. **原电池组成和电动势的测定**　在 2 只 50ml 烧杯中，分别倒入 30ml 0.1mol/L $CuSO_4$ 溶液和 30ml 0.1mol/L $ZnSO_4$ 溶液，按图 8-1 装配成原电池。接上电位计（注意正、负极），观察电位计指针偏转方向，并记录电位计读数。写出原电池的电池符号、电极反应式及原电池总反应式。

2. **浓度、介质对电极电势和氧化还原反应的影响**

（1）浓度对电极电势的影响：取 2 支试管，各盛一粒锌粒，分别加入 1ml 浓 HNO_3 和 0.5mol/L HNO_3 溶液。观察它们的反应产物有无不同，观察气体产物颜色，写出反应方程式。

（2）介质对电极电势和氧化还原反应的影响

1）介质对氯酸钾氧化性的影响：取 1 支试管，加入 10 滴 0.1mol/L $KClO_3$ 和 10 滴 0.1mol/L KI 溶液混匀，观察现象。若加热，有无变化？若用 3mol/L H_2SO_4 酸化，又如何变化？

2）介质对高锰酸钾氧化性的影响：取 3 支试管各加入 2 滴 0.1mol/L $KMnO_4$ 溶液，向 3 支试管中分别加入 10 滴 3mol/L H_2SO_4 溶液、6mol/L NaOH 溶液和蒸馏水。再向 3 支试管中各加入 10 滴 0.1mol/L Na_2SO_3 溶液。观察 3 支试管中颜色的变化，写出有关的反应方程式。

3. **氧化还原电对的氧化还原性**

（1）卤素及其离子的氧化还原性：取 2 支试管，分别加入 5 滴 0.1mol/L KI 溶液和 5 滴 0.1mol/L KBr 溶液，再向 2 支试管中各加入 2 滴 0.1mol/L $FeCl_3$ 溶液，摇匀。仔细观察现象，并解释。若再向上述 2 支试管中各加入 5 滴 CCl_4，摇匀。仔细观察现象，并解释。另取 2 支试管，各加入 5 滴

0.2mol/L $FeSO_4$ 溶液,再分别加入 10 滴碘水和 10 滴溴水,观察现象。比较 I_2/I^-、Fe^{3+}/Fe^{2+} 和 Br_2/Br^- 3 个电对的电极电势的大小,指出它们作为氧化剂、还原剂的相对强弱。

(2)H_2O_2 的氧化还原性:取 1 支试管,加入 10 滴 0.1mol/L KI 溶液,然后加入 5 滴 3mol/L H_2SO_4 溶液酸化,再加入 10 滴 30g/L H_2O_2 溶液,观察现象。再加入 2 滴 1% 淀粉溶液,观察溶液颜色变化,并解释。另取 1 支试管,加入 10 滴 0.1mol/L $KMnO_4$ 溶液,然后加入 5 滴 3mol/L H_2SO_4 溶液酸化,再加入 10 滴 30g/L H_2O_2 溶液,摇匀。仔细观察现象,并解释。

【实训注意】

1. 改变电对中某一离子浓度,电极电势也相应变化,硝酸浓度越大,其氧化性越强。颜色观察要迅速,NO 容易被 O_2 氧化。

2. 注意碱性条件下,0.1mol/L Na_2SO_3 溶液的用量要尽量少,同时碱溶液用量不宜过少。

【实训检测】

1. 在铜锌原电池中,铜电极和锌电极对应的溶液酸度如何变化?

2. 下列转化中哪些与介质的酸度有关?

$$AsO_4^{3-} \longrightarrow AsO_3^{3-} \quad MnO_4^- \longrightarrow MnO_4^{2-} \quad H_2S \longrightarrow SO_3^{2-} \quad Cu_2O \longrightarrow CuO$$

【实训记录】

1. 原电池的组成和电动势的测定（表 8-1）

表 8-1　铜锌原电池的电池符号和反应方程式

原电池	电池符号	电极反应式	原电池总反应式
铜锌原电池			

2. 浓度、介质对电极电势和氧化还原反应的影响（表 8-2）

表 8-2　浓度与介质对氧化还原反应影响的实验对比

项目		反应试剂	现象	反应方程式或离子方程式
浓度对电极电势的影响		锌粒+浓 HNO_3		
		锌粒+稀 HNO_3		
介质对电极电势和氧化还原反应的影响	氯酸钾的氧化性	$KClO_3$+KI		
		加热		
		H_2SO_4 酸化		
	高锰酸钾的氧化性	$KMnO_4$+H_2SO_4+Na_2SO_3		
		$KMnO_4$+H_2O+Na_2SO_3		
		$KMnO_4$+NaOH+Na_2SO_3		

3. 氧化还原电对的氧化还原性（表8-3）

表8-3　卤素离子与H_2O_2氧化还原性实验对比

项目	反应试剂	现象	反应方程式或离子方程式
卤素及其离子的氧化还原性	$KI+FeCl_3$，CCl_4		
	$KBr+FeCl_3$，CCl_4		
	$FeSO_4+$溴水		
	$FeSO_4+$碘水		
	I_2/I^-、Fe^{3+}/Fe^{2+}、Br_2/Br^-电极电势的大小		
H_2O_2 的氧化还原性	$KI+H_2SO_4+H_2O_2$ 再加淀粉溶液		
	$KMnO_4+H_2SO_4+H_2O_2$		

（王英玲）

第九章 配位化合物

ER 9-1

第九章
配位化合
物（课件）

学习目标

1. **掌握** 配位化合物的概念、组成、命名、稳定常数及稳定性。
2. **熟悉** 配位化合物的分类、配位平衡及配位平衡的移动。
3. **了解** 配位化合物的同分异构现象、价键理论、磁性及应用。

导学情景

情景描述：

43 岁的蔡女士被诊断为乳腺癌。经过医院专家会诊，给出的治疗方案是先手术切除，再用顺铂治疗。

学前导语：

顺铂是第一个铂类抗肿瘤药，化学名称为顺-二氯·二氨合铂（Ⅱ），属于配位化合物，是目前临床常用的抗肿瘤药之一，具有抗癌谱广、骨髓毒性较小的特点，可联合用药。本章将学习配位化合物的相关知识。

配位化合物简称配合物，是一类组成比较复杂的化合物。有些配合物在生命过程中起重要作用，如人体内的必需微量金属元素多以配合物的形式存在；一些配合物与医药联系密切或本身就是药物，如顺铂等。另外在生化检验、药物分析、新药研制和开发等工作中也要应用配合物的相关知识。

第一节 配合物的基本概念

一、配合物的定义

课堂活动

在 1ml 0.1mol/L $CuSO_4$ 溶液中滴入 2 滴 4mol/L 氨水，有何现象？再继续滴入过量的氨水，又发生什么变化？

在 $CuSO_4$ 溶液中加入氨水,先生成浅蓝色絮状沉淀,再继续加入过量氨水,最终成为深蓝色的透明溶液。用乙醇处理后,得到深蓝色晶体。实验证明,上述深蓝色晶体是$[Cu(NH_3)_4]SO_4$,它在水溶液中解离为$[Cu(NH_3)_4]^{2+}$和SO_4^{2-}。化学方程式如下:

$$CuSO_4 + 4NH_3 = [Cu(NH_3)_4]SO_4$$

$$[Cu(NH_3)_4]SO_4 = [Cu(NH_3)_4]^{2+} + SO_4^{2-}$$

这种由金属离子或原子与一定数目的阴离子或分子以配位键结合形成的复杂离子,称为配离子,如$[Cu(NH_3)_4]^{2+}$、$[HgI_4]^{2-}$。若以配位键结合的部分不带电荷,则称为配位分子,如$[Pt(NH_3)_2Cl_2]$。含有配离子的化合物和配位分子统称为配合物,如$K_2[HgI_4]$、$[Cu(NH_3)_4]SO_4$、$[Fe(CO)_5]$。

二、配合物的组成

配合物一般分为内界和外界两部分。内界由形成体和配位体组成,其结合力是配位键,其化学式常用方括号表明内界。外界是与配离子结合的带相反电荷的离子,写在方括号之外。配合物的内界和外界之间以离子键结合,在水溶液中易解离出内界(即配离子)和外界,而内界则很难发生解离。配位分子比较特殊,只有内界,没有外界。

例如在配合物$K_3[Fe(CN)_6]$中,$[Fe(CN)_6]^{3-}$是内界,K^+是外界,Fe^{3+}是形成体,CN^-是配位体。

(一)形成体

配合物的形成体位于内界的中心,又称为中心原子。中心原子一般是过渡金属离子或原子,如Zn^{2+}、Cd^{2+}、Hg^{2+}、Cr^{3+}、Fe^{3+}、Co^{3+}及Ni、Fe;高氧化态的非金属原子也可以作为中心原子,如$[SiF_6]^{2-}$中的$Si(IV)$。

(二)配位体和配位原子

配合物中与中心原子以配位键相结合的阴离子或分子称为配位体,简称配体。常见的配位体列于表9-1中。

表9-1 常见的配位体

名称	缩写符号	化学式	齿数
卤离子	—	F^-、Cl^-、Br^-、I^-	1
氢氧根	—	OH^-	1
氰根	—	CN^-	1
亚硝酸根	—	ONO^-	1
硫氰酸根	—	SCN^-	1
氨	—	NH_3	1
水	—	H_2O	1

名称	缩写符号	化学式	齿数
一氧化碳	—	CO	1
一氧化氮	—	NO	1
吡啶	Py	$\underset{N}{\bigcirc}$	1
草酸根	ox	$^-OOC—COO^-$	2
乙二胺	en	$H_2NCH_2CH_2NH_2$	2
乙二胺四乙酸	EDTA	$CH_2N(CH_2COOH)_2$ $\|$ $CH_2N(CH_2COOH)_2$	6

配体中提供孤对电子与中心原子形成配位键的原子称为配位原子。例如 H_2O 中的 O、NH_3 中的 N、CN^- 中的 C 都是配位原子。配位原子通常是电负性较大的非金属元素的原子,如 F、Cl、Br、I、N、O、S、C 等。

形成配合物时,只提供一个配位原子的配体称为单齿配体,如 H_2O、NH_3、OH^-、X^- 等。能同时提供 2 个及 2 个以上配位原子的配体称为多齿配体,如乙二胺(en)中的 2 个氮原子同时作配位原子,属于二齿配体;又如乙二胺四乙酸(EDTA)含有 6 个配位原子,属于六齿配体。

有些配体虽含有 2 个配位原子,但这两个配位原子不能同时参与配位,这类配体称为两可配体,仍属于单齿配体。例如 SCN^- 与 Hg^{2+} 形成配离子 $[Hg(SCN)_4]^{2-}$ 时,S 为配位原子;而 SCN^- 与 Fe^{3+} 形成配离子 $[Fe(NCS)_6]^{3-}$ 时,N 为配位原子。

(三)配位数

与中心原子直接结合的配位原子总数称为中心原子的配位数。配位数一般为 2、4、6、8,常见的是 4 和 6。

1. 配位数的计算方法　根据配位数的定义可以推出配位数的计算公式,即:

$$配位数 = \sum 配体数 \times 配体齿数$$

如果配合物的配体全部是单齿配体,那么中心原子的配位数与配体数相等;如果有多齿配体,则配位数与配体数不相等。如 $[Cu(NH_3)_4]^{2+}$ 中 NH_3 是单齿配体,配位数和配体数都是 4;又如 $[Cu(en)_2]^{2+}$ 中的配体 en 是二齿配体,所以配位数是 4;$[CoCl_2(en)_2]^{2+}$ 中既有单齿配体,又有多齿配体,其配位数为 $2 \times 1 + 2 \times 2 = 6$。

课 堂 活 动

分析配合物 $H_2[PtCl_6]$、$[Pt(NH_3)_2Cl_2]$ 和 $[Co(NH_3)_4(ONO)Cl]Cl$ 的组成,并指明中心原子的配位数。

---

2. 影响配位数的因素　配位数主要受中心原子和配体的影响,其中中心原子的半径及其氧化数、配体的体积及其所带电荷起主要作用。

(1)对同一配体来说:若中心原子的半径较大,其周围排列的配体一般较多,则配位数较大。如 Al^{3+} 与 F^- 可形成配位数为 6 的 $[AlF_6]^{3-}$,而 B(Ⅲ)只能与 F^- 形成配位数为 4 的 $[BF_4]^-$。中心原子的氧化数越大,越有利于形成配位数较大的配合物。如 Pt^{4+} 与 6 个 Cl^- 形成配离子 $[PtCl_6]^{2-}$,Pt^{2+} 只与 4 个 Cl^- 形成配离子 $[PtCl_4]^{2-}$。

(2)对同一中心原子来说:配体的体积越大,则中心原子的配位数越小。如 Al^{3+} 与 6 个体积较小的 F^- 形成配离子 $[AlF_6]^{3-}$,只与 4 个体积较大的 Cl^-、Br^-、I^- 形成 $[AlCl_4]^-$、$[AlBr_4]^-$、$[AlI_4]^-$。若阴离子的电荷较小,则容易形成较大配位数的配合物。如 Co^{2+} 能与 6 个 CN^- 形成配离子 $[Co(CN)_6]^{4-}$,只与 4 个 SO_4^{2-} 形成配离子 $[Co(SO_4)_4]^{6-}$。

另外,中心原子的电子排布情况以及形成配合物时的外界条件(特别是温度和溶液的性质)也对配位数有影响。一般来说,溶液中的配体浓度越大,反应温度越低,形成配合物的配位数越大。

(四)配离子的电荷

配离子的电荷等于中心原子和配体所带电荷的代数和。配合物是电中性的,可以根据外界离子的电荷来确定配离子的电荷。例如配合物 $[Cu(NH_3)_4]SO_4$ 中,外界离子 SO_4^{2-} 所带的电荷为-2,因此配离子所带的电荷为$+2$。再根据配离子和配体的电荷,推算出中心原子的氧化数。反之,已知中心原子的氧化数和配体的电荷,也能推算出配离子的电荷及配合物的化学式。

三、配合物的命名

配合物的组成比较复杂,命名也比较难,其中内界的命名原则是正确命名配合物的关键。

(一)内界的命名方法

1. 配合物内界的命名方式为"配体数+配体名称+合+中心原子名称+中心原子氧化数",其中配体数用中文数字一、二、三……表示;中心原子氧化数用罗马数字表示,并置于圆括号中。例如:

$[FeF_6]^{3-}$	六氟合铁(Ⅲ)离子
$[Cu(NH_3)_4]^{2+}$	四氨合铜(Ⅱ)离子
$[Fe(CN)_6]^{4-}$	六氰合铁(Ⅱ)离子
$[Ag(S_2O_3)_2]^{3-}$	二硫代硫酸根合银(Ⅰ)离子

2. 当内界包含两种或两种以上的配体时,不同类型配体的命名顺序应遵循"先无机配体,后有机配体""先离子配体,后分子配体"的原则。若不同配体为同一类型,则按配位原子元素符号的英文字母顺序排列。不同配体名称之间要用中圆点"·"分开,复杂的配体名称写在圆括号内,以免混淆。例如:

$[Fe(NH_3)_2(en)_2]^{3+}$	二氨·二(乙二胺)合铁(Ⅲ)离子

$[Co(H_2O)(NH_3)_4Cl]^{2+}$　　一氯·四氨·一水合钴(Ⅲ)离子

$[Pt(NH_3)_2Cl_2]$　　二氯·二氨合铂(Ⅱ)

3. 两可配体的配位原子不同,其名称也不同。如 SCN^- 作配体,S 为配位原子,名为"硫氰酸根";N 为配位原子,则名为"异硫氰酸根",书写为 NCS^-。再如 NO_2^- 作配体,N 为配位原子,名为"硝基";O 为配位原子,名为"亚硝酸根",书写为 ONO^-。例如:

$[Hg(SCN)_4]^{2-}$　　四硫氰酸根合汞(Ⅱ)离子

$[Co(NCS)(NH_3)_5]^{2+}$　　一异硫氰酸根·五氨合钴(Ⅲ)离子

$[Cr(NO_2)_3(NH_3)_3]$　　三硝基·三氨合铬(Ⅲ)

$[Co(NH_3)_4(ONO)Cl]^+$　　一氯·一亚硝酸根·四氨合钴(Ⅲ)离子

4. 有些配体在形成配合物前后名称不同。如氢氧根、一氧化碳在形成配合物后,分别称为羟基、羰基。例如:

$[Co(NH_3)_4(OH)_2]^+$　　二羟基·四氨合钴(Ⅲ)离子

$[Fe(CO)_5]$　　五羰基合铁(0)

课堂活动

请改正下列配离子的名称:

$[Cu(en)_2]^{2+}$　　二(乙二胺)合铜(Ⅰ)离子

$[Cr(H_2O)_2(NH_3)_2Cl_2]^+$　　二氨·二水·二氯合铬(Ⅲ)离子

$[Fe(NCS)_2]^+$　　二硫氰酸根合铁(Ⅲ)离子

(二)配合物的命名方法

配合物的命名与一般无机化合物的命名类似,阴离子在前,阳离子在后。具体的命名方法如下:

1. 当配合物的内界为阴离子、外界为 H^+ 时,命名为"配离子+酸"。例如:

$H_2[PtCl_6]$　　六氯合铂(Ⅳ)酸

2. 当配合物的内界是阳离子、外界是 OH^- 时,命名为"氢氧化+配离子"。例如:

$[Ag(NH_3)_2]OH$　　氢氧化二氨合银(Ⅰ)

3. 配合物盐类命名为"阴离子+化+阳离子"或"阴离子+酸+阳离子"。例如:

$[Cu(NH_3)_4]Cl_2$　　氯化四氨合铜(Ⅱ)

$K_2[HgI_4]$　　四碘合汞(Ⅱ)酸钾

此外,一些配合物还可以采用俗名,如 $K_4[Fe(CN)_6]$ 俗称黄血盐或亚铁氰化钾,$K_2[PtCl_6]$ 俗称氯铂酸钾。

普鲁士蓝

历史上有记载的第一个配合物是亚铁氰化铁 $Fe_4[Fe(CN)_6]_3$,即普鲁士蓝。1704 年,普鲁士人狄斯巴赫为寻找蓝色染料,在染料作坊中将兽皮、兽血和碳酸钠在铁锅中熬煮,得到了普鲁士蓝。这种深蓝色染料色泽鲜艳、着色力强、扩散性广,且价格低廉。普鲁士蓝不溶于水、乙醇和醚,但溶于酸和碱;耐晒、耐酸、不耐碱,也不耐热,加热至 200℃时会燃烧放出具有剧毒的氢氰酸。

在电化学分析中用普鲁士蓝检测碱金属离子、NH_4^+ 和 H^+。在医学上,普鲁士蓝用作铊中毒的解毒剂、磁共振造影剂。普普鲁士蓝纳米粒子还可以作抗肿瘤药的载体。普鲁士蓝虽然是一种安全有效的药物,但患者使用时也要遵从医嘱,了解其可能的不良反应,并摄入充足的水分,以促进药物迅速排出体外,确保治疗的安全性。

四、配合物的异构现象

配合物的异构现象比较复杂,这里只介绍几何异构现象和键合异构现象。

(一) 几何异构

具有相同化学组成的配合物,由于配体在中心原子周围的排布位置不同而产生异构体的现象,称为几何异构现象。几何异构现象主要存在于配位数为 4 的平面四边形配合物和配位数为 6 的八面体配合物中。例如二氯·二氨合铂(Ⅱ)的骨架具有平面四边形结构,4 个配体有两种不同的空间排布,一种称为顺式结构,另一种称为反式结构。

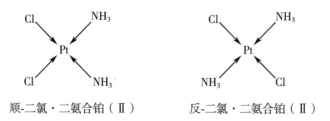

顺-二氯·二氨合铂(Ⅱ)　　　　　反-二氯·二氨合铂(Ⅱ)

(二) 键合异构

键合异构是指两可配体使用不同的配位原子与中心原子配位引起的异构现象。如一硝基·五氨合钴(Ⅲ)离子与一亚硝酸根·五氨合钴(Ⅲ)离子互为键合异构体。

$$[Co(NO_2)(NH_3)_5]^{2+} \qquad [Co(ONO)(NH_3)_5]^{2+}$$

一硝基·五氨合钴(Ⅲ)　　　　　一亚硝酸根·五氨合钴(Ⅲ)

五、螯合物和螯合效应

案例分析

案例: 某患者口服诺氟沙星后,又喝了牛奶,但临床药师曾提醒他服用诺氟沙星后不能马上喝牛奶,这是为什么呢?

分析: 因为诺氟沙星是一种多齿配体,能与牛奶中的 Ca^{2+} 形成螯合物,降低诺氟沙星的抗菌活性,所以这类药物不宜与牛奶等含 Ca^{2+} 丰富的食物同时服用,而须用药 1 小时后才能再喝牛奶。

配合物有多种分类方法,根据配体的特点分为简单配合物和螯合物。由单齿配体形成的配合物属于简单配合物。由中心原子与多齿配体形成的具有环状结构的配合物称为螯合物。例如 $[Cu(en)_2]^{2+}$ 是由 Cu^{2+} 与二齿配体 en 形成的具有 2 个五元环的螯合物,其结构见图 9-1。

多数螯合物具有五元环或六元环结构,螯合物中的多原子环称为螯合环,与中心原子形成螯合物的多齿配体称为螯合剂,中心原子与螯合剂的数目之比称为螯合比。

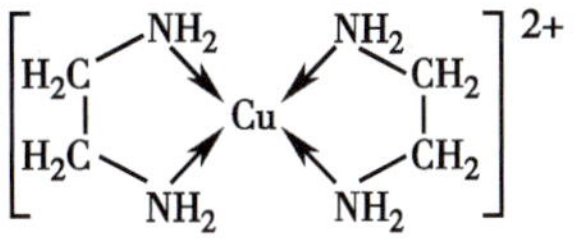

螯合剂具有两大特点:一是螯合剂必须是多齿配体,且相邻的配位原子之间相隔 2 个或 3 个原子,以便形成稳定的五元环

图 9-1 $[Cu(en)_2]^{2+}$ 的结构

或六元环结构;二是绝大多数螯合剂为有机化合物,只有极少数的是无机化合物,如三聚磷酸根。

知识链接

三聚磷酸钠

三聚磷酸钠又称三磷酸钠($Na_5P_3O_{10}$),常用作水质软化剂,能除去锅炉中的水垢。因 Ca^{2+}、Mg^{2+} 都能与三聚磷酸根形成稳定的螯合物,所以在锅炉水中加入三聚磷酸钠,可以阻止 Ca^{2+}、Mg^{2+} 形成难溶盐沉积于锅炉内壁上。另外,三聚磷酸钠是洗涤剂中常用的优良助剂,一般添加量为 10% ~ 30%。

乙二胺四乙酸、乙二胺四乙酸根均缩写为 EDTA,是常用的螯合剂,实际工作中使用的是乙二胺四乙酸二钠(水溶性好)。EDTA 能与很多金属离子形成稳定的螯合物。如 Ca^{2+} 与单齿配体很难形成配合物,但能与 EDTA 形成稳定的螯合物 $[Ca(EDTA)]^{2-}$,其结构中包含 5 个五元环,螯合比是 1:1。$[Ca(EDTA)]^{2-}$ 的结构见图 9-2。

具有五元环或六元环的螯合物比具有相同配位数的简单配合物稳定得多。如 $[Ni(en)_2]^{2+}$ 在高度稀释的溶液中亦相当稳定,而 $[Ni(NH_3)_4]^{2+}$ 在同样条件下早已析出氢氧化镍沉淀。像这种由于螯合环的形成而使螯合物具有特殊稳定性的作用称为螯合效应。多齿配体中配位原子越多,生

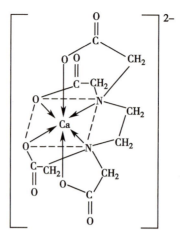

图 9-2 ［Ca（EDTA）］²⁻的结构

成螯合物的螯合环越多,螯合效应越强。

螯合物在医药方面应用广泛。如螯合剂二巯丙醇用作铅、汞、砷等中毒的解毒剂。又如 EDTA 用作血液制品的抗凝剂,在药物分析中用于除去金属离子的干扰。

点滴积累

1. 配合物一般分为内界和外界两部分。内界由形成体(中心原子)和配位体(配体)组成,外界是与配离子结合的带相反电荷的离子。
2. 配位数的计算公式:配位数 = ∑配体数×配体齿数。
3. 配合物按配体数目+配体名称+合+中心原子名称+中心原子氧化数的格式命名。
4. 两可配体的配位原子不同,其名称也不同。
5. 构成螯合物的配体都是多齿配体,能形成螯合环,存在螯合效应。

第二节　配合物的价键理论

一、价键理论的基本要点

1928 年,鲍林将杂化轨道理论应用到配位化学中,形成了配合物的价键理论。价键理论较好地解释了配合物的空间构型和配位键的本质,其要点如下。

1. 中心原子与配体之间的结合力是配位键。

2. 为了增强成键能力,中心原子能量相近的几个空轨道进行杂化,形成能量相等,且具有一定方向性的杂化轨道。中心原子的杂化轨道与配位原子的孤对电子形成配位键。

3. 配离子的空间结构、配位数及其稳定性主要取决于杂化轨道的数目和类型。

中心原子的杂化类型与配离子的空间构型见表9-2。

表 9-2　中心原子的杂化类型与配离子的空间构型

配位数	杂化类型	空间构型	实例
2	sp	直线	$[Ag(NH_3)_2]^+$ $[Au(CN)_2]^-$
3	sp^2	三角形	$[CuCl_3]^{2-}$ $[HgI_3]^-$
4	sp^3	四面体	$[NiCl_4]^{2-}$ $[Zn(NH_3)_4]^{2+}$
4	dsp^2	平面四边形	$[Cu(NH_3)_4]^{2+}$ $[Pt(NH_3)_2Cl_2]$
5	dsp^3	三角双锥体	$[Fe(CO)_5]$ $[Ni(CN)_5]^{3-}$
6	sp^3d^2 d^2sp^3	八面体	$[Co(NH_3)_6]^{3+}$ $[Fe(CN)_6]^{3-}$

二、内轨型配合物与外轨型配合物

根据中心原子参与杂化的轨道不同,可以将配合物分为内轨型配合物和外轨型配合物两大类。

(一)内轨型配合物

中心原子用次外层的$(n-1)d$轨道和外层的ns、np轨道进行杂化,所形成的配合物称为内轨型配合物。一般来说,电负性较小的配位原子(如碳原子)容易给出孤对电子,对中心原子电子层结构影响较大,使中心原子的$(n-1)$d电子发生重排,空出的$(n-1)$d轨道参与杂化,容易形成内轨型配合物。例如Fe^{3+}与CN^-形成的$[Fe(CN)_6]^{3-}$是内轨型配合物。

由于CN^-容易给出电子,当CN^-接近Fe^{3+}时,Fe^{3+}的3d轨道上的5个d电子发生重排,空出2个3d轨道与1个4s轨道、3个4p轨道杂化,组成6个d^2sp^3杂化轨道,与CN^-形成6个配位键,得到内轨型配合物$[Fe(CN)_6]^{3-}$。Fe^{3+}和$[Fe(CN)_6]^{3-}$的轨道表示式见图9-3。

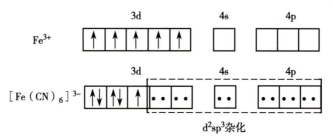

图9-3 Fe^{3+}和$[Fe(CN)_6]^{3-}$的轨道表示式

(二)外轨型配合物

中心原子用外层ns、np和nd轨道进行杂化,形成的配合物称为外轨型配合物。一般来说,电负性较大的原子(如氟原子、氧原子)不容易给出孤对电子,对中心原子内层的d电子排布几乎没有影响,其内层电子分占$(n-1)$d轨道且自旋平行,容易形成外轨型配合物。例如Fe^{3+}与F^-形成的$[FeF_6]^{3-}$属于外轨型配合物,Fe^{3+}和$[FeF_6]^{3-}$的轨道表示式见图9-4。

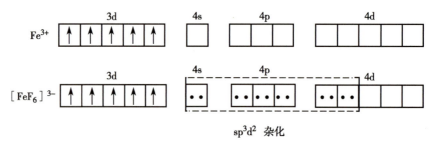

图9-4 Fe^{3+}和$[FeF_6]^{3-}$的轨道表示式

Fe^{3+}具有$3d^5$的电子层结构,在形成$[FeF_6]^{3-}$配离子时,用外层的4s、4p和4d轨道进行sp^3d^2杂化,组成6个sp^3d^2杂化轨道,与6个F^-形成6个配位键,因此$[FeF_6]^{3-}$是外轨型配合物。

采用sp、sp^3、sp^3d^2杂化的中心原子与配体形成的配合物都属于外轨型配合物,如$[Ag(NH_3)_2]^+$、$[NiCl_4]^{2-}$、$[Zn(NH_3)_4]^{2+}$、$[Fe(H_2O)_6]^{2+}$。

中心原子$(n-1)$d轨道的能量比nd轨道低,同一中心原子所形成的内轨型配合物一般比外轨型配合物稳定。例如$[Fe(CN)_6]^{3-}$比$[FeF_6]^{3-}$稳定。

内轨型或外轨型配合物的判断

配合物属于内轨型还是外轨型,取决于配体的配位能力和中心原子的价电子层结构。

1. 配体的配位能力

(1)若配位原子的电负性较小,易给出孤对电子,对中心原子的$(n-1)d$轨道影响较大,配体的配位能力较强,倾向于形成内轨型配合物。

(2)若配位原子的电负性较大,不易给出孤对电子,对中心原子的$(n-1)d$轨道影响不大,配体的配位能力较弱,倾向于形成外轨型配合物。

2. 中心原子的价电子层结构

(1)d^{10}型,无空$(n-1)d$轨道,只能形成外轨型配合物。

(2)$d^4 \sim d^9$型,由配体的配位能力强弱决定配合物的类型。

(3)$d^0 \sim d^3$型,有空$(n-1)d$轨道,易形成内轨型配合物。

3. 同一中心原子形成的内轨型配合物比外轨型配合物稳定。

三、配合物的磁性

配合物在磁场中表现出不同的磁性。如果配合物中存在未成对电子,则配合物在磁场中感应产生与磁场方向相同的磁矩,这样的配合物为顺磁性。如果配合物中无未成对电子,则配合物在磁场中感应产生与磁场方向相反的磁矩,此配合物为反磁性。例如$[FeF_6]^{3-}$有5个未成对的3d电子,是顺磁性的;而$[Fe(CN)_6]^{4-}$中没有未成对电子,是反磁性的。

配合物的磁性由未成对电子的自旋运动和电子所在的轨道运动所产生,其大小用磁矩μ表示。第一过渡金属元素形成的配合物,由于中心原子的d轨道受配体场的影响较大,而轨道运动产生的磁矩很小,可以忽略,因此其磁矩与未成对电子数n的近似关系为:

$$\mu = \mu_0 \sqrt{n(n+2)} \qquad \text{式(9-1)}$$

式中,$\mu_0 = 1\text{BM}$,BM是玻尔磁子的符号,是磁矩的单位。由式(9-1)计算出的第一过渡金属元素所形成的配合物中未成对电子数n与磁矩μ之间的关系见表9-3。

表9-3　第一过渡金属元素的配合物磁矩理论值

n	0	1	2	3	4	5
μ/BM	0	1.73	2.83	3.87	4.90	5.92

由表9-3可知,未成对电子数越多,磁矩越大;未成对电子数越少或等于零,则磁矩越小或等于零。根据配合物的磁矩实验值,可以利用式(9-1)求出未成对电子数n,由此判断配合物是内轨型的还是外轨型的。

第三节　配位平衡

一、配合物的稳定常数

向 $CuSO_4$ 溶液中加入过量氨水,会生成深蓝色的$[Cu(NH_3)_4]^{2+}$离子反应方程式如下:

$$Cu^{2+}+4NH_3 \rightleftharpoons [Cu(NH_3)_4]^{2+}$$

正反应称为配位反应,逆反应称为解离反应。在一定温度下,当配位反应和解离反应速率相等时,达到了配位平衡,其化学平衡常数称为配离子的稳定常数,用 $K_稳$ 表示。例如$[Cu(NH_3)_4]^{2+}$的稳定常数表达式如下:

$$K_稳 = \frac{[Cu(NH_3)_4^{2+}]}{[Cu^{2+}][NH_3]^4}$$

一些常见配离子的稳定常数见表9-4。

表9-4　常见配离子的稳定常数（298K）

配离子	$K_稳$	配离子	$K_稳$	配离子	$K_稳$
$[Ag(CN)_2]^-$	1.0×10^{21}	$[Cd(SCN)_4]^{2-}$	3.8×10^2	$[Fe(CN)_6]^{3-}$	1.0×10^{42}
$[Ag(NH_3)_2]^+$	1.6×10^7	$[Cu(CN)_2]^-$	1.0×10^{24}	$[Fe(C_2O_4)_3]^{3-}$	1.6×10^{20}
$[Ag(SCN)_2]^-$	4.0×10^8	$[Cu(NH_3)_2]^+$	7.4×10^{10}	$[Fe(NCS)_2]^+$	3.0×10^3
$[Ag(S_2O_3)_2]^{3-}$	1.6×10^{13}	$[Cu(CN)_4]^{2-}$	2.0×10^{27}	$[HgCl_4]^{2-}$	1.2×10^{15}
$[Al(C_2O_4)_3]^{3-}$	2.0×10^{16}	$[Cu(NH_3)_4]^{2+}$	4.8×10^{12}	$[HgI_4]^{2-}$	6.8×10^{29}
$[AlF_6]^{3-}$	6.9×10^{19}	$[Cu(OH)_4]^{2-}$	3.2×10^{18}	$[Hg(CN)_4]^{2-}$	1.0×10^{41}
$[Ca(EDTA)]^{2-}$	3.7×10^{10}	$[Cu(en)_2]^{2+}$	4.0×10^{19}	$[Mg(EDTA)]^{2-}$	4.9×10^8
$[CdCl_4]^{2-}$	3.1×10^2	$[Co(NH_3)_6]^{2+}$	1.3×10^5	$[Ni(NH_3)_6]^{2+}$	5.5×10^8
$[CdI_4]^{2-}$	3.0×10^6	$[Co(NCS)_4]^{2-}$	1.0×10^3	$[Pd(EDTA)]^{2-}$	1.1×10^{18}
$[Cd(NH_3)_4]^{2+}$	1.0×10^7	$[Co(NH_3)_6]^{3+}$	1.4×10^{35}	$[Zn(CN)_4]^{2-}$	1.0×10^{16}
$[Cd(NH_3)_6]^{2+}$	1.4×10^5	$[Fe(CN)_6]^{4-}$	1.0×10^{35}	$[Zn(NH_3)_4]^{2+}$	2.9×10^9

配合物的形成是分步进行的,每一步反应所对应的平衡常数称为配合物的逐级稳定常数。根

据多重平衡规则,配合物的稳定常数等于其逐级稳定常数的乘积,即:

$$K_稳 = K_1 \cdot K_2 \cdots K_n \qquad 式(9\text{-}2)$$

一般来说,配体数相同的配合物,$K_稳$越大,配合物越稳定。配体数目不同的配合物,不能用$K_稳$直接比较稳定性,只能通过计算结果来判断。例如$[Fe(EDTA)]^-$和$[Fe(CN)_6]^{3-}$的$K_稳$分别为1.7×10^{24}和1.0×10^{42},但实际上前者比后者稳定得多。

二、配位平衡的移动

配位平衡与其他化学平衡一样,是一种动态平衡,如果改变平衡体系的条件,平衡将发生移动。例如若增大溶液的酸度、配体生成难解离的弱酸,配位平衡则逆向移动;若降低溶液的酸度、中心原子发生水解,配位平衡也逆向移动。

(一)溶液 pH 对配位平衡的影响

H^+浓度的改变对配位平衡有较大的影响,可以分为酸效应和水解效应。

1. 酸效应　形成配离子的配体都是质子碱,可以接受质子,使配合物解离。当溶液 pH 降低时,配体与H^+结合形成弱酸,溶液中配体的浓度降低,使配位平衡向配离子解离的方向移动。这种因溶液的酸度增大,导致配合物稳定性降低的现象称为酸效应。

例如,向$[FeF_6]^{3-}$溶液中加入强酸,因F^-与H^+结合成难电离的弱酸 HF,使平衡向配离子解离的方向移动。反应方程式为:

$$[FeF_6]^{3-} + 6H^+ \rightleftharpoons Fe^{3+} + 6HF$$

酸效应对配合物稳定性的影响程度取决于配离子的$K_稳$和配体共轭酸的K_a。一方面,配合物的$K_稳$越小,酸效应越强;反之,配合物的$K_稳$越大,酸效应越弱。例如,由于$[Ag(CN)_2]^-$的稳定常数(1.0×10^{21})比$[Ag(NH_3)_2]^+$的稳定常数(1.6×10^7)大得多,所以前者受酸效应的影响比后者小得多,$[Ag(CN)_2]^-$在酸性溶液中仍能稳定存在。另一方面,$[Fe(NCS)_2]^+$的$K_稳$并不大,仅为3.0×10^3,但$[Fe(NCS)_2]^+$在酸性条件下却能稳定存在,这是因为 HSCN 是强酸,不易生成。

2. 水解效应　当溶液的 pH 增大时,因中心原子发生水解,降低了溶液的中心原子浓度,导致配合物的稳定性下降,这种现象称为水解效应。

大多数配合物的中心原子是过渡金属离子,容易发生水解反应。若降低溶液的酸度,中心原子的水解程度增大,平衡向配合物解离的方向移动,配合物的稳定性降低。例如向$[FeF_6]^{3-}$溶液中加入 NaOH 时,Fe^{3+}发生水解生成$Fe(OH)_3$沉淀,导致$[FeF_6]^{3-}$解离。反应方程式为:

$$[FeF_6]^{3-} + 3OH^- \rightleftharpoons Fe(OH)_3\downarrow + 6F^-$$

> **课 堂 活 动**
>
> 分析$[Fe(CN)_6]^{3-}$在酸性和碱性条件下是否稳定,有无酸效应和水解效应。

(二)沉淀剂对配位平衡的影响

配位平衡体系中加入沉淀剂可能导致配离子解离。如果沉淀剂与中心原子反应生成沉淀,会降低平衡体系的中心原子浓度,使平衡向配离子解离的方向移动。例如向$[Ag(NH_3)_2]^+$溶液中加

入 NaBr,由于生成难溶的浅黄色 AgBr 沉淀,导致 $[Ag(NH_3)_2]^+$ 解离。反应方程式如下:

$$[Ag(NH_3)_2]^+ + Br^- \rightleftharpoons AgBr\downarrow + 2NH_3$$

配离子的稳定常数越小,且生成难溶强电解质的溶度积越小,则配离子越容易解离,沉淀越易生成;反之,难溶强电解质的溶度积越大,配离子的稳定常数也越大,配离子就越难解离,沉淀越难生成。

课堂活动

写出 298K 时,$[Ag(NH_3)_2]^+$ 与 Br^- 反应达到平衡状态时的化学平衡常数表达式,并计算出化学平衡常数值。

(三)氧化剂和还原剂对配位平衡的影响

配合物溶液中若加入与配体或中心原子发生氧化还原反应的试剂,则配体或中心原子的浓度降低,导致配位平衡向解离的方向移动。例如,向 $[Fe(NCS)_2]^+$ 溶液中加入 $SnCl_2$ 溶液,由于 Sn^{2+} 将 Fe^{3+} 还原为 Fe^{2+},溶液的血红色褪去,即 $[Fe(NCS)_2]^+$ 解离。反应方程式为:

$$2[Fe(NCS)_2]^+ + Sn^{2+} \rightleftharpoons 2Fe^{2+} + 4SCN^- + Sn^{4+}$$

(四)配位平衡之间的相互转化

向一种配离子溶液中加入另一种能与中心原子形成更稳定配离子的配体,则原来的配位平衡转化为新的配位平衡。例如,在 $[Ag(NH_3)_2]^+$ 溶液中,加入足量的 CN^-,$[Ag(NH_3)_2]^+$ 将转化为 $[Ag(CN)_2]^-$。这是因为 $[Ag(NH_3)_2]^+$ 的稳定常数(1.6×10^7)远小于 $[Ag(CN)_2]^-$ 的稳定常数(1.0×10^{21}),反应正向进行的趋势较大。反应方程式为:

$$[Ag(NH_3)_2]^+ + 2CN^- \rightleftharpoons [Ag(CN)_2]^- + 2NH_3$$

点滴积累

1. 对配体数相同的配合物来说,$K_稳$ 越大,配合物越稳定。
2. 溶液的酸碱度、沉淀剂、氧化剂、还原剂和配位剂都可能影响配位平衡的移动,即配位平衡与酸碱平衡、沉淀溶解平衡、氧化还原平衡或其他配位平衡可以互相转化。

第四节　配合物的应用

一、生命必需的金属元素

目前认为生命必需的元素有 27 种,其中金属元素 14 种,包括 Na、K、Mg、Ca、V、Cr、Mn、Fe、Co、

Ni、Cu、Zn、Mo、Sn。生命必需金属元素在人体中的质量分数为 $4 \times 10^{-8} \sim 0.014$，其中 K、Na、Ca、Mg 的质量分数占人体内金属元素的 99% 以上，称为宏量金属元素；其余 10 种称为微量金属元素。

生物体内的微量金属元素通常以配合物的形式存在。在生物体内，蛋白质、核酸、多糖、磷脂及其各级降解产物都可以作为金属元素的配体，称为生物配体。生命必需金属元素与生物配体之间的相互作用构成了生命活动的基础。

生命必需元素在体内的含量有严格的确定范围，当严重缺乏或过量时，会对人的健康造成危害。生命必需金属元素缺乏时，需要从体外及时补充。

二、有毒金属元素的促排

配体能与重金属离子形成配离子，在医药上可用作解毒剂，又称为促排剂。环境污染、金属代谢障碍及过量服用金属元素药物均能引起金属中毒。对于金属中毒，临床上利用螯合疗法进行解毒。有害金属的促排剂应满足下列条件。

1. 促排剂及促排剂与金属离子形成的配合物必须对人体无毒害。

2. 促排剂与金属离子形成的配合物的稳定性必须高于该金属离子与体内生物配体形成的配合物的稳定性。

3. 促排剂与金属离子形成的配合物可溶于水，便于随尿液排出体外。

在采用螯合疗法排除体内的有害金属离子时，常将用于解毒的配体转化为金属配合物后再使用。例如，为了排出体内的铬而不影响锌，可以将解毒配体转化为锌的配合物；又如，用 EDTA 二钠盐促排体内的铅时，会导致血钙水平的降低而引起痉挛，用 $Na_2[Ca(EDTA)]$ 既可以顺利排铅，又能保持血钙不受影响。

> **知识链接**
>
> ### 铂类药物
>
> 1965 年，美国物理学家罗森伯格首次发现顺铂对肿瘤细胞生长具有抑制作用，铂类药物遂成为临床上的一线抗肿瘤药。
>
> 对铂类药物的研究主要有两个发展方向，一是改善顺铂的毒副作用，二是克服其在瘤体内的耐药性。自 20 世纪 70 年代起，人们从数千种含铂化合物中筛选出 10 余种进行临床试验。1986 年卡铂上市，成为第二代铂类抗肿瘤药。2002 年洛铂上市，它在乳腺癌、小细胞肺癌和慢性粒细胞白血病治疗中展现了明确的疗效，且无明显肾毒性，对末梢神经和听神经亦未见损害，恶心、呕吐的反应较轻，在这些方面洛铂明显优于顺铂。

习题

复习导图

目标检测

一、简答题

1. 简述配合物的命名原则。

2. 简述配合物价键理论的要点。

3. 列表比较配位平衡、酸碱平衡和沉淀溶解平衡的平衡常数。

4. 举例说明配合物在医药方面的应用。

5. 命名下列配离子或配合物,并指出配位数、配体和配位原子。

(1) $[HgI_4]^{2-}$

(2) $[CrCl_2(H_2O)_4]^+$

(3) $[Ni(NH_3)_4(H_2O)_2]Cl_2$

(4) $Na_2[PtCl_4]$

(5) $K[Ag(CN)_2]$

(6) $[Zn(NH_3)_4](OH)_2$

(7) $[Ni(CO)_4]$

(8) $[Pt(en)_2Cl_2]Cl_2$

6. 写出下列配位化合物的化学式。

(1) 硫酸四氨合锌(Ⅱ)

(2) 氯化二氯·三氨·一水合钴(Ⅲ)

(3) 二异硫氰酸根合铁(Ⅲ)酸钾

(4) 六氯合铂(Ⅳ)酸钾

7. 在 $[Zn(NH_3)_4]SO_4$ 溶液中存在下列化学平衡:

$$[Zn(NH_3)_4]^{2+} \rightleftharpoons Zn^{2+} + 4NH_3$$

分别向此溶液中加入少量下列物质,试判断上述平衡移动的方向,并写出有关的化学方程式。

(1) 稀 H_2SO_4 溶液;(2) NH_3 溶液;(3) Na_2S 溶液;(4) KCN 溶液。

二、计算题

1. 计算 0.1mol/L $[Ag(NH_3)_2]^+$ 溶液和 0.1mol/L $[Ag(CN)_2]^-$ 溶液中的 Ag^+ 浓度,并根据计算结果比较 $[Ag(NH_3)_2]^+$ 与 $[Ag(CN)_2]^-$ 的稳定性大小。

2. 将 50ml 0.1mol/L $AgNO_3$ 溶液加入 50ml 6.0mol/L NH_3 溶液中,达到平衡后,Ag^+ 和 NH_3 的浓度各为多少?

3. 向 0.1mol/L $[Ag(NH_3)_2]^+$ 溶液中加入 $Na_2S_2O_3$ 溶液,使 $Na_2S_2O_3$ 的浓度为 1.0mol/L,再加入氨水使 NH_3 的浓度为 1.0mol/L,计算达到平衡时溶液中 $[Ag(NH_3)_2]^+$ 的浓度。(加入 $Na_2S_2O_3$ 溶

液和氨水引起的体积变化可以忽略不计)

4. 向 0.1mol/L $[Ag(NH_3)_2]^+$ 溶液中加入 NaCl 固体,使 Cl⁻ 浓度为 0.001mol/L,通过计算说明是否有 AgCl 沉淀生成。

(李伟娜)

实训七　配合物的生成和性质

【实训目的】

1. 掌握配合物的生成和组成检验。
2. 熟悉配位平衡的移动及配离子的相对稳定性。
3. 了解配合物与复盐的区别。

【实训内容】

(一) 实训用品

1. **仪器**　试管、烧杯、表面皿、石棉网、铁架台、铁圈、酒精灯。

2. **试剂和材料**　6mol/L 氨水、2mol/L HCl 溶液、0.1mol/L CuSO₄ 溶液、0.1mol/L BaCl₂ 溶液、2mol/L NaOH 溶液、0.1mol/L NaOH 溶液、0.1mol/L NaCl 溶液、0.1mol/L FeCl₃ 溶液、0.1mol/L KI 溶液、0.1mol/L NaBr 溶液、0.1mol/L AgNO₃ 溶液、0.1mol/L Na₂S₂O₃ 溶液、0.1mol/L KSCN 溶液、0.1mol/L NH₄Fe(SO₄)₂ 溶液、95% 乙醇溶液、红色石蕊试纸。

(二) 实训步骤

1. 配合物的生成和组成检验

(1) $[Cu(NH_3)_4]^{2+}$ 的生成:取 2 支试管,各加入 1ml 0.1mol/L CuSO₄ 溶液,再逐滴加入 6mol/L 氨水,生成浅蓝色沉淀后,继续逐滴加入氨水至沉淀消失,观察溶液呈现的颜色。向其中一支试管中逐滴加入 95% 乙醇至结晶全部析出,静置后上清液为无色,观察溶液底部的结晶颜色。另一支试管中的 $[Cu(NH_3)_4]SO_4$ 溶液备用。

(2) $[Cu(NH_3)_4]SO_4$ 与 CuSO₄ 的组成检验:取 2 支试管各加入上述自制的 $[Cu(NH_3)_4]SO_4$ 溶液 5 滴,向其中一支试管中加入 1 滴 0.1mol/L BaCl₂ 溶液,另一支试管中加入 1 滴 0.1mol/L NaOH 溶液,观察现象。

另取 2 支试管,各加入 5 滴 0.1mol/L CuSO₄ 溶液,向其中一支试管中加入 1 滴 0.1mol/L BaCl₂ 溶液,另一支试管中加入 1 滴 0.1mol/L NaOH 溶液,观察现象。

根据上述实验现象说明 $[Cu(NH_3)_4]SO_4$ 与 CuSO₄ 的组成有何差别,并解释。

2. 配合物与复盐的区别

（1）$NH_4Fe(SO_4)_2$溶液中离子的鉴定

1）SO_4^{2-}鉴定：向盛有 5 滴 0.1mol/L $NH_4Fe(SO_4)_2$ 溶液的试管中加入 1 滴 0.1mol/L $BaCl_2$ 溶液，观察现象。

2）Fe^{3+}鉴定：向试管中加入 5 滴 0.1mol/L $NH_4Fe(SO_4)_2$ 溶液，再加入 1 滴 0.1mol/L KSCN 溶液，观察现象。

3）NH_4^+鉴定：在一块较大的表面皿中心位置加 5 滴 0.1mol/L $NH_4Fe(SO_4)_2$ 溶液，再加入 3 滴 0.1mol/L NaOH 溶液，搅拌混匀。在另一块较小的表面皿中心位置黏附一块润湿的红色石蕊试纸，将它盖在大表面皿上做成气室，将此气室放在水浴上微热 2 分钟，观察现象。

（2）$[Cu(NH_3)_4]SO_4$ 溶液中 Cu^{2+} 的鉴定：在 2 支试管中各加入 5 滴自制的 $[Cu(NH_3)_4]SO_4$ 溶液，向其中一支试管中加入 1 滴 0.1mol/L NaOH 溶液，另一支试管中加入 1 滴 2mol/L NaOH 溶液，观察现象。

根据实验现象，说明配合物与复盐的区别。

3. 配位平衡的移动

（1）酸碱度对配位平衡的影响：在盛有 1ml 0.1mol/L KSCN 溶液的试管中加入 2 滴 0.1mol/L $FeCl_3$ 溶液，混匀后分成两份。一份中逐滴加入 2mol/L NaOH 溶液至有沉淀生成，另一份中加入与 NaOH 溶液滴数相同的 2mol/L HCl 溶液。观察现象，并解释之。

（2）沉淀剂对配位平衡的影响：在一支试管中加入 5 滴 0.1mol/L $AgNO_3$ 溶液和 5 滴 0.1mol/L NaCl 溶液，观察是否有沉淀生成。向生成沉淀的试管中加入 6mol/L 氨水至沉淀刚好溶解，再加入 5 滴 0.1mol/L NaBr 溶液，观察是否有浅黄色沉淀生成；继续滴加 0.1mol/L $Na_2S_2O_3$ 溶液，边加边摇，直至沉淀刚好溶解，再滴加 0.1mol/L KI 溶液，观察是否有黄色沉淀生成。解释上述现象，查阅有关的溶度积常数和配合物稳定常数进行分析。

【实训注意】

1. 使用氨水、盐酸、氢氧化钠、碳酸钠、硫酸铜、硝酸银、硫氰酸钾、氯化铁、硫代硫酸钠、碘化钾等试剂时要做好安全防护。

2. 操作时试剂要逐滴加入，每加 1 滴试剂都要先混匀，再仔细观察现象。

3. 实验废液要倒入指定回收瓶中，不可倒入下水道内。

【实训检测】

1. 从溶液中结晶析出 $[Cu(NH_3)_4]SO_4$ 晶体时，为什么要加入乙醇？能否采用蒸发结晶法？

2. 向有过量 NH_3 存在的 $[Cu(NH_3)_4]^{2+}$ 溶液中加入 NaOH 或 HCl 溶液，对配位平衡有何影响？

3. 为什么 $FeCl_3$ 能与 KI 反应生成 I_2，而 $K_3[Fe(CN)_6]$ 则不能？

【实训记录】

见表 9-5、表 9-6 和表 9-7。

表 9-5　$CuSO_4$ 与 [$Cu(NH_3)_4$] SO_4 的组成检验

编号	待检试液	所加入试剂	现象	解释
1	$CuSO_4$	0.1mol/L $BaCl_2$		
2		0.1mol/L NaOH		
3	[$Cu(NH_3)_4$]SO_4	0.1mol/L $BaCl_2$		
4		0.1mol/L NaOH		

表 9-6　配合物与复盐的鉴别试验

编号	待检试液	所加入试剂	现象	解释
1	$NH_4Fe(SO_4)_2$	0.1mol/L $BaCl_2$		
2		0.1mol/L KSCN		
3		0.1mol/L NaOH		
4	[$Cu(NH_3)_4$]SO_4	0.1mol/L NaOH		
5		2mol/L NaOH		

表 9-7　酸碱度对配合物稳定性的影响

编号	待检试液	所加入试剂	现象	解释
1	$K_3[Fe(NCS)_6]$	2mol/L HCl		
2		2mol/L NaOH		

（李伟娜）

第十章　常见非金属元素及其化合物

ER 10-1

第十章
常见非金
属元素及
其化合物
（课件）

学习目标

1. **掌握**　常见非金属元素及其重要化合物的性质、非金属元素性质中的一些变化规律。
2. **熟悉**　卤素、氧族元素、氮族元素、碳族元素的通性。
3. **了解**　非金属元素在医药领域及生活、生产中的应用。

导学情景

情景描述：

　　李某与家中的猫咪玩耍时，手被抓出了两道深深的伤口并流血。李某去医院处理，医师给出治疗方案：先用肥皂水清洗伤口，然后用碘伏消毒，并建议注射疫苗。

学前导语：

　　碘伏是单质碘与聚乙烯吡咯烷酮的不定型结合物，医疗上用于皮肤、黏膜的杀菌消毒。碘伏中的单质碘属于一种常见的非金属元素。本章将学习常见非金属及其化合物的基本知识和基本理论。

　　非金属元素及其化合物在日常生活、工业生产、环境保护和医药卫生等方面具有重要的作用，本章主要学习常见的非金属元素及其重要化合物。

第一节　卤族元素

　　周期表中ⅦA族的氟（F）、氯（Cl）、溴（Br）、碘（I）、砹（At）5种元素统称卤族元素，简称卤素。卤素原子的价层电子组态为ns^2np^5，因此它们容易获得1个电子变为卤离子（X^-），但氯、溴、碘与电负性较大的元素化合时，常表现出+1、+3、+5、+7的氧化数。

一、卤化氢和卤化物

（一）卤化氢

　　卤化氢（HX）均为无色、有强烈刺激性气味的气体，溶于水生成氢卤酸。纯的氢卤酸都是无色液体，具有挥发性。氢氯酸（即盐酸）、氢溴酸、氢碘酸均为强酸，酸性强弱顺序为HI>HBr>HCl>HF。

卤化氢中卤原子的氧化数为-1，处于最低氧化态，因而具有还原性。例如：

$$2HI+Cl_2=I_2+2HCl$$

$$4HI+O_2=2I_2+2H_2O$$

X^-还原能力的强弱顺序为 $I^->Br^->Cl^->F^-$，与卤素单质氧化能力的强弱顺序（$F_2>Cl_2>Br_2>I_2$）相反。因此，Cl_2 可以将 Br^- 和 I^- 从其化合物中置换出来，Br_2 可以将 I^- 从其化合物中置换出来。

$$Cl_2+2Br^-=2Cl^-+Br_2$$

$$Cl_2+2I^-=2Cl^-+I_2$$

$$Br_2+2I^-=2Br^-+I_2$$

单质碘遇到淀粉显蓝（紫）色，《中国药典》中用于碘化物的鉴别。

氢氟酸能与二氧化硅或硅酸盐（玻璃、陶瓷的主要成分）发生反应，所以氢氟酸能够腐蚀玻璃，常贮存在塑料或铅制容器中。

$$4HF+SiO_2=SiF_4\uparrow+2H_2O$$

（二）卤化物

大多数金属卤化物易溶于水，但氯、溴、碘的银盐则难溶于水中。表 10-1 中列出了 AgX（X = Cl、Br、I）的一些常见性质。

表 10-1　卤化银的性质

卤化银	颜色	加入硝酸	加入氨水	加入硫代硫酸钠
AgCl	白色	不溶解	溶解	溶解
AgBr	淡黄色	不溶解	部分溶解	溶解
AgI	黄色	不溶解	不溶解	不溶解

现行版《中华人民共和国药典》利用 Cl^- 与 Ag^+ 作用生成沉淀的性质来鉴别氯化物。

二、卤素的含氧酸及其盐

除氟外，氯、溴、碘均形成氧化数为+1、+3、+5 和+7 的含氧酸（表 10-2）及其盐。其中，氯的含氧酸及其盐用途最广。

表 10-2　卤素的含氧酸

名称	氧化数	氯	溴	碘
次卤酸	+1	HClO*	HBrO*	HIO*
亚卤酸	+3	HClO₂*	HBrO₂*	
卤酸	+5	HClO₃*	HBrO₃*	HIO₃
高卤酸	+7	HClO₄	HBrO₄*	HIO₄、H₅IO₆

注：*表示仅存在于溶液中。

（一）次氯酸及其盐

次氯酸的酸性弱于碳酸,其氧化性强而具有杀菌和漂白作用。但次氯酸不稳定,室温下能发生分解。

$$2HClO = 2HCl + O_2 \uparrow$$

次氯酸能杀死水中的细菌,所以自来水常用氯气(1L水里通入约0.002g氯气)进行杀菌消毒。

次氯酸钙为白色粉末,有极强的氯臭,也是漂白粉的有效成分。漂白粉有消毒和漂白作用,也用于城乡饮用水、游泳池水等的杀菌消毒。

$$2Cl_2 + 2Ca(OH)_2 = Ca(ClO)_2 + CaCl_2 + 2H_2O$$

$$Ca(ClO)_2 + H_2O + CO_2 = CaCO_3 + 2HClO$$

（二）氯酸及其盐

氯酸仅存在于溶液中,酸的强度与盐酸、硝酸接近。氯酸钾是最重要的氯酸盐,为无色片状结晶或白色颗粒或粉末,微溶于乙醇,溶于水和碱溶液。在催化剂二氧化锰存在下加热,分解为氯化钾和氧气,这是实验室中制备氧气的方法。氯酸钾用于制造炸药、烟火、火柴等。

（三）高氯酸及其盐

高氯酸是最强的无机酸,在水中完全解离成 H^+、ClO_4^-,且是氯的含氧酸中稳定性最高的存在形式,能够在低温稀溶液中保持稳定。在分析化学领域,其冰醋酸溶液作为常用非水酸碱滴定标准试剂,专用于测定含碱性基团有机物的含量。这种测定方法已被多国药典收录,广泛应用于各类药品的含量分析中,成为药物质量控制的重要技术手段。

高氯酸盐大多易溶于水,但高氯酸钾却难溶于水,故高氯酸可用于鉴定 K^+。

知识链接

氯水与液氯

氯水是氯气的水溶液,氯水与紫色石蕊试液作用时,先变红后褪色,先变红是由于氯水中存在 H^+,褪色是因为 HClO 具有很强的氧化性。

液氯是氯气液化所得,由氯气分子组成的纯净物。它可使湿润的红色布条褪色,但不能使干燥的红色布条褪色。

三、拟卤素

某些原子团在游离状态时类似于卤素单质,形成离子时与卤离子的性质相似,这些原子团称为拟卤素,又称为类卤素。重要的拟卤素有氰 $[(CN)_2]$ 和硫氰 $[(SCN)_2]$,其对应的阴离子为氰离子(CN^-)和硫氰酸根离子(SCN^-)。

（一）氢氰酸和氰化物

氰化氢(HCN)的水溶液称氢氰酸,是一种挥发性弱酸。氢氰酸盐称为氰化物,常见的有氰化钠和氰化钾,它们都易溶于水。氢氰酸和氰化物均为剧毒品。

氰离子具有还原性和强配位性。在碱性条件下,氯气可以氧化废水中的氰化物。

$$2CN^- + 8OH^- + 5Cl_2 = 2CO_2\uparrow + N_2 + 10Cl^- + 4H_2O$$

工业上采用加入硫酸亚铁和消石灰除去废水中的氰化物,生成稳定且无毒的配合物 $[Fe(CN)_6]^{4-}$。铁氰化钾$[K_3[Fe(CN)_6]]$和亚铁氰化钾$[K_4[Fe(CN)_6]]$是Fe^{2+}和Fe^{3+}的鉴定试剂,药物分析中用于亚铁盐、铁盐的鉴别试验。

(二)硫氰化物

硫氰化物大多易溶于水。硫氰酸根离子能与许多过渡金属离子形成配合物,与Fe^{3+}形成血红色配合物是鉴定Fe^{3+}和SCN^-的特征反应。

$$Fe^{3+} + 6SCN^- = [Fe(NCS)_6]^{3-}$$

现行版《中华人民共和国药典》中,上述反应用于铁盐的鉴别试验和杂质(Fe^{3+})的检查。

点滴积累

1. 卤素表现出典型的非金属性,是同周期中最活泼的非金属元素。
2. 氢卤酸的酸性:HI>HBr>HCl>HF;卤离子的还原性:$I^- > Br^- > Cl^- > F^-$。

第二节　氧族元素

周期表中ⅥA族的氧(O)、硫(S)、硒(Se)、碲(Te)、钋(Po)5种元素统称氧族元素。本节主要讨论氧族元素中最常见的氧和硫。

氧族元素表现出较活泼的非金属性。氧和硫是典型的非金属元素,其中氧的电负性仅次于氟。在化合物中,氧常见的氧化数为-2,硫元素常见的氧化数为-2、+4、+6。

一、臭氧与过氧化氢

(一)臭氧

打雷时在电火花作用下,高空中的氧气分子发生反应产生臭氧(O_3)。臭氧很不稳定,在紫外线照射下,又分解产生氧气。在距地面20~40km的大气平流层中存在臭氧保护层,臭氧层可以吸收紫外线,对地面生物有重要的保护作用。近些年来,还原性气体SO_2、H_2S等大量排放对臭氧层有破坏作用,对此应严加控制。

臭氧是一种有特殊臭味的蓝色气体,在水中的溶解度为每100ml溶49.4ml,具有杀菌能力,用于饮用水消毒、空气净化以及含有机物废水的处理。

（二）过氧化氢

过氧化氢（H_2O_2）俗称双氧水，纯过氧化氢是淡蓝色黏稠状液体，可与水以任意比例混溶。通常所用的双氧水为过氧化氢的水溶液。H_2O_2 的分子结构如图 10-1 所示。

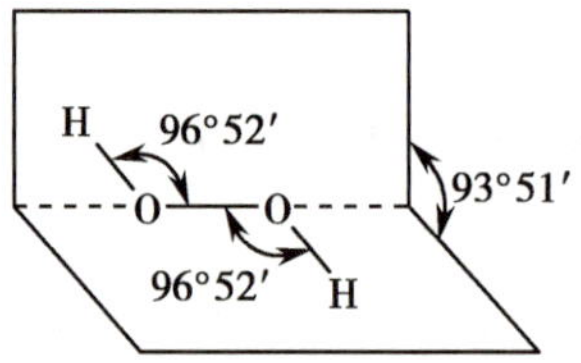

1. H_2O_2 是二元弱酸 H_2O_2 的浓溶液和碱作用成盐。

$$H_2O_2 = H^+ + HO_2^- \quad K_{a1} = 1.8 \times 10^{-12}$$

$$H_2O_2 + Ba(OH)_2 = BaO_2\downarrow + 2H_2O$$

2. 具有较强的氧化性 在酸、碱中氧化性都很强。

$$2HI + H_2O_2 = I_2 + 2H_2O$$

$$PbS + 4H_2O_2 = PbSO_4 + 4H_2O$$

图 10-1 H_2O_2 的分子结构

H_2O_2 是常用的氧化剂，且还原产物为水，它不会对环境造成污染，主要用作纸浆、棉织物、羊毛、丝等的漂白剂。它还有消毒和杀菌作用，适用于伤口消毒，30g/L H_2O_2 的稀溶液为临床上处理伤口等的消毒剂。

3. 还原性 在酸性溶液中还原性不强，需强氧化剂才能将其氧化。

$$2MnO_4^- + 5H_2O_2 + 6H^+ = 2Mn^{2+} + 5O_2\uparrow + 8H_2O$$

4. 不稳定性 易分解为水和氧气。

$$2H_2O_2 = O_2\uparrow + 2H_2O$$

案例分析

案例：药物分析中，常用比浊的方法检查碘化物中的氯化物。

分析：在酸性溶液中加入过量的过氧化氢，煮沸至溶液无色后，此时 H_2O_2 将 I^- 氧化成次碘酸根，成为无色溶液。

再加入硝酸和硝酸银试液，只有 Cl^- 与 Ag^+ 生成白色的 AgCl，并与标准氯化钠溶液比浊，溶液的混浊度不超过标准溶液，则氯化物的含量符合要求。

---

5. 与重铬酸钾的反应 在重铬酸钾（$K_2Cr_2O_7$）的酸性溶液中加入有机溶剂乙醚，再加入少量 H_2O_2，振荡，有机层中有 CrO_5 生成，显蓝色。现行版《中华人民共和国药典》利用该反应检验 H_2O_2 的存在。

$$Cr_2O_7^{2-} + 4H_2O_2 + 2H^+ = 2CrO_5 + 5H_2O$$

课堂活动

醚等有机物因在空气中氧化产生过氧化物，极易发生爆炸，使用时常通过加入 KI 检测过氧化物的存在，请大家讨论检测原理。

二、硫的化合物

（一）金属硫化物

金属硫化物在水中的溶解度相差很大，且大多数都有特征性颜色，见表 10-3。

表 10-3 常见的金属硫化物的溶解性和颜色

溶于水	溶于稀盐酸	溶于浓盐酸	溶于浓硝酸	仅溶于王水
Na_2S（白色）	MnS（肉色）、ZnS（白色）	CdS（黄色）	CuS（黑色）、Cu_2S（黑色）	Hg_2S（黑色）
K_2S（白色）	CoS（黑色）、NiS（黑色）	PbS（黑色）	Ag_2S（黑色）、As_2S_3（浅黄）	HgS（黑色）
$(NH_4)_2S$（白色）	FeS（黑色）	SnS（褐色）	As_2S_5（浅黄）	

利用这些性质可以初步分离和鉴别各种金属离子，如：

$$Pb^{2+}+S^{2-}=PbS\downarrow（黑色）$$

（二）硫代硫酸钠

含氧酸中的氧原子被硫原子取代所得的酸称为硫代某酸，对应的盐称为硫代某酸盐。硫代硫酸钠（$Na_2S_2O_3\cdot5H_2O$）的商品名为海波，俗称大苏打，是一种无色透明晶体，易溶于水，其水溶液显弱碱性。$Na_2S_2O_3$ 在中性或碱性溶液中很稳定，在酸性溶液中迅速分解。

$$Na_2S_2O_3+2HCl=2NaCl+S\downarrow+SO_2\uparrow+H_2O$$

此反应用来鉴定 $S_2O_3^{2-}$ 的存在。制备 $Na_2S_2O_3$ 时，溶液必须控制在碱性范围内，否则将会有硫析出而使产品变黄。

$S_2O_3^{2-}$ 的结构与 SO_4^{2-} 类似，具有四面体构型，可以看成是 SO_4^{2-} 中的一个 O 原子被 S 原子取代后的产物。$S_2O_3^{2-}$ 中的两个 S 原子的平均氧化数为+2，中心 S 原子的氧化数为+6，另一个 S 原子的氧化数为-2。因此，$Na_2S_2O_3$ 具有中等强度的还原性，用作药物制剂中的抗氧化剂。例如，$Na_2S_2O_3$ 可被碘氧化为连四硫酸钠（$Na_2S_4O_6$），分析化学运用该反应定量测定碘。

$$2Na_2S_2O_3+I_2=Na_2S_4O_6+2NaI$$

硫代硫酸根能与许多重金属离子形成稳定的配合物，并能将 CN^- 转化为 SCN^-，医药上用作卤素、氰化物和重金属中毒时的解毒剂。

$$AgX+2S_2O_3^{2-}=\left[Ag(S_2O_3)_2\right]^{3-}+X^-$$

$$S_2O_3^{2-}+CN^-=SO_3^{2-}+SCN^-$$

点滴积累

1. 过氧化氢具有弱酸性、氧化性、还原性及不稳定性。

2. $Na_2S_2O_3$ 与碘定量反应，常用于分析测定物质的含量。

第三节　氮族元素

周期表中 V A 族的氮（N）、磷（P）、砷（As）、锑（Sb）、铋（Bi）5 种元素统称氮族元素。其中氮和磷是构成生命体的重要元素。

氮族元素随着原子序数的递增，从典型的非金属元素（N、P）过渡到典型的金属元素（Bi），表现出一个完整的过渡。在化合物中，氮族元素的主要氧化数为 −3、+3 和 +5，由于电负性较小，形成正氧化数的趋势较明显，与电负性较大的元素结合时，氧化数主要为 +3 和 +5。

氮可以形成氧化数由 +1 到 +5 的多种氧化物，如 N_2O、NO、N_2O_3、NO_2（或 N_2O_4）、N_2O_5，其中以 NO 和 NO_2 较为重要。工业尾气、燃料废气和汽车尾气中含有的氮氧化物（主要是 NO 和 NO_2）是大气污染的主要来源。

一、氨和铵盐

（一）氨

常温下，氨（NH_3）是具有刺激性气味的无色气体，为极性分子，其水溶液称氨水。氨水显碱性，是 NH_3 结合了 H_2O 解离出的 H^+ 使氨水显弱碱性，能使酚酞溶液变红色，对应的盐称为铵盐。

$$NH_3 + H_2O \rightleftharpoons NH_3 \cdot H_2O \rightleftharpoons NH_4^+ + OH^-$$

氨是常见的配体，可与中心原子形成稳定的配合物。如：

$$Ag^+ + 2NH_3 = [Ag(NH_3)_2]^+$$

许多金属难溶盐和难溶性氢氧化物能够溶解在氨水中。

$$AgCl + 2NH_3 = [Ag(NH_3)_2]Cl$$

$$Cu(OH)_2 + 4NH_3 = [Cu(NH_3)_4](OH)_2$$

（二）铵盐

铵盐一般为无色晶体，易溶于水。由于 NH_3 的挥发性和弱碱性，铵盐遇强碱分解放出氨气，氨气遇湿润的红色石蕊试纸变蓝，这是鉴定铵离子的特征反应，实验室常用该反应制备氨气。

$$NH_4^+ + OH^- = NH_3\uparrow + H_2O$$

铵盐受热极易分解，产物取决于酸根的性质。例如：

$$NH_4Cl = NH_3\uparrow + HCl\uparrow$$

$$2NH_4NO_3 = 2N_2\uparrow + O_2\uparrow + 4H_2O$$

二、硝酸及其盐

(一)硝酸

纯硝酸是易挥发、具有刺激性气味的无色液体。硝酸不稳定,浓硝酸见光或受热易分解。

$$4HNO_3 \xrightarrow{h\nu \text{ 或} \triangle} 4NO_2\uparrow + O_2\uparrow + 2H_2O$$

硝酸具有强氧化性,几乎能够与所有金属(金、铂等除外)发生反应,还原产物取决于硝酸的浓度和金属的活泼性。例如:

$$Cu + 4HNO_3(\text{浓}) = Cu(NO_3)_2 + 2NO_2\uparrow + 2H_2O$$

$$3Cu + 8HNO_3(\text{稀}) = 3Cu(NO_3)_2 + 2NO\uparrow + 4H_2O$$

$$4Zn + 10HNO_3(\text{极稀}) = 4Zn(NO_3)_2 + NH_4NO_3 + 3H_2O$$

1 体积浓硝酸与 3 体积浓盐酸的混合溶液称为王水。王水的氧化能力比硝酸更强,可溶解不溶于硝酸的金、铂等贵金属。

$$Au + HNO_3 + 4HCl = H[AuCl_4] + NO\uparrow + 2H_2O$$

(二)硝酸盐

硝酸盐均为易溶于水的无色晶体,不稳定,受热易分解而产生氧气,可作为高温时的供氧剂。例如:

$$2NaNO_3 = 2NaNO_2 + O_2\uparrow$$

$$2Pb(NO_3)_2 = 2PbO + 4NO_2\uparrow + O_2\uparrow$$

$$2AgNO_3 = 2Ag + 2NO_2\uparrow + O_2\uparrow$$

黑火药就是由硝酸钾、硫黄、木炭混合制成的,其爆炸反应为:

$$2KNO_3 + S + 3C = K_2S + N_2\uparrow + 3CO_2\uparrow$$

知识链接

空气污染物及防治措施

空气中的主要污染物有硫氧化物(SO_2、SO_3)、氮氧化物(NO、NO_2)、一氧化碳等。空气中的这些污染物相互协同作用产生二次污染,其危害性远大于各自的作用。

空气污染综合防治的主要措施如下:①减少或防止污染物的排放,如改善能源结构、改进燃烧装置和燃烧技术,对燃料进行预处理等;②治理排放的主要污染物,利用除尘器、气体吸收塔及应用其他物理、化学和物理化学方法回收废气中的有用物质或使有害物质无害化;③发展植物净化、扩大绿地面积等。

三、磷和砷

（一）磷酸

磷酸是非挥发性的中强三元酸，在磷的含氧酸中是最稳定的。磷酸受强热时脱水，依次生成焦磷酸、三磷酸和多聚的偏磷酸。三磷酸是链状结构，多聚的偏磷酸是环状结构。五氧化二磷溶于热水中即可得到磷酸。

$$P_2O_5 + 3H_2O(热水) = 2H_3PO_4$$

（二）磷酸盐

磷酸盐分为磷酸正盐、磷酸一氢盐和磷酸二氢盐。磷酸二氢盐均易溶于水，而磷酸一氢盐和磷酸正盐中仅有钠、钾、铵盐易溶于水。其中，磷酸银为浅黄色固体，溶于氨水或稀硝酸中，现行版《中华人民共和国药典》中用于磷酸盐的鉴别试验。任何一种磷酸盐（正盐或酸式盐）溶液内加入 $AgNO_3$，皆生成黄色沉淀 Ag_3PO_4。

$$2Na_2HPO_4 + 3AgNO_3 = Ag_3PO_4 \downarrow + 3NaNO_3 + NaH_2PO_4$$

$$HPO_4^{2-} + 3Ag^+ = Ag_3PO_4 \downarrow + H^+$$

含有硝酸的溶液中，将磷酸盐和过量的钼酸铵 $[(NH_4)_2MoO_4]$ 混合加热，慢慢析出黄色的磷钼酸铵沉淀，该反应用于鉴定磷酸根离子的存在。

$$PO_4^{3-} + 12MoO_4^{2-} + 24H^+ + 3NH_4^+ = (NH_4)_3PO_4 \cdot 12MoO_3 \cdot 6H_2O \downarrow + 6H_2O$$

（三）砷的氧化物及含氧酸

砷能形成氧化数为 +3 和 +5 的氧化物，如三氧化二砷（As_2O_3）、五氧化二砷（As_2O_5）及其水合物亚砷酸（H_3AsO_3）、砷酸（H_3AsO_4）。

三氧化二砷俗称砒霜，是一种白色粉末状固体，属剧毒品，致死量约为 0.1g。小剂量的砒霜联合全反式维 A 酸还能够治疗急性早幼粒细胞白血病。As_2O_3 和 H_3AsO_3 均为偏酸性的两性化合物，与碱溶液反应生成亚砷酸盐。

$$As_2O_3 + 6NaOH = 2Na_3AsO_3 + 3H_2O$$

亚砷酸盐在碱性溶液中是较强的还原剂，可以被单质碘氧化，分析化学中运用该反应标定碘溶液。

$$AsO_3^{3-} + I_2 + 2OH^- = AsO_4^{3-} + 2I^- + H_2O$$

在酸性溶液中，砷酸（H_3AsO_4）则表现出氧化性，可以将碘离子氧化。

$$AsO_4^{3-} + 2I^- + 2H^+ = AsO_3^{3-} + I_2 + H_2O$$

（四）砷化氢

砷化氢（AsH_3）又称胂，是具有大蒜味的有毒气体，受热分解后，加热部位形成亮黑色的"砷镜"，以此检验砷的存在。

$$As_2O_3 + 6Zn + 6H_2SO_4 = 2AsH_3 \uparrow + 6ZnSO_4 + 3H_2O$$

$$2AsH_3 = 2As + 3H_2 \uparrow$$

第四节 碳、硅和硼

周期表中ⅣA族的碳(C)、硅(Si)、锗(Ge)、锡(Sn)、铅(Pb)统称碳族元素，周期表中ⅢA族的硼(B)、铝(Al)、镓(Ga)、铟(In)、铊(Tl)统称硼族元素。本节主要讨论碳、硅和硼元素。

一、碳及其化合物

活性炭具有很强的吸附能力，是药物合成、天然药物有效成分的分离提取、药品生产和药物制剂等过程中不可缺少的吸附剂。医药上，药用炭(活性炭)常用作止泻吸附药，能吸附各种化学刺激物和胃肠内的各种有害物质，服用后可减轻肠内容物对肠壁的刺激性，减少肠道蠕动，从而起到止泻作用，还用于治疗各种胃肠胀气、腹泻和食物中毒等。

碳酸是二元弱酸，可以形成碳酸盐和碳酸氢盐。在一定条件下，碳酸盐和碳酸氢盐可以相互转化。例如：

$$CaCO_3 + CO_2 + H_2O = Ca(HCO_3)_2$$

向碳酸盐或碳酸氢盐溶液中加入盐酸，有二氧化碳气体放出。

$$CO_3^{2-} + 2H^+ = CO_2\uparrow + H_2O$$

这是检验CO_3^{2-}和HCO_3^-的特征反应。

二、硅和硼的化合物

(一)二氧化硅

二氧化硅又称硅石。石英为常见的二氧化硅晶体，无色透明的纯石英称为水晶，常用于制造耐高温仪器和光学仪器。可溶性硅酸盐与酸反应生成硅酸。

$$SiO_3^{2-} + 2H^+ = H_2SiO_3\downarrow$$

硅酸经过老化、洗涤、烘干即得到硅胶。在实验室中添加了$CoCl_2$的硅胶常用作干燥剂，用于分析天平和精密仪器的防潮，吸潮后呈现出$CoCl_2 \cdot 6H_2O$的粉红色，经烘干后仍可继续使用。

(二)硼酸

硼酸(H_3BO_3)为无色晶体,微溶于水,在热水中的溶解度增大。硼酸能够接受水电离出的 OH^- 而释放出 1 个 H^+,因此属于一元弱酸。

$$H_3BO_3+H_2O = B(OH)_4^- + H^+$$

硼酸与甘油或其他多元醇作用生成稳定的配合物,可使其酸性增强。

(三)硼砂

四硼酸钠($Na_2B_4O_7$)是最常见的硼酸盐,它的水合物($Na_2B_4O_7 \cdot 10H_2O$)俗称硼砂。硼砂因无吸湿性,易制得纯品,分析化学中用作标定盐酸溶液的基准物。铁、钴、镍、铬等金属氧化物或盐类与硼砂一起灼烧,生成偏硼酸复盐并呈现特殊的颜色,常用于金属离子的鉴定。

点滴积累

1. 碳酸(H_2CO_3)为二元弱酸,易分解放出二氧化碳。

2. 硼酸(H_3BO_3)为一元弱酸。

ER 10-2

习题

ER 10-3

复习导图

目标检测

一、完成并配平下列离子方程式

1. $H_2O_2 + HI =$

2. $H_2O_2 + H^+ + MnO_4^- =$

3. $I_2 + Na_2S_2O_3 =$

4. $S_2O_3^{2-} + H^+ =$

5. $AgBr + S_2O_3^{2-} =$

6. $Cu(OH)_2 + NH_3 =$

7. $AsO_3^{3-} + I_2 + 2OH^- =$

8. $Ca(ClO)_2 + CO_2 + H_2O =$

二、综合题

1. 鉴别 NaCl、NaBr 和 NaI 有哪几种方法?

2. 为什么硫代硫酸钠能作为卤素、重金属离子和氰化物的解毒剂?

3. 向某药物的溶液中加入硝酸银产生白色乳状沉淀,该沉淀溶于氨水,但不溶于硝酸中。该药物中一定含有哪种离子?为什么?

4. H_2S 溶液、Na_2S 溶液和 Na_2SO_3 溶液为何不能长时间存放?

5. 为什么含 KI 的药品在空气中容易发黄变质?

6. 溶液 A 中加入 NaCl 溶液,有白色沉淀 B 析出,B 溶于氨水得到溶液 C,将 NaBr 加到溶液 C 中,有浅黄色沉淀 D 析出,D 溶于 $Na_2S_2O_3$ 溶液中。A、B、C 和 D 各为什么物质?

7. A 溶液中加入稀盐酸,产生刺激性气体 B 和黄色沉淀 C,将 B 通入氢氧化钠溶液中得到 D 溶液, 氯水与 D 溶液作用生成溶液 E,E 与氯化钡溶液作用产生白色沉淀 F。试确定 A、B、C、D、E 和 F 各为何物。

(张刘生)

实训八　非金属元素(一)

【实训目的】

1. 比较卤素单质的氧化性和卤离子的还原性。

2. 验证次卤酸盐和卤酸盐的氧化性、过氧化氢的氧化性和还原性、不同氧化态硫化物的化学性质。

3. 学会过氧化氢的鉴定操作。

4. 具有设计实验验证简单物质化学性质的能力。

【实训内容】

(一) 实训用品

1. **仪器**　试管、离心管、烧杯、石棉网、铁架台、铁圈、酒精灯。

2. **试剂和材料**　碘水、0.1mol/L KBr 溶液、0.1mol/L NaClO 溶液、0.1mol/L KI 溶液、CCl_4、$KClO_3$ 晶体、1mol/L H_2SO_4 溶液、30g/L H_2O_2 溶液、95% 乙醇溶液、0.1mol/L $K_2Cr_2O_7$ 溶液、0.1mol/L $KMnO_4$ 溶液、0.1mol/L $Pb(NO_3)_2$ 溶液、0.1mol/L Na_2S 溶液、2mol/L HCl 溶液、6mol/L HCl 溶液、0.1mol/L $Na_2S_2O_3$ 溶液、硫黄粉、乙醚溶液。

(二) 实训步骤

1. 卤素单质的氧化性和卤离子的还原性　利用氯气、市售液溴、溴化钾、碘化钾和四氯化碳等试剂,设计实验验证卤素单质的氧化性和卤离子的还原性强弱顺序。

2. 卤素含氧酸盐的氧化性

(1) 次氯酸钠的氧化性:①取一支试管,依次加入 0.5ml 0.1mol/L NaClO 溶液、1ml CCl_4 和 5 滴 0.1mol/L KI 溶液,观察 CCl_4 层的颜色变化,写出反应方程式。②另取一支试管,加入 0.5ml 0.1mol/L NaClO 溶液和品红溶液数滴,观察现象。

(2) 氯酸钾的氧化性:①取一支试管加入少量 $KClO_3$ 晶体,加入约 1ml 水使之完全溶解,再加入几滴 0.1mol/L KI 溶液和 1ml CCl_4,观察 CCl_4 层有何变化。再加入几滴 H_2SO_4 溶液,观察有何变化。

写出反应方程式。②取黄豆大小的干燥 $KClO_3$ 晶体与硫黄粉（约 2∶1）混合，用纸包好，在指定地点用铁锤锤打，可听见爆炸声。

3. 过氧化氢的性质

（1）过氧化氢的氧化性和还原性：利用 H_2O_2、KI、H_2SO_4、$KMnO_4$ 等试剂，设计实验验证过氧化氢的氧化性和还原性。

（2）过氧化氢的检验：取一支试管，依次加入 1 滴 30g/L H_2O_2 溶液、2ml 蒸馏水、0.5ml 乙醚和 0.5ml 1mol/L H_2SO_4 溶液，再加入 3 滴 0.1mol/L $K_2Cr_2O_7$ 溶液，振摇后观察乙醚层的颜色。

4. 含硫化合物的性质

（1）硫化物的生成与溶解：取两支离心管，各加入 1ml 0.1mol/L $Pb(NO_3)_2$ 和 1ml 0.1mol/L Na_2S 溶液，观察现象。离心分离并弃去溶液，再往第一支试管中加入 1ml 2mol/L HCl 溶液，往第二支试管中加入 1ml 6mol/L HCl 溶液，观察沉淀的溶解情况并说明原因。

（2）硫代硫酸钠的性质：①取一支试管，加入 0.5ml 0.1mol/L $Na_2S_2O_3$ 溶液和 1ml 2mol/L HCl 溶液，放置片刻，观察溶液是否混浊，写出反应方程式。②取一支试管，加入 5 滴碘水，再向试管中滴加 0.1mol/L $Na_2S_2O_3$ 溶液，观察溶液颜色变化，写出反应方程式。

【实训注意】

1. 卤素单质的氧化能力为 $F_2>Cl_2>Br_2>I_2$，卤离子的还原能力为 $I^->Br^->Cl^->F^-$。氧化性强的卤素单质能够将还原性强的卤离子从其卤化物中置换出来。通过卤素单质与卤化物之间的置换反应，可以验证卤素单质氧化性与卤离子还原性的相对强弱。

次卤酸盐和卤酸盐在酸性介质中均有较强的氧化性。

2. 由于过氧化氢中氧的氧化数为 -1，介于 0 和 -2 之间，因而 H_2O_2 既有氧化性又有还原性。通过 H_2O_2 与常用还原剂的反应可以验证其氧化性，与常用氧化剂的反应验证其还原性。

H_2O_2 在酸性溶液中与铬酸盐反应，生成过氧化铬 CrO_5，它能比较稳定地存在于乙醚中并显蓝色，故常用于 H_2O_2 或 $Cr_2O_7^{2-}$、CrO_4^{2-} 的鉴定。

3. 含 S^{2-} 的溶液与硝酸铅溶液作用生成黑色的 PbS 沉淀，PbS 溶于浓盐酸而不溶于稀盐酸中。

$Na_2S_2O_3$ 是重要的还原剂，其氧化产物视反应条件而不同，例如 I_2 将其氧化为连四硫酸钠。但在酸性溶液中因生成的 $H_2S_2O_3$ 不稳定，会分解为 SO_2 和 S。

【实训检测】

1. 根据实验结果比较 $S_2O_3^{2-}$ 和 I^- 的还原性的强弱。

2. 过氧化氢为什么既有氧化性，又有还原性？请通过实验加以说明。

3. 在硫代硫酸钠与碘的反应中，能否加入酸？为什么？

实训九　非金属元素（二）

【实训目的】

1. 验证硝酸的氧化性、磷酸盐的溶解性和硼酸的酸性。
2. 练习NH_4^+、PO_4^{3-}、硼酸及其盐的鉴定和硼砂珠实验的操作技术。

【实训内容】

（一）实训用品

1. **仪器**　试管、表面皿、蒸发皿、烧杯、石棉网、铁架台、铁圈、酒精灯。

2. **试剂和材料**　0.1mol/L NH_4Cl 溶液、6mol/L NaOH 溶液、铜片、锌片、浓硝酸、2mol/L HNO_3 溶液、0.5mol/L HNO_3 溶液、0.1mol/L Na_3PO_4 溶液、0.1mol/L Na_2HPO_4 溶液、0.1mol/L NaH_2PO_4 溶液、2mol/L HCl 溶液、0.1mol/L $CaCl_2$ 溶液、0.1mol/L $AgNO_3$ 溶液、2mol/L 氨水、钼酸铵溶液、饱和硼酸溶液、甲基橙指示剂、甘油、pH 试纸、红色石蕊试纸、硼酸晶体、乙醇、浓硫酸、硼砂、铂丝、硝酸钴和氧化铬固体。

（二）实训步骤

1. 含氮化合物的性质

（1）NH_4^+ 的鉴定：在一个干燥的表面皿内滴入 0.1mol/L NH_4Cl 溶液和 6mol/L NaOH 溶液各 2 滴，在另一块稍小的表面皿凹面上贴上湿润的红色石蕊试纸，扣在前一块表面皿上，制成气室，放在水浴上加热，观察现象，并写出反应方程式。

（2）硝酸的氧化性

1）取两支试管，各加入一小块铜片，向两支试管中分别加入 1ml 浓硝酸和 10 滴 2mol/L HNO_3 溶液，观察现象，写出反应方程式。

2）取一支试管，加入一小块锌片，加入 1ml 0.5mol/L HNO_3 溶液，微热，观察现象，写出反应方程式。

2. 磷酸盐的性质

（1）三级磷酸盐的溶解性：取 3 支试管，分别加入 0.1mol/L Na_3PO_4、Na_2HPO_4 和 NaH_2PO_4 溶液各 5 滴，再各加入 10 滴 0.1mol/L $CaCl_2$ 溶液，观察现象。接着再各加入几滴 2mol/L HCl 溶液，观察有何变化。比较 3 种钙盐的溶解性。

（2）磷酸银的生成与溶解：取 3 支试管，分别加入 0.1mol/L Na_3PO_4、Na_2HPO_4 和 NaH_2PO_4 溶液各 3 滴，再各加入 8 滴 0.1mol/L $AgNO_3$ 溶液，观察现象。将每支试管中的溶液平均分成两份，3 支为一组。第一组试管中加入几滴 2mol/L 氨水，第二组试管中加入几滴 2mol/L HNO_3 溶液，观察现象。解释实验现象，并写出反应方程式。

（3）PO_4^{3-} 的鉴定：取一支试管，依次加入 2 滴 0.1mol/L Na_3PO_4 溶液、10 滴浓硝酸和 20 滴钼酸铵溶液，微热至 30~40℃，观察现象，写出反应方程式。

3. 硼酸及硼砂的性质

（1）硼酸的酸性：①取一支试管，加入 1ml 饱和硼酸溶液，用 pH 试纸测定其 pH，并加入 1 滴甲基橙指示剂，观察现象。再加入 5 滴甘油后，测定 pH，并观察溶液颜色的变化，解释原因。②硼酸及其盐的鉴定反应，即取一个蒸发皿，放入少量硼酸晶体、1ml 乙醇和数滴浓硫酸，混合均匀后点燃，观察火焰的颜色。

（2）硼砂珠实验：①硼砂珠的制备，即将顶端弯成小圈的铂丝用 2mol/L HCl 溶液洗净并烧至无色，蘸上一些硼砂固体，在氧化焰中灼烧并熔融成圆珠，观察硼砂珠的颜色和状态。②钴盐和铬盐的鉴定，即用烧红的硼砂珠分别蘸上少量硝酸钴和氧化铬固体，熔融之，冷却后观察硼砂珠的颜色。

【实训注意】

1. 含 NH_4^+ 的溶液与强碱溶液混合后加热时，产生的 NH_3，使湿润的红色石蕊试纸变蓝。

硝酸具有强氧化性，还原产物视硝酸的浓度和还原剂的还原能力而定。例如浓硝酸与金属铜作用，被还原为 NO_2；稀硝酸与金属铜作用，被还原为 NO；而极稀的硝酸与金属锌作用，则转化为铵盐。

2. 磷酸二氢盐均易溶于水，磷酸一氢盐和磷酸盐中仅有钠、钾、铵盐易溶于水。其中，磷酸银为浅黄色的固体，溶于氨水或稀硝酸中。

3. 硼酸为一元弱酸，与甘油或其他多元醇作用后酸性增强。

硼酸在浓硫酸存在下，与醇作用生成挥发性的硼酸酯，硼酸酯燃烧时产生边缘显绿色的火焰。

一些金属氧化物或盐类与硼砂熔融后，显出其特征颜色。其中，钴的化合物显蓝色，镍的化合物显绿色。

【实训检测】

1. 稀硝酸对金属的作用与稀硫酸或稀盐酸对金属的作用有什么不同？为什么一般情况下不用硝酸作为酸性介质？

2. 不同浓度的硝酸与活泼性不同的金属反应时，其产物有何不同？

3. 溶解磷酸银沉淀时,在盐酸、硫酸、硝酸中选用哪种最适宜? 为什么?

【实训记录】

(张刘生)

第十一章　常见金属元素及其化合物

学习目标

1. **掌握**　金属的通性、碱(土)金属单质及其化合物的性质、重要过渡金属的物理性质和化学性质。
2. **熟悉**　金属的氧化物、氢氧化物、盐的主要性质。
3. **了解**　一般过渡金属及其化合物的性质。

导学情景

情景描述：

　　患有缺铁性贫血的李女士,在医师建议下口服铁剂,通过规范用药,疗效很好。常用的口服铁剂有硫酸亚铁、葡萄糖酸亚铁和富马酸亚铁等。

学前导语：

　　除铁外,还有很多金属常用来合成药物。通过对本章内容的学习,我们可以了解碱(土)金属、过渡金属及其化合物的物理性质、化学性质和用途。

第一节　金属通论

一、概述

　　金属元素通常位于元素周期表的左方及左下方,包括 s 区(除 H 外)、d 区、ds 区、f 区的全部元素及 p 区左下方的部分元素。

　　金属单质都能形成晶体结构。在金属晶体的晶格结点上排列着金属原子和带正电荷的金属阳离子,金属原子易失去电子变为阳离子,阳离子也可重新捕获电子变成原子,电子就这样在原子和阳离子间不停地进行交换,使金属原子和阳离子之间存在自由运动的电子,这些自由电子不为某个原子所独有,而属于金属原子所共有。这种依靠流动的自由电子,使金属原子和阳离子相互结合在一起的作用称为金属键。显然,金属键没有方向性和饱和性。从整体来说,金属是电中性的。

二、金属的物理性质和化学性质

　　由于金属键的存在,金属具有很多共同的物理性质,包括具有特殊的金属光泽、不透明、良好的导电性和导热性、延展性、密度和硬度较大、熔点较高等。

导电性最好的金属是银,延展性最好的金属是金,密度最大的金属是锇,硬度最大的金属是铬,熔点最高的金属是钨,熔点最低的金属是汞。有些金属较软(如钠、钾等),可用刀切割。

金属在化学反应中容易失去电子,形成金属阳离子,因而表现出较强的还原性。所以金属可与非金属反应,也可与酸类、盐类及水反应。

> **点滴积累**
>
> 金属的通性——导电性、导热性、延展性,化学性质主要表现为还原性。

第二节 碱金属

碱金属元素位于周期表的 I A 族,包括锂(Li)、钠(Na)、钾(K)、铷(Rb)、铯(Cs)、钫(Fr)6 种元素,由于它们氧化物的水溶液呈强碱性,所以通称为碱金属。

一、钠、钾的物理性质和化学性质

钠和钾都具有银白色的金属光泽,焰色反应时,钠为黄色,钾为紫色(隔着蓝色钴玻璃观察)。它们的密度比水小,可浮在水面上;硬度也较小,可用刀切割,新切开的金属表面呈银白色,均具有良好的导电性。钠和钾的熔点和沸点较低。

钠和钾具有很强的化学活泼性,钾的活泼性比钠更强。

1. 与非金属反应 钠在干燥的空气中燃烧生成过氧化钠。

$$2Na+O_2 \xrightarrow{燃烧} Na_2O_2$$

常温下钠和钾能与氯气、硫等非金属猛烈反应,生成相应的氯化物、硫化物等。

2. 与水反应 与水均剧烈反应并放出氢气。

$$2K+2H_2O = 2KOH+H_2\uparrow$$

通常将钠和钾保存在干燥的煤油中。

> **知识链接**
>
> ### Na⁺ 和 K⁺ 的生理功能
>
> 对生物体来说,Na^+ 和 K^+ 两种离子相互协调,发挥了大部分生理功能。
>
> Na^+ 和 K^+ 最重要的 4 种生理功能是调节机体和细胞的渗透压;参与体内蛋白质和糖类的代谢;调节体

液的酸碱平衡;维持正常的神经兴奋性和心肌运动。

Na⁺和K⁺的生理功能远不止这些。如K⁺能降低高钠引起的高血压;Na⁺、K⁺可参与酶的合成,维持酶的作用等。这些都是Na⁺和K⁺生理功能的重要体现。

二、钠、钾的重要化合物

1. 过氧化物　过氧化钠是淡黄色固体,过氧化钾是白色固体。它们都能与水反应,生成相应的氢氧化物,并放出氧气。例如:

$$2Na_2O_2+2H_2O=4NaOH+O_2\uparrow$$

过氧化钠和过氧化钾与稀酸反应生成过氧化氢,过氧化氢不稳定,分解放出氧气。例如:

$$Na_2O_2+H_2SO_4(稀)=Na_2SO_4+H_2O_2$$

$$2H_2O_2=2H_2O+O_2\uparrow$$

过氧化钠可用于呼吸面具中作为氧气的来源,潜水艇在紧急情况时也可用过氧化钠来供氧。

$$2Na_2O_2+2CO_2=2Na_2CO_3+O_2\uparrow$$

2. 焦亚硫酸钠　焦亚硫酸钠($Na_2S_2O_5$)常用作药物制剂中的抗氧化剂,分析化学和药物分析中可用剩余滴定法测定其含量。

> **点滴积累**
>
> 钠、钾的性质很活泼,易与水和非金属发生反应。

第三节　碱土金属

碱土金属包括铍(Be)、镁(Mg)、钙(Ca)、锶(Sr)、钡(Ba)、镭(Ra)6种元素,位于周期表中的ⅡA族。由于钙、锶、钡的氧化物在性质上介于碱性和土性之间,因此又称为碱土金属元素。

一、镁、钙的物理性质和化学性质

镁和钙都是银白色金属,属于轻金属,熔点和沸点较高。

镁和钙都是较活泼的金属元素,表现出较强的还原性,易与氧气、水等化合。

镁的主要用途是制取轻合金,这种合金的特点是硬度和韧性都很大,而密度却很小,广泛用于飞机、导弹和汽车制造工业。另外,镁是很好的还原剂,如钛、铀的冶炼就是用镁作还原剂。钙也可用于制造合金,如含1%钙的铅合金可作轴承材料。镁和钙都是人体必需的元素。

二、镁、钙的化合物

1. 硫酸镁 硫酸镁($MgSO_4$)又称为泻盐,内服用作缓泻剂和十二指肠引流剂。$MgSO_4$注射剂主要用于抗惊厥。

2. 硫酸钙 二水硫酸钙($CaSO_4 \cdot 2H_2O$)俗称石膏,加热到160~200℃时,失去大部分结晶水而变成熟石膏。

$$2CaSO_4 \cdot 2H_2O = (CaSO_4)_2 \cdot H_2O + 3H_2O$$

熟石膏粉与水混合成糊状后,很快凝固和硬化,重新变成$CaSO_4 \cdot 2H_2O$。利用这种性质,熟石膏可以铸造模型和雕像,在医疗外科上用作石膏绷带。

现行版《中华人民共和国药典》中收录的钙盐类药物主要有葡萄糖酸钙、磷酸氢钙、乳酸钙和氯化钙等,用于治疗急性钙缺乏症、慢性钙缺乏症,抗过敏,以及作为镁中毒时的拮抗剂。

案例分析

案例: MgO常作为制酸药。

分析: 主要利用其碱性来配制内服药剂以中和过多的胃酸。现行版《中华人民共和国药典》中收录的常用含镁制酸药除氧化镁外,还有重质碳酸镁、铝碳酸镁、复方氢氧化铝和三硅酸镁等。

三、硬水及其软化

天然水中溶有较多的钙盐、镁盐时称为硬水。含有钙、镁的酸式碳酸盐的硬水称为暂时性硬水,加热煮沸后,酸式碳酸盐分解,生成不溶性碳酸盐沉淀而除去。

$$Mg(HCO_3)_2 \xrightarrow{\triangle} MgCO_3 \downarrow + H_2O + CO_2 \uparrow$$

$$Ca(HCO_3)_2 \xrightarrow{\triangle} CaCO_3 \downarrow + H_2O + CO_2 \uparrow$$

含有钙、镁硫酸盐或氯化物的硬水称为永久性硬水,加热时不能除去钙盐和镁盐。水中钙盐和镁盐的含量常用硬度来表示。硬水对日常生活和工业生产会造成不利影响,严重时会危害机器设备的管道,在药厂和卫生检验中要严格控制水的硬度。减少硬水中钙盐和镁盐含量的过程叫硬水软化。水的软化方法很多,有化学方法——石灰纯碱法,即在硬水中加入石灰、纯碱等,使水中溶解的钙盐、镁盐生成$CaCO_3$、$Mg(OH)_2$沉淀而除去。还有离子交换法,即水中的Ca^{2+}、Mg^{2+}等被离子交换树脂吸附,它们与离子交换树脂交换放出H^+。离子交换树脂可再生并重复使用。

第四节　铝

铝是ⅢA族的金属元素,在化合物中的氧化数为+3,铝在地壳中的含量仅次于氧和硅,居第3位。

一、铝的物理性质和化学性质

铝是银白色轻金属,密度为 $2.7g/cm^3$,具有良好的延展性、导电性和导热性,无磁性。在金属中,铝的导电、传热能力仅次于银和铜,延展性仅次于金。铝易制成筒、管、棒或箔,铝箔广泛用于药品片剂、胶囊剂的包装。

铝是较活泼的金属,能与非金属、酸、碱及氧化物反应。

1. 与非金属反应　铝与空气接触很快失去光泽,表面生成一层致密而坚固的氧化物薄膜,从而阻止内部的铝被继续氧化,这种现象叫钝化。利用铝的钝化原理,工业上常用铝罐储运发烟硝酸。

2. 铝的两性　铝是两性金属,既能溶于稀盐酸和稀硫酸溶液,也易溶于强碱溶液。例如:

$$2Al+6HCl = 2AlCl_3+3H_2\uparrow$$

$$2Al+2NaOH+6H_2O = 2Na[Al(OH)_4]+3H_2\uparrow$$

3. 与某些金属氧化物反应　铝能从许多金属氧化物中夺取氧,表现出较强的亲氧性。例如:

$$2Al+Fe_2O_3 = 2Fe+Al_2O_3$$

反应放出大量的热,温度可达 3 000℃左右。铝粉和金属氧化物的混合物称为铝热剂,可用于钢轨的无缝焊接,还可用于制取难熔的金属如钒、铬、锰等。

二、铝的化合物

1. 氧化铝　氧化铝是一种典型的两性氧化物,既能与酸反应,又能与碱反应。例如:

$$Al_2O_3+6HCl = 2AlCl_3+3H_2O$$

$$Al_2O_3+2NaOH+3H_2O = 2Na[Al(OH)_4]$$

2. 氢氧化铝　氢氧化铝为不溶于水的白色胶状物质,但能凝聚水中的悬浮物,并能吸附色素。$Al(OH)_3$是良好的抗酸药,临床上用于治疗胃酸过多,常制成氢氧化铝凝胶剂或氢氧化铝片剂,作用缓慢而持久。Al(OH)₃凝胶本身就能保护溃疡面,其与胃酸作用的产物 AlCl₃也具有收敛和局部止血的作用。

Al(OH)₃是两性物质,既能溶于强酸,又能溶于强碱。例如:

$$Al(OH)_3+3HCl=AlCl_3+3H_2O$$

$$Al(OH)_3+NaOH=Na[Al(OH)_4]$$

3. 明矾 明矾$[KAl(SO_4)_2·12H_2O]$为无色晶体,易溶于水,并发生水解反应,溶液呈酸性。

明矾水解生成的 Al(OH)₃溶胶具有吸附能力,广泛用于水的净化。明矾具有收敛作用,5~20g/L 的溶液可用于洗眼或含漱。

知识链接

铝的危害

过量铝摄入已被证实会损害肾功能,并可能增加患阿尔茨海默病的风险。针对阿尔茨海默病患者的研究显示,约30%的患者其脑内新皮质区域的铝浓度超过 $4\mu g/g$(干重)。此外,患者脑部神经元细胞核内的铝含量显著高于健康人群。作为药学工作者,我们肩负守护人民健康的责任,在药品研发和用药指导中应恪守职业道德,推动行业规范发展,预防金属元素可能引发的健康风险。

点滴积累

铝、氧化铝、氢氧化铝都具有两性,既可与强酸反应,又能与强碱反应。

第五节 铁、铬、锰

铁(Fe)、铬(Cr)、锰(Mn)都是过渡金属元素,在生产及生活中使用最为普遍。

一、铁及其化合物

铁在元素周期表中位于第四周期ⅧB族。含铁的矿物主要有磁铁矿(Fe_3O_4)、赤铁矿(Fe_2O_3)、褐铁矿($2Fe_2O_3·3H_2O$)、黄铁矿(FeS_2)、菱铁矿($FeCO_3$)等。

(一)铁的物理性质

铁具有灰白色的金属光泽,具有良好的导热性、导电性、延展性和铁磁性。

(二)铁的化学性质

铁在地壳中的含量仅次于氧、硅和铝,居第 4 位,是中等活泼的金属元素,能与非金属、酸、水、盐等发生化学反应,常见的氧化数为+2 和+3,其中+3 氧化数的化合物较为稳定。

1. 与水、酸、盐反应 在潮湿的空气中,铁很容易被腐蚀生成铁锈。铁能与盐酸、稀硫酸及稀硝酸作用生成亚铁盐或铁盐。在常温下,铁遇浓硫酸及浓硝酸产生钝化现象,可用铁制容器贮运浓硫酸和浓硝酸。铁能与比它活泼性弱的金属盐溶液反应,置换出这种金属。

2. 氧化还原性 在碱性介质中,+2 氧化态的氢氧化物都具有还原性。$Fe(OH)_2$ 的还原性最强,空气中的 O_2 就能氧化 $Fe(OH)_2$,故实验中往往得不到白色的 $Fe(OH)_2$ 沉淀,看到的是灰绿色的 $Fe(OH)_2$ 和 $Fe(OH)_3$ 的混合物,最后变为红褐色的 $Fe(OH)_3$ 沉淀。

$$4Fe(OH)_2+O_2+2H_2O=4Fe(OH)_3$$

在酸性介质中,Fe^{3+} 为中强氧化剂,能与 I^-、Sn^{2+}、SO_3^{2-} 等多种还原剂作用。例如,在分析化学中用佛尔哈德法的返滴定法测定 I^- 时,应先加入过量的 $AgNO_3$ 标准溶液,再加铁铵矾指示剂,以防止 Fe^{3+} 氧化 I^-,影响分析结果。

$$2Fe^{3+}+2I^-=2Fe^{2+}+I_2$$

(三)铁的化合物

Fe_2O_3 有 α-Fe_2O_3 和 γ-Fe_2O_3 两种不同的构型。α-Fe_2O_3 广泛用作红色颜料,用于制备铁氧体磁性材料。γ-Fe_2O_3 是生产录音磁带的磁性材料。

FeO 是黑色晶体,不稳定,在空气中加热,迅速被氧化成四氧化三铁。

$Fe_3O_4(FeO \cdot Fe_2O_3)$ 是一种有磁性的黑色晶体,俗称磁性氧化铁,其纳米材料具有优异的磁性和宽频率范围的强吸收性,是战略轰炸机、导弹的隐形材料。

二、铬及其化合物

铬(Cr)是ⅥB 族元素,属于过渡金属元素。纯铬具有银白色的金属光泽,有延展性,其熔点、沸点较高,抗腐蚀性强,硬度也最大。大量的铬用于制造合金,含铬、镍的钢称为不锈钢,它的抗腐蚀性能极强,是机械设备制造的重要原材料。

(一)铬(Ⅲ)的化合物

1. Cr_2O_3 和 $Cr(OH)_3$ 的两性 Cr_2O_3 是绿色固体,微溶于水,熔点为 2 670K。Cr_2O_3 呈两性,既溶于酸又溶于碱溶液,生成相应的盐。例如:

$$Cr_2O_3+3H_2SO_4=Cr_2(SO_4)_3+3H_2O$$

$$Cr_2O_3+2NaOH=H_2O+2NaCrO_2$$

铬(Ⅲ)盐溶液与适量的氨水或 NaOH 溶液作用时,生成灰绿色的 $Cr(OH)_3$ 胶状沉淀。$Cr(OH)_3$ 也具有两性,能与酸或碱溶液作用生成相应的盐。此外,$Cr(OH)_3$ 还能溶解在过量氨水中,生成配合物。

$$Cr(OH)_3+6NH_3=[Cr(NH_3)_6](OH)_3$$

2. 铬（Ⅲ）的还原性 铬（Ⅲ）在碱性介质中的还原性较强。在碱性溶液中，CrO_2^- 能被 H_2O_2、Cl_2 等氧化剂氧化成 CrO_4^{2-}。

$$2CrO_2^- + 3H_2O_2 + 2OH^- = 2CrO_4^{2-} + 4H_2O$$

在酸性介质中，铬（Ⅲ）的还原性较弱，只有过硫酸铵或高锰酸钾等少数强氧化剂才能将铬（Ⅲ）氧化为铬（Ⅵ）。例如：

$$10Cr^{3+} + 6MnO_4^- + 11H_2O = 5Cr_2O_7^{2-} + 6Mn^{2+} + 22H^+$$

3. 铬（Ⅲ）盐的水解性 可溶性铬（Ⅲ）盐溶于水时，发生水解，使溶液显酸性。

$$Cr^{3+} + 3H_2O = Cr(OH)_3 + 3H^+$$

如果降低溶液的酸度，则生成灰绿色的 $Cr(OH)_3$ 胶状沉淀。

（二）铬（Ⅵ）的化合物

铬（Ⅵ）化合物中最重要的是可溶性含氧酸盐，有重铬酸钾和铬酸钾。

1. 强氧化性 在酸性介质中，重铬酸盐和铬酸盐都是强氧化剂。例如：

$$K_2Cr_2O_7 + 6KI + 14HCl = 2CrCl_3 + 8KCl + 3I_2 + 7H_2O$$

$$K_2Cr_2O_7 + 14HCl(浓) \xrightarrow{\triangle} 2CrCl_3 + 3Cl_2\uparrow + 7H_2O + 2KCl$$

$K_2Cr_2O_7$ 饱和溶液与浓 H_2SO_4 的混合物称为铬酸洗液，洗液中的深红色沉淀为 CrO_3。

$$K_2Cr_2O_7 + H_2SO_4(浓) = 2CrO_3\downarrow + K_2SO_4 + H_2O$$

CrO_3 是铬酸酐，具有极强的氧化性。铬酸洗液可用于洗涤玻璃器皿上的污物。由于铬（Ⅵ）具有明显的毒性，已逐渐被其他洗涤剂所代替。

2. 生成沉淀反应 当向铬酸盐或重铬酸盐溶液中加入 Ba^{2+}、Pb^{2+}、Ag^+ 等离子时，生成铬酸盐沉淀。例如：

$$2Ag^+ + CrO_4^{2-} = Ag_2CrO_4\downarrow$$

$$2Pb^{2+} + Cr_2O_7^{2-} + H_2O = 2H^+ + 2PbCrO_4\downarrow$$

重铬酸盐都能溶于水。铬酸盐中仅碱金属盐、铵盐、镁盐易溶，钙盐略溶。

铬酸盐沉淀不溶于弱酸，但可溶于强酸。这是因为在铬酸盐和重铬酸盐溶液中有下列平衡：

$$Cr_2O_7^{2-} + H_2O \rightleftharpoons 2CrO_4^{2-} + 2H^+$$

橙红色   黄色

由平衡方程式可知，加酸平衡向左移动，溶液中的 $Cr_2O_7^{2-}$ 浓度升高，溶液显橙红色；加碱平衡向右移动，溶液中的 CrO_4^{2-} 浓度升高，溶液显黄色。溶液中 $Cr_2O_7^{2-}$ 和 CrO_4^{2-} 的相对浓度取决于溶液的 pH。

在酸性溶液中，重铬酸盐或铬酸盐能与 H_2O_2 作用，生成蓝色的过氧化铬，此反应可用于鉴别 CrO_4^{2-} 和 $Cr_2O_7^{2-}$。

三、锰及其化合物

（一）锰

锰（Mn）是ⅦB 族元素，也属于过渡金属元素。致密的块状锰是银白色的，粉末状为灰色。锰的合金非常重要,如锰钢很坚硬、抗冲击、耐磨损,可制造钢轨、盔甲等。

锰可以形成+2、+3、+4、+6、+7氧化数的多种化合物,但以+2、+4、+7氧化数的化合物更为常见。锰比铬活泼,能从热水中置换出氢气,也可溶于稀酸中,在高温下能够直接与卤素、硫、碳和磷等非金属发生反应。

(二)锰的化合物

1. 锰(Ⅱ)的化合物　锰(Ⅱ)的重要化合物是可溶性锰盐,常见的有 $MnSO_4$、$MnCl_2$ 和 $Mn(NO_3)_2$。Mn(Ⅱ)化合物在碱性介质中还原性较强,例如当 Mn^{2+} 与 OH^- 作用时,可生成 $Mn(OH)_2$ 白色沉淀,放置片刻即被空气中的 O_2 氧化,生成棕色的 $MnO(OH)_2$。

$$Mn^{2+}+2OH^-=Mn(OH)_2\downarrow$$

$$2Mn(OH)_2+O_2=2MnO(OH)_2$$

2. 锰(Ⅳ)的化合物　MnO_2 在酸性介质中是强氧化剂。MnO_2 与浓 H_2SO_4 作用可生成 O_2。

$$2MnO_2+2H_2SO_4=2MnSO_4+2H_2O+O_2\uparrow$$

MnO_2 在强碱性介质中可显示出还原性。例如:

$$3MnO_2+6KOH+KClO_3\xrightarrow{\triangle}3K_2MnO_4+3H_2O+KCl$$

MnO_2 主要作氧化剂,在有机合成、化工生产等许多工业领域中都具有重要的用途。

3. 锰(Ⅵ)的化合物　MnO_4^{2-} 在强碱性介质中稳定,在酸性介质中发生歧化反应。

$$3MnO_4^{2-}+4H^+=2MnO_4^-+MnO_2\downarrow+2H_2O$$

4. 锰(Ⅶ)的化合物　锰(Ⅶ)的化合物中最重要的是高锰酸钾,它是一种深紫色晶体,易溶于水,溶液呈紫红色。

(1)分解反应:$KMnO_4$ 晶体在常温下稳定,加热到200℃以上时,分解放出 O_2,是实验室制备少量氧气的一种简便方法。

$$2KMnO_4\xrightarrow{\triangle}K_2MnO_4+MnO_2+O_2\uparrow$$

$KMnO_4$ 溶液不稳定,常温下缓慢地分解,生成棕色的 MnO_2 沉淀,并放出 O_2。

$$4MnO_4^-+4H^+=4MnO_2\downarrow+3O_2\uparrow+2H_2O$$

在光照射下,$KMnO_4$ 分解反应加速进行,因此 $KMnO_4$ 溶液应保存在棕色瓶中。

(2)强氧化性:$KMnO_4$ 是强氧化剂,其还原产物与溶液的酸碱性有关。例如 $KMnO_4$ 在酸性、中性和强碱性介质中与 Na_2SO_3 的反应分别为:

$$2MnO_4^-+5SO_3^{2-}+6H^+=2Mn^{2+}+5SO_4^{2-}+3H_2O$$

$$2MnO_4^-+3SO_3^{2-}+H_2O=2MnO_2\downarrow+3SO_4^{2-}+2OH^-$$

$$2MnO_4^-+SO_3^{2-}+2OH^-=2MnO_4^{2-}+SO_4^{2-}+H_2O$$

在分析化学中,利用高锰酸钾在酸性溶液中能与许多还原性物质如 Fe^{2+}、$C_2O_4^{2-}$、AsO_3^{3-} 等反应,可测定其含量。

$$MnO_4^-+5Fe^{2+}+8H^+=Mn^{2+}+5Fe^{3+}+4H_2O$$

$$2MnO_4^-+5C_2O_4^{2-}+16H^+=2Mn^{2+}+10CO_2\uparrow+8H_2O$$

第六节　铜、银、汞、锌

一、铜及其化合物

铜(Cu)是ⅠB族元素,也属于过渡金属元素。铜的常见氧化数为0、+1和+2。

1. 氧化亚铜　Cu_2O难溶于水。溶液中形成的Cu_2O因晶粒大小不同,颜色可为黄色、橙黄色到棕红色。临床医学上用碱性酒石酸钾钠的铜(Ⅱ)盐溶液检查尿糖,就是利用生成Cu_2O沉淀的多少来判断尿糖的含量。

2. 氧化铜　CuO是难溶于水的黑色固体,溶于酸生成相应的盐。

3. 氢氧化铜　氢氧化铜是淡蓝色固体,受热时脱水变为黑色的CuO。$Cu(OH)_2$略显两性,易溶于酸,也能溶于浓的强碱溶液中,生成蓝紫色的$[Cu(OH)_4]^{2-}$配离子。

$$Cu(OH)_2+2OH^-=[Cu(OH)_4]^{2-}$$

$Cu(OH)_2$溶于氨水,生成深蓝色的$[Cu(NH_3)_4]^{2+}$配离子。

$$Cu(OH)_2+4NH_3=[Cu(NH_3)_4]^{2+}+2OH^-$$

二、银及其化合物

银(Ag)是ⅠB族元素,也属于过渡金属元素。银的常见氧化数为0、+1。

(一)银(Ⅰ)盐的性质

在仅有的几种可溶性银盐中最常用的是$AgNO_3$,$AgNO_3$遇光易分解。

$$2AgNO_3\xrightarrow{\text{光}}2Ag\downarrow+2NO_2\uparrow+O_2\uparrow$$

因此,$AgNO_3$应保存在棕色瓶中。

Ag^+具有氧化性,能破坏和腐蚀有机组织,医药上用10% $AgNO_3$溶液作消毒剂和防腐剂。$Ag(Ⅰ)$盐的沉淀反应在分析化学中常用于鉴别多种阴离子,例如Ag_2CrO_4(砖红色)、Ag_3AsO_4(棕色)、Ag_3PO_4(黄色)、$AgCl$(白色)等。

$Ag(Ⅰ)$盐溶液与碱作用很难得到白色$AgOH$沉淀,生成的$AgOH$极不稳定,立即脱水变成棕黑色的Ag_2O。

$$2Ag^++2OH^-=Ag_2O\downarrow+H_2O$$

(二)氧化银的性质

氧化银（Ag_2O）呈棕黑色,微溶于水,溶液显碱性。Ag_2O 能溶于 HNO_3 溶液生成 $AgNO_3$,也能溶于氨水生成 $[Ag(NH_3)_2]^+$ 配离子。Ag_2O 具有氧化性,能将 CO 氧化为 CO_2。

$$Ag_2O + CO = 2Ag + CO_2$$

故 Ag_2O 和 MnO_2、Co_2O_3、CuO 的混合物常用于防毒面具中。

三、汞及其化合物

汞（Hg）是 ⅡB 族元素,常见氧化数为 0、+1 和 +2。

当 $Hg(NO_3)_2$ 溶液与 Hg 作用时,绝大部分 Hg^{2+} 都能转变成 Hg_2^{2+}。

$$Hg^{2+} + Hg = Hg_2^{2+}$$

氯化汞与氨水反应,生成白色的氯化氨基汞沉淀;氯化亚汞与氨水反应,生成氯化氨基汞沉淀和灰黑色的单质汞沉淀。

$$HgCl_2 + 2NH_3 = NH_4Cl + HgNH_2Cl \downarrow$$

$$Hg_2Cl_2 + 2NH_3 = NH_4Cl + Hg \downarrow + HgNH_2Cl \downarrow$$

上述反应可用于鉴定和区分 Hg_2^{2+} 和 Hg^{2+},还可以用 OH^-、I^-、H_2S 等试剂鉴定和区分 Hg_2^{2+} 和 Hg^{2+}。

1. 硫化汞（HgS） 天然矿物称"辰砂"或"朱砂",呈暗红色或鲜红色,有光泽,易碎,无臭,无味,难溶于水,也难溶于盐酸或硝酸,而溶于王水。朱砂有镇静、催眠作用,外用能杀死皮肤细菌和寄生虫。

2. 氯化汞（$HgCl_2$） 能升华,俗称"升汞",是白色晶体,微溶于水,有剧毒,内服 $0.2 \sim 0.4g$ 可致死。在医药上可用作手术器械的消毒剂,也可用作防腐剂。中药称"白降丹",用于治疗疔毒。

3. 氯化氨基汞（$HgNH_2Cl$） 又称"白降汞",在医药上可制成软膏,用于治疗疥、癣等皮肤病。

4. 氯化亚汞（Hg_2Cl_2） 俗称"甘汞",难溶于水,小剂量时无毒,内服可作轻泻剂,外用治疗慢性溃疡及皮肤病。

四、锌及其化合物

锌（Zn）是周期表中的 ⅡB 族元素。锌是活泼的两性金属,在空气中表面生成一种致密的氧化物或碱式碳酸盐的膜,使其变得不易被腐蚀。

1. 氧化锌 ZnO 为白色粉末,不溶于水,是两性氧化物,既溶于酸,又溶于碱。ZnO 无毒,是常用药物,具有收敛和杀菌作用,也可作白色颜料。

2. 氢氧化锌 $Zn(OH)_2$ 为白色粉末,不溶于水,具有明显的两性。

3. 硫化锌 ZnS 是白色粉末,掺入微量 Ag^+、Cu^{2+}、Mn^{2+} 等离子作激活剂,光照后可发出多种颜色的荧光,常用于制作荧光屏、夜光仪表和电视荧光粉等。

分析化学、药物分析等后续课程中常用到的反应式

$$2Cu^{2+}+4I^- = I_2 + 2CuI\downarrow$$

$$Cr_2O_7^{2-}+6Fe^{2+}+14H^+ = 2Cr^{3+}+6Fe^{3+}+7H_2O$$

$$2MnO_4^-+10Cl^-+16H^+ = 2Mn^{2+}+5Cl_2\uparrow+8H_2O$$

$$2MnO_4^-+5H_2O_2+6H^+ = 2Mn^{2+}+5O_2\uparrow+8H_2O$$

$$Fe^{3+}+nSCN^- = \left[Fe(NCS)_n\right]^{(3-n)}(n=1\sim6)$$

$$3\left[Fe(CN)_6\right]^{4-}+4Fe^{3+} = Fe_4\left[Fe(CN)_6\right]_3\downarrow$$

$$Ce^{4+}+Fe^{2+} = Ce^{3+}+Fe^{3+}$$

$$2MgNH_4PO_4\xrightarrow{\triangle}Mg_2P_2O_7+2NH_3\uparrow+H_2O\uparrow$$

$$Ca^{2+}+C_2O_4^{2-} = CaC_2O_4\downarrow$$

$$Ag^++SCN^- = AgSCN\downarrow$$

$$2Ag^++CrO_4^{2-} = Ag_2CrO_4\downarrow$$

$$AsO_3^{3-}+3Zn+9H^+ = AsH_3\uparrow+3Zn^{2+}+3H_2O$$

$$AsO_4^{3-}+4Zn+11H^+ = AsH_3\uparrow+4Zn^{2+}+4H_2O$$

$$As^{3+}+3Zn+3H^+ = AsH_3\uparrow+3Zn^{2+}$$

点滴积累

铜、银、汞、锌都是过渡金属元素,都可以形成不同氧化数的多种化合物。

目标检测

一、简答题

1. 为什么在水溶液中 Fe^{3+} 和 KI 反应得不到 FeI_3?

2. 因为苛性钠的吸湿性很强,所以苛性钠可用作 Cl_2、CO_2 等气体的干燥剂,此种说法是否正确? 为什么?

3. 石膏模型、粉笔和医疗用石膏绷带是根据什么原理制造的?

二、综合题

1. 何为暂时性硬水? 何为永久性硬水? 工业上常用哪些方法软化硬水?

2. 氢氧化铝不溶于水,但它能溶于强酸溶液或强碱溶液,为什么?

ER 11-2

习题

ER 11-3

复习导图

3. 铝和铁均为较活泼金属,但工业生产中常使用铁制或铝制容器贮运浓硫酸和浓硝酸,为什么?

(张迎秋)

实训十　几种常见金属离子、非金属离子的鉴定

【实训目的】

1. 学习和掌握常见阴、阳离子的鉴定方法。
2. 正确掌握离子检出的基本操作。

【实训内容】

(一)实训用品

1. 仪器　点滴板、试管、离心试管。

2. 试剂和材料　饱和$(NH_4)_2C_2O_4$溶液,100g/L $BaCl_2$溶液,15mol/L 氨水,6mol/L NaOH 溶液、6mol/L HCl 溶液、6mol/L HAc 溶液、6mol/L 氨水、6mol/L HNO_3 溶液,2mol/L HAc 溶液、2mol/L NaOH 溶液、0.1mol/L $NaNO_3$ 溶液、0.1mol/L $NaNO_2$ 溶液、0.1mol/L $CaCl_2$ 溶液、0.1mol/L $AlCl_3$ 溶液、0.1mol/L $MgCl_2$ 溶液、0.1mol/L $FeSO_4$ 溶液、0.1mol/L $CuSO_4$ 溶液、0.1mol/L $FeCl_3$ 溶液、0.1mol/L $ZnSO_4$ 溶液、0.1mol/L $AgNO_3$ 溶液、0.1mol/L Na_2SO_4 溶液、0.1mol/L $Na_2S_2O_3$ 溶液、0.1mol/L Na_2S 溶液、镁试剂(对硝基偶氮间苯二酚)、铝试剂、邻二氮菲试剂、0.1mol/L $K_3[Fe(CN)_6]$ 溶液、0.1mol/L $K_4[Fe(CN)_6]$ 溶液、0.1mol/L $Na_2[Fe(CN)_5NO]$ 溶液、0.1mol/L NH_4SCN 溶液、0.1mol/L$(NH_4)_2[Hg(SCN)_4]$溶液,0.2g/L $CoCl_2$ 溶液,0.5% 对氨基苯磺酸溶液,0.5% α-萘胺溶液,0.1% 二苯胺的浓 H_2SO_4 溶液(质量体积比),浓 H_2SO_4,蒸馏水,尿素,$FeSO_4$ 晶体。

(二)实训步骤

1. 阳离子的鉴定

(1)Ca^{2+}的鉴定:取 0.1mol/L $CaCl_2$ 溶液 1~2 滴置于离心试管中,加饱和$(NH_4)_2C_2O_4$ 溶液 2 滴,生成白色的 CaC_2O_4 沉淀,离心分离。将沉淀分装在两支试管中,一支试管中加 6mol/L HAc 溶液数滴,沉淀不溶解;另一支试管中加 6mol/L HCl 溶液数滴,沉淀溶解。

(2)Mg^{2+}的鉴定:取 0.1mol/L $MgCl_2$ 溶液 1 滴置于点滴板上,加 6mol/L NaOH 溶液 1 滴,加镁试剂(对硝基偶氮间苯二酚)1~2 滴,即生成天蓝色沉淀。

(3)Al^{3+}的鉴定:取 0.1mol/L $AlCl_3$ 溶液 2~3 滴置于离心试管中,加铝试剂 2 滴,加 6mol/L 氨水,呈碱性,在水浴上加热,生成红色絮状沉淀。

(4)Fe^{2+}的鉴定

1)与铁氰化钾的反应:取 0.1mol/L $FeSO_4$ 溶液 1 滴置于点滴板上,加 0.1mol/L $K_3[Fe(CN)_6]$

试剂 2 滴,即生成深蓝色沉淀(滕氏蓝)。反应需在酸性溶液中进行。

2)与邻二氮菲的反应:取 0.1mol/L $FeSO_4$ 溶液 1 滴置于点滴板上,加 1~2 滴邻二氮菲试剂,溶液呈橘红色。反应需在酸性溶液中进行。

(5)Fe^{3+} 的鉴定:取 0.1mol/L $FeCl_3$ 溶液 1 滴置于点滴板上,加 0.1mol/L NH_4SCN 溶液 2 滴,溶液呈深红色。生成多种配位数的混合配合物,配位数为 1~6。碱能破坏配合物,故应在酸性溶液中进行,同时做一空白试验进行对比。

(6)Cu^{2+} 的鉴定

1)与亚铁氰化钾的反应:取 0.1mol/L $CuSO_4$ 溶液 1 滴置于点滴板上,加 2mol/L HAc 溶液数滴酸化,加 0.1mol/L $K_4[Fe(CN)_6]$ 溶液 1 滴,有红棕色沉淀产生。Fe^{3+} 干扰此反应。

2)与浓氨水的反应:取 0.1mol/L $CuSO_4$ 溶液 1 滴置于离心管中,加 15mol/L 氨水 2 滴,溶液立即呈深蓝色。

(7)Zn^{2+} 的鉴定:在点滴板上放入 0.1mol/L $(NH_4)_2[Hg(SCN)_4]$ 溶液和 0.2g/L $CoCl_2$ 溶液各 1 滴,搅拌,无沉淀生成。此时加入 0.1mol/L $ZnSO_4$ 溶液 1 滴,迅速(半分钟)生成天蓝色沉淀。

(8)Ag^+ 的鉴定:取 0.1mol/L $AgNO_3$ 溶液 2 滴加入离心管中,加 6mol/L HCl 溶液 1 滴,生成白色凝乳状沉淀,离心分离,弃去离心液,在沉淀上加 6mol/L 氨水 2 滴,用玻璃棒搅拌,使沉淀溶解,再加 6mol/L HNO_3 溶液数滴,使溶液呈明显的酸性,白色沉淀重新析出。注意一定要加 HNO_3 溶液酸化,才会有白色沉淀析出。

2. 阴离子的鉴定

(1)SO_4^{2-} 的鉴定:取 0.1mol/L Na_2SO_4 溶液 5 滴置于离心管中,加 2mol/L HCl 溶液 10 滴,如有沉淀,离心分离,吸取清液,滴加 100g/L $BaCl_2$ 溶液,有白色硫酸钡沉淀析出。无干扰离子存在时,可直接加 100g/L $BaCl_2$ 溶液鉴定。$S_2O_3^{2-}$ 有干扰,在过量酸中有白色沉淀析出,所以先加过量 HCl 处理试液。

(2)NO_2^- 的鉴定:取 0.1mol/L $NaNO_2$ 溶液 1 滴置于点滴板上,加 0.5% 对氨基苯磺酸溶液和 0.5% α-萘胺溶液各 1 滴,溶液呈现特殊的红色。

(3)NO_3^- 的鉴定

1)与二苯胺的反应:取 0.1% 二苯胺的浓 H_2SO_4 溶液 2 滴置于点滴板上,加 0.1mol/L $NaNO_3$ 溶液 1~2 滴,出现深蓝色。NO_2^- 对此反应有干扰,应加尿素除去。

2)与硫酸亚铁、浓硫酸的反应(棕色环反应):取 0.1mol/L $NaNO_3$ 溶液 1 滴和蒸馏水 3 滴置于离心试管中,加 $FeSO_4$ 晶体少许,搅拌,使大部分溶解,然后将离心管倾斜成 45°左右,沿管壁慢慢地加入浓 H_2SO_4 数滴,不可摇动离心管,在浓 H_2SO_4 与水液两层之间有棕色环出现。注意 NO_3^- 的浓度不可过大,取 1 滴足够,加浓 H_2SO_4 后勿摇动离心管。

(4)S^{2-} 的鉴定:取 0.1mol/L Na_2S 溶液 1 滴置于点滴板上,加 2mol/L NaOH 溶液 1 滴,再加新配制的 0.1mol/L $Na_2[Fe(CN)_5NO]$ 溶液 1 滴,溶液显紫色。

(5)$S_2O_3^{2-}$ 的鉴定:取 0.1mol/L $Na_2S_2O_3$ 溶液 2 滴置于点滴板上,加 0.1mol/L $AgNO_3$ 溶液 5 滴,生成白色 $Ag_2S_2O_3$ 沉淀,颜色逐渐变深,最后变为黑色。

注意应加过量的 $AgNO_3$ 溶液,否则 $Ag_2S_2O_3$ 沉淀溶解。S^{2-} 有干扰,应先除去。

【实训注意】

1. 进行金属阳离子的鉴定时,要保证没有干扰离子的存在。
2. 对于灵敏度较低的鉴定反应,要结合对照试验和空白试验得出结论。

【实训检测】

1. 能使湿润的碘化钾-淀粉试纸变蓝的阴离子有哪些?
2. 哪些阳离子的鉴定反应没有干扰离子?

【实训记录】

实训十一　硫酸亚铁铵的制备

【实训目的】

1. 熟悉复盐的一般特征和制备方法。
2. 练习水浴加热、常压过滤与减压过滤、蒸发与结晶等基本操作。
3. 学会用目测比色法检验产品质量。

【实训内容】

(一) 实训用品

1. **仪器**　台秤、小烧杯、酒精灯、表面皿、电炉、蒸发皿、水浴锅、布氏漏斗、比色管、玻璃棒、漏斗、滤纸。

2. **试剂和材料**　100g/L Na_2CO_3 溶液、3mol/L H_2SO_4 溶液、2mol/L HCl 溶液、1mol/L KSCN 溶液、0.010 00mg/ml Fe^{3+} 标准溶液、无水乙醇、去离子水、$(NH_4)_2SO_4$ 固体、铁屑。

(二) 实训步骤

1. **铁屑的净化(除去油污)**　用台秤称取 2.0g 铁屑,放入小烧杯中,加入 10ml 100g/L Na_2CO_3 溶液,缓缓加热约 10 分钟后(不能煮干),倾倒去 Na_2CO_3 碱性溶液,铁屑用自来水冲洗后,再用去离子水冲洗洁净(如果用纯净的铁屑,可省去这一步)。

2. **硫酸亚铁的制备**　往盛有 2.0g 洁净铁屑的小烧杯中加入 15ml 3mol/L H_2SO_4 溶液,盖上表面皿,放在低温电炉上加热(在通风橱中进行)。在加热过程中应不时加入少量去离子水,以补充被蒸发的水分,防止 $FeSO_4$ 结晶析出;同时要控制溶液的 pH<1,至反应不再有气泡冒出为止。趁热用普通漏斗过滤,滤液承接于洁净的蒸发皿中。将小烧杯中及滤纸上的残渣取出,用滤纸片吸干后称量。根据已发生反应的铁屑质量,计算出溶液中 $FeSO_4$ 的理论产量。

3. 硫酸亚铁铵的制备 根据 $FeSO_4$ 的理论产量,计算并称取所需 $(NH_4)_2SO_4$ 固体的用量。在室温下将称取的 $(NH_4)_2SO_4$ 加入上面所制得的 $FeSO_4$ 溶液中,水浴加热搅拌,使硫酸铵全部溶解,调节 pH 为 1~2,继续蒸发浓缩至溶液表面刚出现晶膜时为止。自水浴锅上取下蒸发皿,放置,冷却后即有硫酸亚铁铵晶体析出。待冷至室温后用布氏漏斗减压过滤,再用少量乙醇洗去晶体表面所附着的水分。将晶体取出,置于两张洁净的滤纸之间,并轻压以吸干母液,称量。计算理论产量和产率。产率计算公式如下:

$$产率 = \frac{实际产量}{理论产量} \times 100\%$$

4. 产品检验(选做)

(1)选用实验方法证明产品中含有 NH_4^+、Fe^{2+} 和 SO_4^{2-}。

(2)Fe^{3+} 的分析:称取 1.0g 产品置于 25ml 比色管中,加入 15ml 不含氧气的去离子水溶解,加入 2ml 2mol/L HCl 和 1ml 1mol/L KSCN 溶液,摇匀后继续加去离子水稀释至刻度,充分摇匀。将所呈现的红色与下列标准溶液进行目视比色,确定 Fe^{3+} 含量及产品标准。

在 3 支 25ml 比色管中分别加入 2ml 2mol/L HCl 和 1ml 1mol/L KSCN 溶液,再用移液管分别加入 5ml、10ml 和 20ml 0.010 00mg/ml Fe^{3+} 标准溶液(0.010 00mg/ml),加不含氧的去离子水稀释到刻度并摇匀。上述 3 支比色管中溶液 Fe^{3+} 含量所对应的硫酸亚铁铵试剂规格分别为含 Fe^{3+} 为 0.05mg 的符合一级品标准;含 Fe^{3+} 为 0.10mg 的符合二级品标准;含 Fe^{3+} 为 0.20mg 的符合三级品标准。

【实训注意】

硫酸亚铁的制备过程中,在低温电炉上加热(在通风橱中进行)时,一定要保持烧杯中的溶液只能处于微沸状态,绝对不能使溶液出现暴沸现象。

【实训检测】

1. 为什么制备硫酸亚铁铵时要保持溶液有较强的酸性?如何控制这一酸度?

2. 减压过滤的操作步骤有哪些?

3. 如何计算 $FeSO_4$ 的理论产量和反应所需 $(NH_4)_2SO_4$ 的质量?

4. 在检验产品中的 Fe^{3+} 含量时,为什么要用不含氧气的去离子水?如何制备不含氧气的去离子水?

【实训记录】

(张迎秋)

参考文献

［1］牛秀明,林珍．无机化学［M］.3 版．北京:人民卫生出版社,2018.

［2］吴巧凤,李伟．无机化学［M］.3 版．北京:人民卫生出版社,2021.

［3］张天蓝,姜凤超．无机化学［M］.7 版．北京:人民卫生出版社,2016.

［4］刘洪波,商传宝．无机化学［M］.2 版．北京:中国医药科技出版社,2019.

［5］张韶虹,李峰,王丽．医用化学［M］．北京:高等教育出版社,2022.

［6］王美玲,赵桂欣．无机化学［M］.2 版．北京:人民卫生出版社,2021.

［7］宋天佑,程鹏,徐家宁,等．无机化学［M］.4 版．北京:高等教育出版社,2019.

［8］冯务群．无机化学［M］.4 版．北京:人民卫生出版社,2018.

［9］牛秀明,林珍．无机化学［M］.2 版．北京:人民卫生出版社,2013.

目标检测参考答案

第一章 原子结构

一、填空题

1. (1) 2；(2) 4；(3) 1；(4) $+\dfrac{1}{2}$；(5) 3；(6) 1；(7) 0；(8) 1

2.

原子序数	电子排布式	周期	族	区	金属或非金属
16	$[Ne]3s^2 3p^4$	3	VIA	p 区	非金属
20	$[Ar]4s^2$	4	IIA	s 区	金属
24	$[Ar]3d^5 4s^1$	4	VIB	d 区	金属
29	$[Ar]3d^{10}4s^1$	4	IB	ds 区	金属

二、简答题（略）

三、实例分析题

1. (2) < (6) < (3) < (5) < (1) = (4) < (7) = (8)

2. 同一周期自左至右，第一电离能基本上依次增大。但也有特殊情况，因为电离能不仅与原子的核电荷有关，也与元素原子的电子层结构有关。$B(2s^2 2p^1)$ 与 $B^+(2s^2 2p^0)$ 相比，B^+ 处于全空状态，更稳定，因此 B 易失去一个电子成为 B^+，则第一电离能较小。而 $Be(2s^2)$ 与 $Be^+(2s^1)$ 相比，Be 全充满，更稳定，不易失电子成为 Be^+，则第一电离能较大，所以 B 的第一电离能小于 Be；同理，$N(2s^2 2p^3)$ 与 $N^+(2s^2 2p^2)$ 相比，N 半充满，更稳定，而 $O(2s^2 2p^4)$ 与 $O^+(2s^2 2p^3)$ 相比，O^+ 半充满，更稳定，因此，N 的第一电离能大于 O。

3. 钠原子最外层有 1 个电子，容易失去该电子以 Na^+ 存在，达到 8 电子稳定结构。

第二章 分子结构

一、填空题

1. 离子键、共价键、金属键

2. 没有饱和性，没有方向性；有饱和性，有方向性

3. 提供共用电子对的原子价电子层有孤对电子且接受共用电子对的原子价电子层有空轨道；氢原子直接与电负性大、半径小的原子形成共价键，另一分子（或同一分子）中有一个电负性大、半径小、含有孤对电子的原子

二、简答题（略）

第三章　溶液和胶体溶液

一、简答题（略）

二、计算题

1. $\omega_B = 0.1$，$c_B = 1.83$mol/L，$\rho_B = 107$g/L

2. （1）$n_B = 0.034$mol；（2）$n_B = 0.136$mol

3. $M_B = 59.87$g/mol

4. 低渗溶液，$\Pi = 665.1$kPa

5. $n_{Cl^-} = n_{K^+} = 0.013\ 4$mol

6. $M_B = 3.4\times10^4$g/mol

7. $M_B = 6.6\times10^4$g/mol

8. $M_B = 148.2$g/mol

第四章　化学反应速率和化学平衡

一、简答题（略）

二、计算题

1. （1）$v = kc_A \cdot c_B$，$n = 2$；（2）$k = 1.2$ L/（mol·min）；（3）$v_A = 2.4\times10^{-4}$mol/（L·min）

2. 逆反应方向，41.9kPa

3. （1）正反应方向；（2）逆反应方向

三、实例分析题

牙齿的损坏实际是牙釉质[$Ca_5(PO_4)_3OH$]溶解的结果。在口腔中存在以下平衡：$Ca_5(PO_4)_3OH(s) \rightleftharpoons 5Ca^{2+}(aq)+3PO_4^{3-}(aq)+OH^-(aq)$。当糖附着在牙齿上时，在酶的作用下发酵产生 H^+，与上述反应中生成的 OH^- 反应生成弱电解质水，使沉淀溶解平衡向右移动，加速了牙釉质的溶解，造成龋齿。

第五章 酸 碱 平 衡

一、简答题（略）

二、计算题

1. （1）pH=11.15；（2）pH=4.67；（3）pH=7.00；（4）pH=9.25；（5）pH=4.75；（6）pH=9.85

2. pH=2.48

3. m=36.3g

4. V=75ml

第六章 沉淀-溶解平衡

一、简答题（略）

二、计算题

1. pH≤9.38 时不会有 $Mg(OH)_2$ 沉淀产生。

2. 需要 Na_2CO_3 的最低浓度为 $5.0×10^{-4}$mol/L。

3. （1）因 $Q > K_{sp}$，故能产生 AgCl 沉淀。

　（2）因 $Q > K_{sp}$，故能产生 $Mn(OH)_2$ 沉淀。

第七章 化学热力学基础

一、简答题（略）

二、计算题

1. −16.7kJ/mol

2. −155.2kJ/mol

3. 177.4kJ/mol

4. 62kJ/mol，反应不能自发进行

5. −41.16kJ/mol，−28.66kJ/mol，−42.08J/（K·mol），反应可以自发进行

6. −7.23kJ/mol，反应可以自发进行

第八章 氧化还原与电极电势

一、简答题（略）

二、计算题

1. （−）Pt│Cl_2(100kPa)│Cl^-(1mol/L)‖MnO_4^-(1mol/L)，Mn^{2+}(1mol/L)，H^+(1mol/L)│Pt（+），

$E = 0.147V$

2. $0.384 5V$

第九章　配位化合物

一、简答题（略）

二、计算题

1. $0.1mol/L[Ag(NH_3)_2]^+$溶液中Ag^+的浓度为$1.15\times10^{-3}mol/L$，$0.1mol/L[Ag(CN)_2]^-$溶液中Ag^+的浓度为$2.92\times10^{-8}mol/L$；$[Ag(CN)_2]^-$的稳定性更高。

2. Ag^+的浓度为$3.72\times10^{-10}mol/L$；NH_3的浓度为$2.9mol/L$。

3. 达到平衡时溶液中$[Ag(NH_3)_2]^+$的浓度为$2.25\times10^{-7}mol/L$。

4. 因$Q = 1.15\times10^{-6} > K_{sp} = 1.8\times10^{-10}$，所以有沉淀生成。

第十章　常见非金属元素及其化合物

一、完成并配平下列离子方程式（略）

二、综合题（略）

第十一章　常见金属元素及其化合物

一、简答题（略）

二、综合题（略）

附　录

附录一　常见弱酸、弱碱的标准解离常数（298K）

附表 1-1　弱酸在水中的标准解离常数

化合物	化学式	$K_a^{\ominus}$	化合物	化学式	$K_a^{\ominus}$
铝酸	H_3AlO_3	6.3×10^{-12}	磷酸	H_3PO_4	$7.52\times10^{-3}(K_{a1}^{\ominus})$
砷酸	H_3AsO_4	$6.3\times10^{-3}(K_{a1}^{\ominus})$			$6.23\times10^{-8}(K_{a2}^{\ominus})$
		$1.0\times10^{-7}(K_{a2}^{\ominus})$			$2.2\times10^{-13}(K_{a3}^{\ominus})$
		$3.2\times10^{-12}(K_{a3}^{\ominus})$	亚磷酸	H_3PO_3	$6.3\times10^{-2}(K_{a1}^{\ominus})$
亚砷酸	$HAsO_2$	6.0×10^{-10}			$2.0\times10^{-7}(K_{a2}^{\ominus})$
硼酸	H_3BO_3	5.8×10^{-10}	氢硫酸	H_2S	$1.3\times10^{-7}(K_{a1}^{\ominus})$
碳酸	H_2CO_3	$4.3\times10^{-7}(K_{a1}^{\ominus})$			$7.1\times10^{-15}(K_{a2}^{\ominus})$
		$5.6\times10^{-11}(K_{a2}^{\ominus})$	亚硫酸	H_2SO_3	$1.3\times10^{-2}(K_{a1}^{\ominus})$
氢氰酸	HCN	4.93×10^{-10}			$6.3\times10^{-8}(K_{a2}^{\ominus})$
铬酸	H_2CrO_4	$4.1(K_{a1}^{\ominus})$	偏硅酸	H_2SiO_3	$1.7\times10^{-10}(K_{a1}^{\ominus})$
		$1.3\times10^{-6}(K_{a2}^{\ominus})$			$1.6\times10^{-12}(K_{a2}^{\ominus})$
次氯酸	$HClO$	2.8×10^{-8}	甲酸	$HCOOH$	1.77×10^{-4}
硫氰酸	$HSCN$	0.14	醋酸	CH_3COOH	1.76×10^{-5}
草酸	$H_2C_2O_4$	$5.4\times10^{-2}(K_{a1}^{\ominus})$	过氧化氢	H_2O_2	2.2×10^{-12}
		$5.4\times10^{-5}(K_{a2}^{\ominus})$	苯甲酸	C_6H_5COOH	6.2×10^{-5}
氢氟酸	HF	6.6×10^{-4}	邻苯二甲酸	$C_6H_4(COOH)_2$	$1.1\times10^{-3}(K_{a1}^{\ominus})$
次碘酸	HIO	2.3×10^{-11}			$3.9\times10^{-6}(K_{a2}^{\ominus})$
碘酸	HIO_3	0.16	苯酚	C_6H_5OH	1.1×10^{-10}
亚硝酸	HNO_2	5.1×10^{-4}			

附表 1-2　弱碱在水中的标准解离常数

化合物	化学式	$K_b^{\ominus}$	化合物	化学式	$K_b^{\ominus}$
氨	NH_3	1.76×10^{-5}	二乙胺	$(C_2H_5)_2NH$	1.3×10^{-3}
联氨	$H_2N\text{-}NH_2$	$3.0\times10^{-6}(K_{b1}^{\ominus})$	乙二胺	$(CH_2NH_2)_2$	$8.3\times10^{-5}(K_{b1}^{\ominus})$
		$7.6\times10^{-15}(K_{b2}^{\ominus})$			$7.1\times10^{-8}(K_{b2}^{\ominus})$
羟胺	NH_2OH	9.1×10^{-9}	乙醇胺	$HOCH_2CH_2NH_2$	3.2×10^{-5}
甲胺	CH_3NH_2	4.2×10^{-4}	三乙醇胺	$(HOCH_2CH_2)_3N$	5.8×10^{-7}
乙胺	$C_2H_5NH_2$	5.6×10^{-4}	苯胺	$C_6H_5NH_2$	4.3×10^{-10}
二甲胺	$(CH_3)_2NH$	1.2×10^{-4}	吡啶	C_5H_5N	1.7×10^{-9}

附录二　一些难溶电解质的标准溶度积常数（298K）

化合物	$K_{sp}^{\ominus}$	化合物	$K_{sp}^{\ominus}$	化合物	$K_{sp}^{\ominus}$
AgAc	1.9×10^{-3}	$Co(IO_3)_2$	1.2×10^{-2}	MnS	4.7×10^{-14}
AgBr	5.4×10^{-13}	$Co(OH)_2$	1.1×10^{-15}	$MgCO_3$	6.8×10^{-6}
AgCl	1.8×10^{-10}	$Co_3(PO_4)_2$	2.1×10^{-35}	MgF_2	7.4×10^{-11}
Ag_2CO_3	8.5×10^{-12}	$Cr(OH)_3$	6.3×10^{-31}	$Mg(OH)_2$	5.6×10^{-12}
Ag_2CrO_4	1.1×10^{-12}	CuBr	6.3×10^{-9}	$Mg_3(PO_4)_2$	9.9×10^{-25}
$Ag_2Cr_2O_7$	2.0×10^{-7}	CuCl	1.7×10^{-7}	$NiCO_3$	1.4×10^{-7}
AgCN	5.9×10^{-17}	CuI	1.3×10^{-12}	$Ni(IO_3)_2$	4.7×10^{-5}
$Ag_2C_2O_4$	5.4×10^{-12}	$Cu(OH)_2$	2.2×10^{-20}	$Ni(OH)_2$	5.5×10^{-16}
$AgIO_3$	3.2×10^{-8}	CuSCN	1.8×10^{-13}	NiS	1.1×10^{-21}
AgI	8.5×10^{-17}	$Cu(IO_3)_2$	6.9×10^{-8}	$Ni_3(PO_4)_2$	4.7×10^{-32}
AgOH	2.0×10^{-8}	CuS	1.3×10^{-36}	$PbCO_3$	1.5×10^{-13}
Ag_3PO_4	8.9×10^{-17}	Cu_2S	2.3×10^{-48}	$PbCrO_4$	2.8×10^{-13}
Ag_2S	6.3×10^{-50}	$Cu_3(PO_4)_2$	1.4×10^{-37}	PbC_2O_4	8.5×10^{-10}
AgSCN	1.0×10^{-12}	$FeCO_3$	3.1×10^{-11}	$PbCl_2$	1.2×10^{-5}
Ag_2SO_4	1.2×10^{-5}	FeF_2	2.4×10^{-6}	$PbBr_2$	6.6×10^{-6}
Ag_2SO_3	1.5×10^{-14}	$Fe(OH)_2$	4.9×10^{-11}	PbF_2	7.2×10^{-7}
$Al(OH)_3$	1.1×10^{-33}	$Fe(OH)_3$	2.6×10^{-39}	PbI_2	8.5×10^{-9}
As_2S_3	2.1×10^{-22}	FeS	1.6×10^{-19}	$Pb(IO_3)_2$	3.7×10^{-13}
$BaCO_3$	2.6×10^{-9}	$HgBr_2$	6.2×10^{-12}	$Pb(OH)_2$	1.4×10^{-20}
$BaCrO_4$	1.2×10^{-10}	HgI_2	2.8×10^{-29}	$Pb(OH)_4$	3.2×10^{-44}
BaF_2	1.8×10^{-7}	HgS	6.4×10^{-53}	PbS	8.0×10^{-28}
$Ba_3(PO_4)_2$	3.4×10^{-23}	$Hg(OH)_2$	3.2×10^{-26}	$PbSO_4$	1.8×10^{-8}
$BaSO_4$	1.1×10^{-10}	Hg_2Br_2	6.4×10^{-23}	$Pb(SCN)_2$	2.1×10^{-5}
BaC_2O_4	1.6×10^{-7}	Hg_2CO_3	3.7×10^{-17}	$Sn(OH)_2$	5.5×10^{-27}
$CaCO_3$	5.0×10^{-9}	$Hg_2C_2O_4$	1.8×10^{-13}	$Sn(OH)_4$	1.0×10^{-56}
CaF_2	1.5×10^{-10}	Hg_2Cl_2	1.5×10^{-18}	SnS	3.3×10^{-28}
$CaSO_4$	7.1×10^{-5}	Hg_2F_2	3.1×10^{-6}	$SrCO_3$	5.6×10^{-10}
$Ca(OH)_2$	4.7×10^{-6}	Hg_2I_2	5.3×10^{-29}	SrF_2	4.3×10^{-9}
CaC_2O_4	2.3×10^{-9}	Hg_2S	1.0×10^{-47}	$Sr(IO_3)_2$	1.1×10^{-7}
$Ca(IO_3)_2$	6.5×10^{-6}	Hg_2SO_4	8.0×10^{-7}	$SrSO_4$	3.4×10^{-7}
$Ca_3(PO_4)_2$	2.1×10^{-33}	$Hg_2(SCN)_2$	3.1×10^{-20}	$ZnCO_3$	1.2×10^{-10}
CdF_2	6.4×10^{-3}	$KClO_4$	1.1×10^{-2}	ZnF_2	3.0×10^{-2}
$Cd(IO_3)_2$	2.5×10^{-8}	$K_2[PtCl_6]$	7.5×10^{-6}	$Zn(IO_3)_2$	4.3×10^{-6}
$Cd(OH)_2$	7.2×10^{-15}	$MnCO_3$	2.2×10^{-11}	$Zn(OH)_2$	6.9×10^{-17}
CdS	8.0×10^{-27}	$Mn(IO_3)_2$	4.4×10^{-7}	ZnS	1.6×10^{-24}
$Cd_3(PO_4)_2$	2.5×10^{-33}	$Mn(OH)_2$	2.1×10^{-13}		

附录三 一些有机化合物的热力学数据（298K）

有机化合物	$\Delta_f H_m^\ominus$ / (kJ·mol^{-1})	$\Delta_f G_m^\ominus$ / (kJ·mol^{-1})	$S_m^\ominus$ / (J·K^{-1}·mol^{-1})	$\Delta_c H_m^\ominus$ / (kJ·mol^{-1})
CH$_4$(g)甲烷	−74.81	−50.72	186.26	−890.31
C$_2$H$_2$(g)乙炔	226.73	209.20	200.94	−1 300
C$_2$H$_4$(g)乙烯	52.26	68.15	219.56	−1 410.97
C$_2$H$_6$(g)乙烷	−84.68	−32.82	229.6	−1 559.84
C$_3$H$_6$(g)丙烯	20.42	62.78	267.05	−2 058
C$_3$H$_6$(g)环丙烷	53.30	104.45	237.55	−2 091
C$_3$H$_8$(g)丙烷	−103.85	−23.49	269.91	−2 219.07
C$_6$H$_6$(l)苯	49.0	124.3	173.3	−3 268
C$_6$H$_6$(g)苯	82.93	129.72	269.31	−3 267.5
C$_6$H$_{12}$(l)环己烷	−156	26.8	—	−3 919.3
C$_6$H$_5$CH$_3$(g)甲苯	50.0	122.0	320.7	−3 953
C$_{10}$H$_8$(s)萘	78.53	—	—	−5 157
CH$_3$OH(l)甲醇	−238.66	−166.27	126.8	−726.51
CH$_3$OH(g)甲醇	−200.66	−161.96	239.81	−764
C$_2$H$_5$OH(l)乙醇	−277.69	−174.78	160.7	−1 366.95
C$_2$H$_5$OH(g)乙醇	−235.10	−168.49	282.70	−1 409
C$_6$H$_5$OH(s)苯酚	−165.0	−50.9	146.0	−3 054
HCOOH(l)甲酸	−424.72	−361.35	128.95	−255
CH$_3$COOH(l)乙酸	−484.5	−389.9	159.8	−874.54
(COOH)$_2$(s)草酸	−827.2	—	—	−245.6
C$_6$H$_5$COOH（s）苯甲酸	−385.1	−245.3	167.6	−3 226.7
CH$_3$COOC$_2$H$_5$(l)乙酸乙酯	−479.0	−332.7	259.4	−2 254.2
HCHO(g)甲醛	−108.57	−102.53	218.77	−571
CH$_3$CHO(g)乙醛	−192.30	−128.12	160.2	−1 166
C$_6$H$_{12}$O$_6$(s)葡萄糖	−1 274	—	—	−2 820
C$_6$H$_{12}$O$_6$(s)果糖	−1 266	—	—	−2 810
C$_{12}$H$_{22}$O$_{11}$(s)蔗糖	−2 222	−1 543	360.2	−5 640.9
CO(NH$_2$)$_2$(s)尿素	−333.51	−197.33	104.60	−631.66
CH$_3$NH$_2$(g)甲胺	−22.97	32.16	243.41	−1 085
C$_6$H$_5$NH$_2$(l)苯胺	31.1	—	—	−3 393
NH$_2$CH$_2$COOH（s）甘氨酸	−532.9	−373.4	103.5	−969

附录四　一些物质的热力学数据（298K）

物质	$\Delta_f H_m^{\ominus}/(kJ \cdot mol^{-1})$	$\Delta_f G_m^{\ominus}/(kJ \cdot mol^{-1})$	$S_m^{\ominus}/(J \cdot K^{-1} \cdot mol^{-1})$
Ag(s)	0	0	42.6
Ag$_2$SO$_4$(s)	−715.88	−618.41	200.4
AgBr(s)	−100.37	−96.9	107.11
AgCl(s)	−127.07	−109.79	96.2
AgI(s)	−61.84	−66.19	115.5
Ag$_2$O(s)	−31.0	−11.2	121
AgNO$_3$(s)	−124.39	−33.41	140.92
AgCN(s)	146.0	156.9	107.19
AgSCN(s)	87.9	101.39	131.0
Ag$_2$S(α-斜方)	−32.59	−40.69	144.01
Al(s)	0	0	28.33
AlCl$_3$(s)	−704.2	−628.8	110.67
Al$_2$O$_3$(刚玉)	−1 675.7	−1 582.3	50.92
As(s)	0	0	35.1
AsH$_3$(g)	66.44	68.93	222.78
AsF$_3$(l)	−821.3	−774.0	181.2
As$_2$S$_3$(s)	−169.0	−168.6	163.6
As$_4$S$_6$(g)	−1 209	−1 098	381
B(s)	0	0	5.86
B$_2$H$_6$(g)	35.6	86.6	232
B$_2$O$_3$(s)	−1 272.8	−1 193.7	54.0
H$_3$BO$_3$(s)	−1 094.5	−969.0	88.8
Ba(s)	0	0	62.8
BaO(s)	−553.5	−525.1	70.4
BaCO$_3$(s)	−1 216	−1 138	112
BaSO$_4$(s)	−1 473.2	−1 362.2	132.2
BaCl$_2$(s)	−858.6	−810.4	123.68
Br$_2$(g)	30.91	3.14	245.46
Br$_2$(l)	0	0	152.23
HBr(g)	−36.4	−53.6	198.7

物质	$\Delta_f H_m^\ominus/(kJ\cdot mol^{-1})$	$\Delta_f G_m^\ominus/(kJ\cdot mol^{-1})$	$S_m^\ominus/(J\cdot K^{-1}\cdot mol^{-1})$
$HBrO_3(aq)$	−67.1	−18	161.5
$C(s,金刚石)$	1.89	2.9	2.38
$C(s,石墨)$	0	0	5.74
$CO(g)$	−110.53	−137.17	197.67
$CO_2(g)$	−393.51	−394.4	213.74
$CS_2(l)$	89.70	65.27	151.34
$CCl_4(g)$	−102.9	−60.59	309.85
$CCl_4(l)$	−135.44	−65.21	216.40
$CH_3Cl(g)$	−80.83	−57.37	234.58
$CHCl_3(l)$	−134.47	−73.66	201.7
$CH_4(g)$	−74.8	−50.8	186.2
$C_2H_4(g)$	52.3	68.2	219.4
$C_2H_5OH(l)$	−277.7	−174.9	160.7
$Ca(s)$	0	0	41.4
$CaCl_2(s)$	−795.8	−748.1	104.6
$CaO(s)$	−635.1	−604.2	39.7
$CaCO_3(s,方解石)$	−1 206.92	−1 128.79	92.9
$CaF_2(s)$	−1 219.6	−1 167.3	68.87
$CaS(s)$	−482.4	−477.4	56.5
$Ca(OH)_2(s)$	−986.09	−898.49	83.39
$CaSO_4(s)$	−1 425.24	−1 313.42	108.4
$Cl_2(g)$	0	0	223.07
$Cl_2(l)$	−23.4	6.94	121
$HCl(g)$	−92.5	−95.4	186.7
$HClO(aq,非电离)$	−121	−79.9	142
$HClO_3(aq)$	104.0	−8.03	162
$HClO_4(aq)$	−9.70	—	—
$Co(s)$	0	0	30.0
$CoCl_2(s)$	−312.5	−270	109.2
$CoCl_2\cdot 2H_2O(s)$	−923.0	−764.8	188.3
$CoCl_2\cdot 6H_2O(s)$	−2 115	−1 725	343
$Cr(s)$	0	0	23.77
$Cr_2O_3(s)$	−1 140	−1 058	81.2
$CrO_3(s)$	−589.5	−506.3	—

物质	$\Delta_f H_m^{\ominus} / (kJ \cdot mol^{-1})$	$\Delta_f G_m^{\ominus} / (kJ \cdot mol^{-1})$	$S_m^{\ominus} / (J \cdot K^{-1} \cdot mol^{-1})$
$(NH_4)_2Cr_2O_7(s)$	−1 807	—	—
$Cu(s)$	0	0	33
$CuBr(s)$	−104.6	−100.8	96.11
$CuCl(s)$	−137.2	−119.86	86.2
$CuI(s)$	−67.8	−69.5	96.7
$Cu_2O(s)$	−168.6	−146.0	93.14
$CuS(s)$	−53.1	−53.6	66.5
$CuO(s)$	−157.3	−129.7	42.63
$CuSO_4(s)$	−771.36	−661.8	109
$CuSO_4 \cdot 5H_2O(s)$	−2 321	−1 880	300
$F_2(g)$	0	0	202.78
$HF(g)$	−271	−273	174
$Fe(s)$	0	0	27.28
$FeCl_2(s)$	−341.79	−302.3	117.95
$FeCl_3(s)$	−399.49	−334.0	142.3
$Fe_2O_3(赤铁矿)$	−824.2	−742.2	87.4
$Fe_3O_4(磁铁矿)$	−1 118.4	−1 015.4	146.4
$Fe(OH)_2(s)$	−569.0	−486.5	88
$Fe(OH)_3(s)$	−823.0	−696.5	106.7
$FeS_2(黄铁矿)$	−178.2	−166.9	52.93
$FeSO_4 \cdot 7H_2O(s)$	−3 014.57	−2 509.87	409.2
$H_2(g)$	0	0	130.68
$H_2O(g)$	−241.82	−228.57	188.83
$H_2O(l)$	−285.83	−237.2	69.91
$H_2O_2(l)$	−187.8	−120.4	109.6
$H_2S(g)$	−20.63	−33.56	205.79
$Hg(l)$	0	0	76.1
$Hg_2Cl_2(s)$	−265.22	−210.75	192.5
$Hg_2SO_4(s)$	−743.12	−625.82	200.66
$HgCl_2(s)$	−224.3	−178.6	146
$HgO(s,红)$	−90.83	−58.54	70.29
$HgO(s,黄)$	−90.4	−58.43	71.1
$HgI_2(s,红)$	−105	−102	180
$HgS(s,红)$	−58.1	−50.6	82.4

物质	$\Delta_f H_m^\ominus/(kJ \cdot mol^{-1})$	$\Delta_f G_m^\ominus/(kJ \cdot mol^{-1})$	$S_m^\ominus/(J \cdot K^{-1} \cdot mol^{-1})$
HgS(s,黑)	−53.6	−47.7	88.3
I_2(g)	62.44	19.33	260.69
I_2(s)	0	0	116.14
HI(g)	26.48	1.70	206.59
HIO_3(g)	−230	—	—
K(s)	0	0	64.6
KCl(s)	−436.75	−409.14	82.59
KBr(s)	−393.8	−380.66	95.9
K_2O(s)	−361	—	—
K_2O_2(s)	−494.1	−425.1	102
KCN(s)	−113.0	−101.86	128.49
K_2CO_3(s)	−1 151.02	−1 063.5	155.52
$K_2Cr_2O_7$(s)	−2 061.5	−1 881.8	291.2
$KMnO_4$(s)	−837.2	−737.6	171.71
KNO_3(s)	−494.63	−394.86	133.05
KOH(s)	−424.76	−379.08	78.9
K_2SO_4(s)	−1 437.79	−1 321.37	175.56
Li_2O(s)	−597.9	−561.1	37.6
Li_2O_2(s)	−634.3	—	—
Mg(s)	0	0	32.7
MgO(s,方镁石)	−606.7	−569.43	26.94
$MgCl_2$(s)	−641.32	−591.79	89.62
$MgCO_3$(s,菱镁矿)	−1 095.8	−1 012.1	65.7
$MgSO_4$(s)	−1 284.9	−1 170.6	91.6
$Mg(OH)_2$(s)	−924.54	−833.51	63.18
Mn(s)	0	0	32.0
$MnCl_2$(s)	−481.29	−440.59	118.24
MnO_2(s)	−520.03	−466.14	53.05
$MnSO_4$(s)	−1 065.25	−957.36	112.1
N_2(g)	0	0	191.61
NH_3(g)	−46.11	−16.45	192.45
NO(g)	90.25	86.55	210.76
NO_2(g)	33.18	51.31	240.06
N_2O_4(g)	9.16	97.82	304

物质	$\Delta_f H_m^{\ominus}/(kJ \cdot mol^{-1})$	$\Delta_f G_m^{\ominus}/(kJ \cdot mol^{-1})$	$S_m^{\ominus}/(J \cdot K^{-1} \cdot mol^{-1})$
$N_2O_4(l)$	−19.5	97.5	209
$HNO_3(l)$	−174.10	−80.71	155.60
$NH_4Cl(s)$	−314.43	−202.87	94.6
$NH_4HCO_3(s)$	−849.4	−665.9	120.9
$(NH_4)_2CO_3(s)$	−333.51	−197.33	104.60
$(NH_4)_2SO_4(s)$	−1 180.5	−901.67	220.1
$NH_4NO_3(s)$	−366	−184	151
$Na(s)$	0	0	51.2
$Na_2B_4O_7(s)$	−3 291	−3 096	189.5
$Na_2CO_3(s)$	−1 130.7	−1 044.5	135
$NaHCO_3(s)$	−950.81	−851.0	101.7
$NaNO_3(s)$	−467.9	−367.1	116.5
$NaCl(s)$	−411.15	−384.14	72.13
$Na_2O(s)$	−415.9	−375.5	75.06
$Na_2O_2(s)$	−504.6	−447.7	93.3
$NaOH(s)$	−425.61	−379.49	64.46
$Na_2SO_4(s)$	−1 387.08	−1 270.16	149.58
$O_2(g)$	0	0	205.14
$O_3(g)$	142.7	163.2	238.93
$P(s,白)$	0	0	41.1
$P(s,红)$	−17.6	−121.1	22.8
$PH_3(g)$	5.4	13.4	210.23
$PCl_3(g)$	−287	−268	311.7
$PCl_5(g)$	−398.9	−324.6	353
$Pb(s)$	0	0	64.9
$PbBr_2(s)$	−278.7	−216.92	161.5
$PbCl_2(s)$	−359.41	−314.10	136.0
$PbI_2(s)$	−175.48	−173.64	174.85
$PbO(s,红)$	−218.99	−188.93	66.5
$PbO(s,黄)$	−217.32	−187.89	68.70
$PbO_2(s)$	−277.4	−217.33	68.6
$PbS(s)$	−100	−98.7	91.2
$PbSO_4(s)$	−919.94	−813.14	148.57
$S(s,斜方)$	0	0	31.80

物质	$\Delta_f H_m^\ominus/(\text{kJ} \cdot \text{mol}^{-1})$	$\Delta_f G_m^\ominus/(\text{kJ} \cdot \text{mol}^{-1})$	$S_m^\ominus/(\text{J} \cdot \text{K}^{-1} \cdot \text{mol}^{-1})$
$H_2S(g)$	−20.6	−33.6	206
$SO_2(g)$	−296.83	−300.19	248.22
$SO_3(g)$	−395.72	−371.06	256.76
$SiO_2(s,石英)$	−910.49	−856.64	41.84
$SiF_4(g)$	−1 614.9	−1 572.7	282.4
$Sn(s,白色)$	0	0	51.55
$Sn(s,灰色)$	−2.1	0.13	44.14
$SnCl_2(aq)$	−329.7	−299.5	172
$SnCl_4(l)$	−511.3	−440.1	258.6
$SnO(s)$	−286	−257	56.5
$SnO_2(s)$	−580.7	−519.6	52.3
$SnS(s)$	−100	−98.3	77.0
$SrO(s)$	−592.0	−561.9	54.4
$SrCl_2(s)$	−828.9	−781.1	97.1
$SrCO_3(s,菱锶矿)$	−1 220.1	−1 140.1	97.1
$Ti(s)$	0	0	30.60
$TiO_2(s,锐钛矿)$	−939.7	−884.5	49.92
$TiO_2(s,金红矿)$	−944.7	−889.5	50.33
$TiCl_4(l)$	−804.2	−737.2	252.3
$V_2O_5(s)$	−1 551	−1 420	131
$WO_3(s)$	−842.9	−764.08	75.9
$H_2WO_4(s)$	−1 131.8	—	—
$Zn(s)$	0	0	41.6
$ZnCl_2(s)$	−415.05	−396.40	111.46
$ZnO(s)$	−348.3	−318.3	43.6
$ZnS(s)$	−206.0	−210.3	57.7
$ZnSO_4(s)$	−982.8	−871.5	110.5

附录五　标准电极电势

附表 5-1　酸性溶液中的标准电极电势（298K）

	电极反应	$\varphi^{\ominus}/V$
Ag	$AgBr+e^-=Ag+Br^-$	+0.071 33
	$AgCl+e^-=Ag+Cl^-$	+0.222 3
	$Ag_2CrO_4+2e^-=2Ag+CrO_4^{2-}$	+0.447 0
	$Ag^++e^-=Ag$	+0.799 6
Al	$Al^{3+}+3e^-=Al$	−1.662
As	$HAsO_2+3H^++3e^-=As+2H_2O$	+0.248
	$H_3AsO_4+2H^++2e^-=HAsO_2+2H_2O$	+0.560
Bi	$BiOCl+2H^++3e^-=Bi+H_2O+Cl^-$	+0.158 3
	$BiO^++2H^++3e^-=Bi+H_2O$	+0.320
Br	$Br_2+2e^-=2Br^-$	+1.065
	$BrO_3^-+6H^++5e^-=1/2Br_2+3H_2O$	+1.52
Ca	$Ca^{2+}+2e^-=Ca$	−2.868
Cl	$ClO_4^-+2H^++2e^-=ClO_3^-+H_2O$	+1.189
	$Cl_2+2e^-=2Cl^-$	+1.360
	$ClO_3^-+6H^++6e^-=Cl^-+3H_2O$	+1.451
	$ClO_3^-+6H^++5e^-=1/2Cl_2+3H_2O$	+1.47
	$HClO+H^++e^-=1/2Cl_2+H_2O$	+1.611
	$ClO_3^-+3H^++2e^-=HClO_2+H_2O$	+1.214
	$HClO_2+2H^++2e^-=HClO+H_2O$	+1.645
Co	$Co^{3+}+e^-=Co^{2+}$	+1.83
Cr	$Cr_2O_7^{2-}+14H^++6e^-=2Cr^{3+}+7H_2O$	+1.232
Cu	$Cu^{2+}+e^-=Cu^+$	+0.153
	$Cu^{2+}+2e^-=Cu$	+0.341 9
	$Cu^++e^-=Cu$	+0.522

	电极反应	$\varphi^{\ominus}/V$
Fe	$Fe^{2+}+2e^-=Fe$	-0.447
	$Fe(CN)_6^{3-}+e^-=Fe(CN)_6^{4-}$	$+0.358$
	$Fe^{3+}+e^-=Fe^{2+}$	0.771
H	$2H^++2e^-=H_2$	0.0000
Hg	$Hg_2Cl_2+2e^-=2Hg+2Cl^-$	$+0.281$
	$Hg_2^{2+}+2e^-=2Hg$	$+0.7973$
	$Hg^{2+}+2e^-=Hg$	$+0.851$
	$2Hg^{2+}+2e^-=Hg_2^{2+}$	$+0.920$
I	$I_2+2e^-=2I^-$	$+0.5355$
	$I_3^-+2e^-=3I^-$	$+0.536$
	$IO_3^-+6H^++5e^-=1/2I_2+3H_2O$	$+1.195$
	$HIO+H^++e^-=1/2I_2+H_2O$	$+1.439$
K	$K^++e^-=K$	-2.931
Mg	$Mg^{2+}+2e^-=Mg$	-2.372
Mn	$Mn^{2+}+2e^-=Mn$	-1.185
	$MnO_4^-+e^-=MnO_4^{2-}$	$+0.558$
	$MnO_2+4H^++2e^-=Mn^{2+}+2H_2O$	$+1.229$
	$MnO_4^-+8H^++5e^-=Mn^{2+}+4H_2O$	$+1.507$
	$MnO_4^-+4H^++3e^-=MnO_2+2H_2O$	$+1.679$
N	$NO_3^-+4H^++3e^-=NO+2H_2O$	$+0.973$
	$2NO_3^-+4H^++2e^-=N_2O_4+2H_2O$	$+0.803$
	$N_2O_4+4H^++4e^-=2NO+2H_2O$	$+1.035$
	$NO_3^-+3H^++2e^-=HNO_2+H_2O$	$+0.934$
	$N_2O_4+2H^++2e^-=2HNO_2$	$+1.065$
Na	$Na^++e^-=Na$	-2.71
O	$O_2+2H^++2e^-=H_2O_2$	$+0.695$
	$H_2O_2+2H^++2e^-=2H_2O$	$+1.776$
	$O_2+4H^++4e^-=2H_2O$	$+1.229$

	电极反应	$\varphi^{\ominus}/V$
P	$H_3PO_4+2H^++2e^-=H_3PO_3+H_2O$	-0.276
Pb	$PbI_2+2e^-=Pb+2I^-$	-0.365
	$PbSO_4+2e^-=Pb+SO_4^{2-}$	-0.3588
	$PbCl_2+2e^-=Pb+2Cl^-$	-0.2675
	$Pb^{2+}+2e^-=Pb$	-0.1262
	$PbO_2+4H^++2e^-=Pb^{2+}+2H_2O$	$+1.455$
	$PbO_2+SO_4^{2-}+4H^++2e^-=PbSO_4+2H_2O$	$+1.6913$
S	$H_2SO_3+4H^++4e^-=S+3H_2O$	$+0.449$
	$S+2H^++2e^-=H_2S$	$+0.142$
	$SO_4^{2-}+4H^++2e^-=H_2SO_3+H_2O$	$+0.172$
	$S_4O_6^{2-}+2e^-=2S_2O_3^{2-}$	$+0.08$
	$S_2O_8^{2-}+2e^-=2SO_4^{2-}$	$+2.010$
Sb	$Sb_2O_3+6H^++6e^-=2Sb+3H_2O$	$+0.152$
	$Sb_2O_5+6H^++4e^-=2SbO^++3H_2O$	$+0.581$
Sn	$Sn^{4+}+2e^-=Sn^{2+}$	$+0.151$
	$Sn^{2+}+2e^-=Sn$	-0.136
V	$V(OH)_4^++4H^++5e^-=V+4H_2O$	-0.254
	$VO^{2+}+2H^++e^-=V^{3+}+H_2O$	$+0.337$
	$V(OH)_4^++2H^++e^-=VO^{2+}+3H_2O$	$+1.00$
Zn	$Zn^{2+}+2e^-=Zn$	-0.7618

附表 5-2　碱性溶液中的标准电极电势（298K）

	电极反应	$\varphi^{\ominus}/V$
Ag	$Ag_2S+2e^-=2Ag+S^{2-}$	-0.691
	$Ag_2O+H_2O+2e^-=2Ag+2OH^-$	$+0.342$
Al	$H_2AlO_3^-+H_2O+3e^-=Al+4OH^-$	-2.33
As	$AsO_2^-+2H_2O+3e^-=As+4OH^-$	-0.68
	$AsO_4^{3-}+2H_2O+2e^-=AsO_2^-+4OH^-$	-0.71
Br	$BrO_3^-+3H_2O+6e^-=Br^-+6OH^-$	$+0.61$
	$BrO^-+H_2O+2e^-=Br^-+2OH^-$	$+0.76$

	电极反应	$\varphi^{\ominus}/V$
Cl	$ClO_3^- + H_2O + 2e^- = ClO_2^- + 2OH^-$	+0.33
	$ClO_4^- + H_2O + 2e^- = ClO_3^- + 2OH^-$	+0.17
	$ClO_2^- + H_2O + 2e^- = ClO^- + 2OH^-$	+0.66
	$ClO^- + H_2O + 2e^- = Cl^- + 2OH^-$	+0.81
Co	$Co(OH)_2 + 2e^- = Co + 2OH^-$	−0.73
	$Co(NH_3)_6^{3+} + e^- = Co(NH_3)_6^{2+}$	+0.108
	$Co(OH)_3 + e^- = Co(OH)_2 + OH^-$	+0.17
Cr	$Cr(OH)_3 + 3e^- = Cr + 3OH^-$	−1.48
	$CrO_2^- + 2H_2O + 3e^- = Cr + 4OH^-$	−1.2
	$CrO_4^{2-} + 4H_2O + 3e^- = Cr(OH)_3 + 5OH^-$	−0.13
Cu	$Cu_2O + H_2O + 2e^- = 2Cu + 2OH^-$	−0.360
Fe	$Fe(OH)_3 + e^- = Fe(OH)_2 + OH^-$	−0.56
H	$2H_2O + 2e^- = H_2 + 2OH^-$	−0.8277
Hg	$HgO + H_2O + 2e^- = Hg + 2OH^-$	+0.0977
I	$IO_3^- + 3H_2O + 6e^- = I^- + 6OH^-$	+0.26
	$IO^- + H_2O + 2e^- = I^- + 2OH^-$	+0.485
Mg	$Mg(OH)_2 + 2e^- = Mg + 2OH^-$	−2.690
Mn	$Mn(OH)_2 + 2e^- = Mn + 2OH^-$	−1.56
	$MnO_4^- + 2H_2O + 3e^- = MnO_2 + 4OH^-$	+0.595
	$MnO_4^{2-} + 2H_2O + 2e^- = MnO_2 + 4OH^-$	+0.60
N	$NO_3^- + H_2O + 2e^- = NO_2^- + 2OH^-$	+0.01
O	$O_2 + 2H_2O + 4e^- = 4OH^-$	+0.401
S	$S + 2e^- = S^{2-}$	−0.47627
	$SO_4^{2-} + H_2O + 2e^- = SO_3^{2-} + 2OH^-$	−0.93
	$2SO_3^{2-} + 3H_2O + 4e^- = S_2O_3^{2-} + 6OH^-$	−0.571
	$S_4O_6^{2-} + 2e^- = 2S_2O_3^{2-}$	+0.08
Sb	$SbO_2^- + 2H_2O + 3e^- = Sb + 4OH^-$	−0.66
Sn	$Sn(OH)_6^{2-} + 2e^- = HSnO_2^- + H_2O + 3OH^-$	−0.93
	$HSnO_2^- + H_2O + 2e^- = Sn + 3OH^-$	−0.909

课程标准

元素周期表

图例：
原子序数 1 | H 元素符号 | 氢 元素名称 | Hydrogen 英文名称

周期	IA (1)	IIA (2)	IIIB (3)	IVB (4)	VB (5)	VIB (6)	VIIB (7)	VIIIB (8)	VIIIB (9)	VIIIB (10)	IB (11)	IIB (12)	IIIA (13)	IVA (14)	VA (15)	VIA (16)	VIIA (17)	VIIIA (18)
1	1 H 氢 Hydrogen																	2 He 氦 Helium
2	3 Li 锂 Lithium	4 Be 铍 Beryllium											5 B 硼 Boron	6 C 碳 Carbon	7 N 氮 Nitrogen	8 O 氧 Oxygen	9 F 氟 Fluorine	10 Ne 氖 Neon
3	11 Na 钠 Sodium	12 Mg 镁 Magnesium											13 Al 铝 Aluminum	14 Si 硅 Silicon	15 P 磷 Phosphorus	16 S 硫 Sulfur	17 Cl 氯 Chlorine	18 Ar 氩 Argon
4	19 K 钾 Potassium	20 Ca 钙 Calcium	21 Sc 钪 Scandium	22 Ti 钛 Titanium	23 V 钒 Vanadium	24 Cr 铬 Chromium	25 Mn 锰 Manganese	26 Fe 铁 Iron	27 Co 钴 Cobalt	28 Ni 镍 Nickel	29 Cu 铜 Copper	30 Zn 锌 Zinc	31 Ga 镓 Gallium	32 Ge 锗 Germanium	33 As 砷 Arsenic	34 Se 硒 Selenium	35 Br 溴 Bromine	36 Kr 氪 Krypton
5	37 Rb 铷 Rubidium	38 Sr 锶 Strontium	39 Y 钇 Yttrium	40 Zr 锆 Zirconium	41 Nb 铌 Niobium	42 Mo 钼 Molybdenum	43 Tc 锝 Technetium	44 Ru 钌 Ruthenium	45 Rh 铑 Rhodium	46 Pd 钯 Palladium	47 Ag 银 Silver	48 Cd 镉 Cadmium	49 In 铟 Indium	50 Sn 锡 Tin	51 Sb 锑 Antimony	52 Te 碲 Tellurium	53 I 碘 Iodine	54 Xe 氙 Xenon
6	55 Cs 铯 Cesium	56 Ba 钡 Barium	57-71 镧系	72 Hf 铪 Hafnium	73 Ta 钽 Tantalum	74 W 钨 Tungsten	75 Re 铼 Rhenium	76 Os 锇 Osmium	77 Ir 铱 Iridium	78 Pt 铂 Platinum	79 Au 金 Gold	80 Hg 汞 Mercury	81 Tl 铊 Thallium	82 Pb 铅 Lead	83 Bi 铋 Bismuth	84 Po 钋 Polonium	85 At 砹 Astatine	86 Rn 氡 Radon
7	87 Fr 钫 Francium	88 Ra 镭 Radium	89-103 锕系	104 Rf 𬬻 Rutherfordium	105 Db 𬭊 Dubnium	106 Sg 𬭳 Seaborgium	107 Bh 𬭛 Bohrium	108 Hs 𬭶 Hassium	109 Mt 鿏 Meitnerium	110 Ds 𫟼 Darmstadtium	111 Rg 𬬭 Roentgenium	112 Cn 鿔 Copernicium	113 Nh 鿭 Nihonium	114 Fl 𫓧 Flerovium	115 Mc 镆 Moscovium	116 Lv 𫟷 Livermorium	117 Ts 鿬 Tennessine	118 Og 鿫 Oganesson

镧系 (Lanthanum series):

57 La 镧 Lanthanum	58 Ce 铈 Cerium	59 Pr 镨 Praseodymium	60 Nd 钕 Neodymium	61 Pm 钷 Promethium	62 Sm 钐 Samarium	63 Eu 铕 Europium	64 Gd 钆 Gadolinium	65 Tb 铽 Terbium	66 Dy 镝 Dysprosium	67 Ho 钬 Holmium	68 Er 铒 Erbium	69 Tm 铥 Thulium	70 Yb 镱 Ytterbium	71 Lu 镥 Lutetium

锕系 (Actinium series):

89 Ac 锕 Actinium	90 Th 钍 Thorium	91 Pa 镤 Protactinium	92 U 铀 Uranium	93 Np 镎 Neptunium	94 Pu 钚 Plutonium	95 Am 镅 Americium	96 Cm 锔 Curium	97 Bk 锫 Berkelium	98 Cf 锎 Californium	99 Es 锿 Einsteinium	100 Fm 镄 Fermium	101 Md 钔 Mendelevium	102 No 锘 Nobelium	103 Lr 铹 Lawrencium